氣壓迴路設計

傅根棻　編著

全華圖書股份有限公司

國家圖書館出版品預行編目資料

氣壓迴路設計 / 傅根棻 編著. -- 二版.
　　新北市： 全華圖書： 2020.06
　　　面 ； 公分
　　ISBN 978-986-503-382-8(平裝)
　　1. 氣壓控制 2. 電腦輔助設計
448.919　　　　　　　　　　　109005471

氣壓迴路設計(第二版)(附範例光碟)

作者 / 傅根棻

發行人 / 陳本源

執行編輯 / 楊煊閔

封面設計 / 戴巧耘

出版者 / 全華圖書股份有限公司

郵政帳號 / 0100836-1 號

印刷者 / 宏懋打字印刷股份有限公司

圖書編號 / 06403017

二版一刷 / 2020 年 07 月

定價 / 新台幣 350 元

ISBN / 978-986-503-382-8

全華圖書 / www.chwa.com.tw

全華網路書店 Open Tech / www.opentech.com.tw

若您對書籍內容、排版印刷有任何問題，歡迎來信指導 book@chwa.com.tw

臺北總公司(北區營業處)
地址：23671 新北市土城區忠義路 21 號
電話：(02) 2262-5666
傳真：(02) 6637-3695、6637-3696

中區營業處
地址：40256 臺中市南區樹義一巷 26 號
電話：(04) 2261-8485
傳真：(04) 3600-9806

南區營業處
地址：80769 高雄市三民區應安街 12 號
電話：(07) 381-1377
傳真：(07) 862-5562

序

　　機電整合的範圍包含相當廣泛，對於一個初學者要如何踏進該領域，確實會有難以抉擇的困擾。筆者擔任機電整合職類教學工作近三十年的經驗告訴我，從氣壓控制方面來導入會是一條相當容易又正確的途徑。其最主要的原因筆者歸納有四：

（一）　氣壓控制可以使用少數幾種設計方法 (如：**串級法、直覺法、循環步進法、邏輯設計法**等) 來設計千變萬化的題目，能很深入地訓練有關順序控制方面的邏輯思考能力，變化性非常大、很具有挑戰性，且能在很短的時間內，將設計能力提昇至相當的程度，讓學習者於學習過程中非常有成就感，產生一股很想往更高層級繼續深入學習動力。

（二）　氣壓控制適合初學者學習，可以從最簡單的基本迴路領進門，經過純氣壓迴路設計，再到氣 - 電迴路設計，一直到具有相當複雜度之整個系統的純氣壓或氣 - 電迴路；在純氣壓或氣 - 電迴路的設計中，筆者會教授如何寫出**邏輯控制式，繪製迴路時即直接將邏輯控制式轉化成迴路即可**，可以使用簡單的設計方法來繪製出具有相當複雜度的氣壓迴路，而且不會使用到很高深的數理公式。

（三）　氣壓控制的實際上機實習是既方便又乾淨，學生可以在很短的時間內裝配出自己所設計的迴路，來印證自己所設計之迴路的正確性，馬上給予即時的回饋，對學習效果的增強有非常大的幫助。

（四）　氣壓實習元件於實習過程中，若有接管錯誤，一般只有不能正常動作，並不會損傷到元件的正常功能 (如有常壓、低壓混用時就要特別注意)；使初學者能放心做實習，不會造成心理負擔。若在氣－電迴路實習時，可應用不同顏色的電線來區分，以避免造成短路的現象。

　　以上筆者的觀點也可以從最近十年來，各高職農校的農機科紛紛轉型為生物機電科，大多數都以氣壓控制為其核心課程，甚至在檢定時也是選定氣壓為其檢定職類可見一斑。

　　另外，筆者常會被學生要求推薦介紹有關氣壓迴路設計方面的參考書籍，但坊間各書局所販售之氣壓迴路設計的內容大都只點到為止，並沒有深入探討各種迴路設計的技巧，很難找到一本適合筆者上課使用的教材。基於上述原因及筆者三十餘年來在氣壓教學上的經驗，故將所接觸過之各種不同氣壓迴路做一個有系統的整理與分類，特將其分為十二類型不同迴路及第十三章敘述自動化機械常用的操作功能：(1) 簡單動作迴路

(2) 複雜動作迴路 (3) 行程中間停止迴路 (4) 快慢速、高低壓迴路 (5) 反覆動作型迴路 (6) 計數型迴路 (7) 並進型迴路 (8) 選擇型迴路 (9) 跳躍型迴路 (10) 判別型迴路 (11) 組中有組型迴路 (12) 不歸位型迴路 (13) 自動化機械常用操作功能等類型，而在每個類型迴路中列**舉三個例題說明各類型迴路的設計要領**，及**兩個練習題**，使學習者充分了解設計的技巧。在內文中每個純氣壓迴路及氣－電迴路皆是筆者指導本期機電整合班學員逐題試做過之正確的迴路，期能針對不同類型之迴路提出有效又詳細的迴路設計方法，在深入淺出地解說下，將各類型氣壓迴路設計的要領說明清楚，能在有系統又有效率的方式下傳承下去，更盼對工業界在氣壓迴路設計領域方面略盡綿薄之力。

　　本書內容承蒙艾群教授指導與修正，林錫麟老師校閱與建議，94-2 期機電整合班學員及林揚祥老師對各題迴路試做實習等鼎力相助，各大專院校師長們的關心與督促，以及內人全力支持與鼓勵，才能促使本書得以完成，在此特致上最高的敬意與謝意。

　　本書經全華科技圖書公司相關同仁排版印製，筆者細心校稿。如有疏落或錯誤之處，請各位讀者不吝指正與建議。

傅根棻　謹識於 台南職業訓練中心　謹識

再版序

    筆者自 95 年出版『氣壓迴路設計經典』一書，不間斷的在原單位從事氣壓、油壓方面的教學工作，並且受邀參與氣壓、油壓、機電整合等職類技能檢定相關工作二、三十年之久，因此對氣壓、油壓課程的教學內容相當清楚，亦從中梳理出一些心得。舉凡從氣油壓入門課程 - 氣油壓符號認識、閥件名稱如何稱呼、機械 - 氣壓基本迴路瞭解、電氣 - 氣壓基本迴路介紹，到中階課程 - 機械 - 氣壓迴路分析設計、電氣 - 氣壓迴路分析設計及油壓各基本迴路講解、油壓迴路分析說明、電氣 - 油壓迴路分析設計 (設計方法不同於氣壓迴路設計)，乃至於進階的應用課程 - 氣壓閥件型態之選用、自動化機械常見操作功能講解、氣壓特定功能迴路分析、氣壓各種主題計算、油壓典型迴路分析講解等課程，均有深入的研究與獨創的教學方法，甚至對機械 - 氣壓迴路的設計方式，有自行研發出一種全新的氣壓迴路設計法 - 氣壓訊號分析設計法 (氣壓迴路設計第 9 章)。

    坊間經常傳說：『學過氣壓後，即能看懂油壓迴路』似是而非的說法，導因於兩者間的符號是相通的，所以表面上看來氣壓迴路看得懂、能夠通，就可讀通油壓迴路。不過，以筆者三十多年同時在教授氣壓及油壓兩門課的經驗來看，並不能認同此種說法，頂多只是控制油壓系統的電氣迴路看得通而已 (然其設計繪製出控制油壓系統之電路圖的方式是不同於氣壓的)，至於油壓迴路的特性還是無法看得懂的。一般氣壓系統會注重控制迴路是如何設計繪製出來的，因此學會及參透一種設計方法 (如：串級法)，就可以設計出非常多難度等級不同的氣壓迴路，由簡至繁均可使用同一種迴路設計法設計，在氣壓上重點弄懂前後順序概念，即可輕易地將迴路設計完成。當然氣壓也是會有各種特定功能之動力管線迴路 (如：氣壓迴路設計實務第 11 章所介紹的)，但由於有以下三種因素：(1) 氣壓系統的使用壓力不高 (正常情形在 8 kgf/cm² 以下) 出力較小 (一般以 kgf 計算)，很少利用壓力高低的變化作為控制的特性。(2) 所使用的媒介質是空氣，會有顯著的縮收、膨脹之特性。(3) 一般氣壓系統沒有裝配回氣管線，當使用完畢立即就地排氣。因此，氣壓系統對動力管線的各種特性就很難如油壓系統發揮了，也就不太會注重動力管線的特性；反而對機械 - 氣壓迴路、電氣 - 氣壓迴路等，系統迴路圖如何設計繪製出來，尤其格外的重視，甚至還可當作是引領進入控制領域的快速捷徑。

    另一方面在油壓系統中：(1) 出力大小都是以噸 (= 1000 kgf) 來計算的，輸出力量需要很強大。(2) 所使用壓力的變化從幾 kgf/cm² 到幾百 kgf/cm²，有非常大範圍的變化，且從柏努力定理可了解壓力能與速度能是能互換的，油壓的壓力高低是因油的流動遇到阻力而得來的，當油流變慢時，其壓力就會變高，反之亦然。(3) 要求油壓缸的移動速度可慢至幾 mm/min(幾乎以肉眼看不出有移動的情形，宛如時鐘裏的分針行走速度)，但快時可達幾 m/min，快慢速相差達千倍以上。(4) 用油量也從每分鐘零點幾公升 (l / min)，大到幾百公升，甚至上千公升也有。(5) 油壓系統都有裝設回油系統管線，將用過的油引回油箱再行處理。前面所敘述的各項要素，若想符合要求時，就需在動力管線上有各種不同的特性迴路相應之，因此油壓基本迴路就有 15 種以上之多，每一種基本迴路特性幾乎是定型化的，不大會更換；所以，要弄通油壓系統就要先懂得油壓各種基本迴路的特性，必須每個基本迴路逐一去了解，才能辦得到的。油壓系統所重視的除了先後順序觀念之外，更加注重在系統迴路中壓力的變化與流量的控制等特性，這些觀念是氣壓方面學不到的。綜合前面論述深入了解後，深深感覺到氣壓與油壓學習的面向是不同的，就會很清楚了解學完氣壓後，要弄通油壓是必須重新再學習油壓各種基本迴路之特性，才有能力對油壓系統深入地分析與詳實的了解，因此絕對需要對油壓各種動力管線特性的展現有瞭若指掌的熟悉度，及靈活運用的熟練度。

筆者任職三十多年來都沒離開氣油壓領域之教學工作，也很幸運地能參與各職類 (氣壓、油壓、機電整合) 之技能檢定相關工作的淬鍊，渴望能將課堂上所領悟出來的豐富經驗與專業心得，在工作職場上好好發揮並善加應用。已然有初步的成果，如上冊 (氣壓迴路設計) 第 9 章的『氣壓閥件型態之選用』、氣壓迴路設計第 10 章、氣壓迴路設計實務第 1 章的『自動化機械常見操作功能』、氣壓迴路設計實務第 11 章的『氣壓特定功能迴路』、第 12 章的『氣壓各種相關主題的計算與選用』等章節之專業獨創概念。筆者再過幾年也將離開職業訓練的教學崗位，希望能將三十多年來對氣油壓教學的豐富經驗與獨創見解，毫無保留地與大家分享，期盼有潛力的優秀青年朋友們，在本書既齊備又創新的內容引領下，能在短時間內對氣油壓之專業技術，有正確之專業的觀念及深入地體悟，更期盼能與氣油壓的同好共勉之！

本書得以完成，首先要感謝賢內助的鼎力相助，使筆者能在無後顧之憂的環境下，全心全意撰寫本書各章節內容及繪製各氣壓迴路圖，並且使用 fluid.sim-P 繪圖軟體繪製與模擬各氣壓迴路圖，由衷地感謝她。其次感恩勞動部勞動力發展署雲嘉南分署，本單位提供完善的教學環境，讓我在此吸取養分，在這裡全力成長、茁壯。也因為教導三十多年學員的緣故，更練就我一身對氣油壓如此堅強勇猛的功力，再次感恩雲嘉南分署。本書各章節內容資料雖然經過筆者仔細撰寫，並經多次校稿，恐仍有疏落之處，尚祈各專家學者能不吝賜予指教及匡正。

雲嘉南分署　機電整合正訓練師

傅根棻　謹誌

編輯部序

　　「系統編輯」是我們的編輯方針，我們提供您的不只是一本書，而是關於是本書的所有知識，由淺入深，循序漸進。

　　作者將所接觸過的氣壓迴路，按期迴路特性分類，並依其難度由淺入深編排，再按每種不同迴路之特性詳細說明純氣壓迴路與氣壓電壓迴路的設計要領。在設計的過程中作者針對每種不同迴路深入分析，寫出邏輯程式，再以該式繪製純氣壓迴路圖或氣壓電器迴路圖，可以很容易將各種迴路設計完成。每種迴路皆舉出多題例題與習題，讓讀者能充分體會每一種迴路設計要領，再經由練習題徹底了解設計氣壓迴路的技巧。

　　同時，為了使您能有系統且循序漸進研習相關方面的叢書，我們列出相關叢書的介紹，以減少您研習此門學問的摸索時間，並能對這門學問有更加完整的知識。如您有任何問題，歡迎來函聯繫，我們將竭誠為您服務。

相關叢書介紹

書號：0183302
書名：氣壓工程學(修訂二版)
編著：呂淮熏.郭興家.蘇寶林
20K/512 頁/350 元

書號：0381702
書名：氣液壓工程(第三版)
編著：黃欽正
20K/320 頁/340 元

書號：0079303
書名：實用氣壓學(第四版)
編著：許松培
20K/272 頁/250 元

書號：03610047
書名：液氣壓原理與迴路設計
　　　(for Windows－含 Automation
Studio 模擬與實習)(第五版)(附展示)
編著：胡志中
20K/488 頁/500 元

◎上列書價若有變動，請以
最新定價為準。

目 錄

第 8 章　真空迴路

第 9 章　氣壓閥件型態的選用

第10章　自動化機械常見操作功能 (一)

附　　錄

練習題解答

0 導讀提示

　　各位讀者，當你要進入後面研讀各章節內容時，會碰到一些專有名詞或筆者習慣使用又帶有特定意義的符號，現在特闢專章加以說明，希望讀者能清楚了解每個專有名詞的意思及符號所代表的意義，這樣對各位讀者在了解後面各章節內容時，會有很大的幫助。

一、氣壓閥件及電氣元件之名稱的稱呼通用原則

　　氣壓閥件、電磁閥件或電氣開關等氣壓控制領域經常使用到的元組件，應該要如何稱呼是最為恰當又不會有太冗長的名稱。在此筆者以從事氣壓教學工作逾 30 年的時光，及將近 30 年參予氣壓技能檢定工作之相關經驗，並結合氣壓界各位先進們所指點的意見，再經筆者深思熟慮後，整理出後面的淺見與心得，期盼能對氣壓相關元組件說明有些幫助，現在說明如下：

(一)　對氣壓閥件的表示方法，是以 "閥" 字做結尾，(1) 先描述閥體自身的結構型態，(2)
　　　　再來說明外部驅動閥體的作動方式，如：

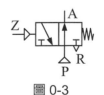

5/2 單邊氣導閥
(1)　　 (2)

3/2 常閉型 氣導閥
　　　(1)　　　 (2)
說明閥體自　　強調外部驅
身結構型態　　動閥體方式

3/2 常開型 氣導閥
　　　(1)　　 (2)

圖 0-1　　　　　　　圖 0-2　　　　　　　圖 0-3

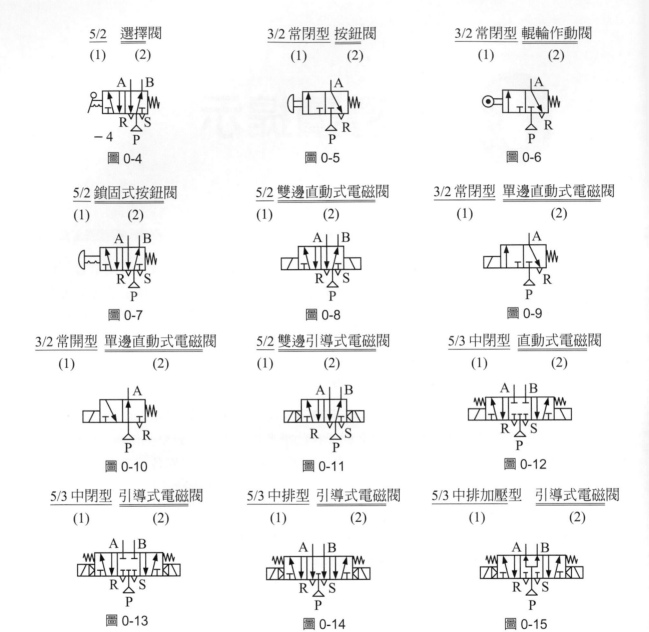

5/2 選擇閥
(1)　　　(2)
圖 0-4

3/2 常閉型 按鈕閥
(1)　　　(2)
圖 0-5

3/2 常閉型 輥輪作動閥
(1)　　　(2)
圖 0-6

5/2 鎖固式按鈕閥
(1)　　　(2)
圖 0-7

5/2 雙邊直動式電磁閥
(1)　　　(2)
圖 0-8

3/2 常閉型 單邊直動式電磁閥
(1)　　　(2)
圖 0-9

3/2 常開型 單邊直動式電磁閥
(1)　　　(2)
圖 0-10

5/2 雙邊引導式電磁閥
(1)　　　(2)
圖 0-11

5/3 中閉型 直動式電磁閥
(1)　　　(2)
圖 0-12

5/3 中閉型 引導式電磁閥
(1)　　　(2)
圖 0-13

5/3 中排型 引導式電磁閥
(1)　　　(2)
圖 0-14

5/3 中排加壓型 引導式電磁閥
(1)　　　(2)
圖 0-15

（二） 對電氣開關元件的描述重點，原則上與氣壓閥件表達有雷同的方式，僅在結尾字需以 "開關" 兩字來表達電氣元件，如：

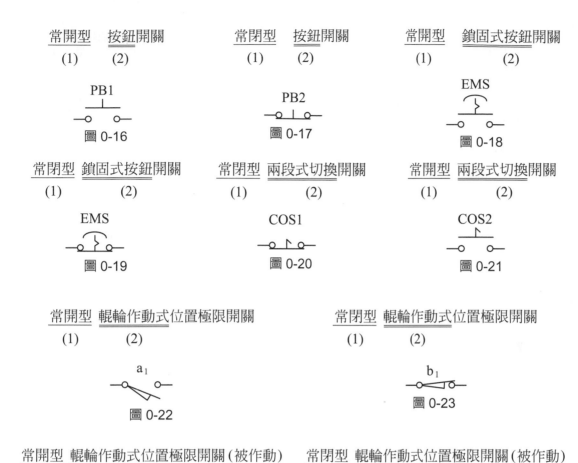

常開型　按鈕開關
(1)　　(2)

PB1

圖 0-16

常閉型　按鈕開關
(1)　　(2)

PB2

圖 0-17

常開型　鎖固式按鈕開關
(1)　　(2)

EMS

圖 0-18

常閉型　鎖固式按鈕開關
(1)　　(2)

EMS

圖 0-19

常閉型　兩段式切換開關
(1)　　(2)

COS1

圖 0-20

常開型　兩段式切換開關
(1)　　(2)

COS2

圖 0-21

常開型　輥輪作動式位置極限開關
(1)　　(2)

a_1

圖 0-22

常閉型　輥輪作動式位置極限開關
(1)　　(2)

b_1

圖 0-23

常開型　輥輪作動式位置極限開關 (被作動)
(1)　　(2)

a_0

圖 0-24

常閉型　輥輪作動式位置極限開關 (被作動)
(1)　　(2)

b_0

圖 0-25

二、氣壓有關專有名詞解釋

（一）雙穩態元件：以 5/2 雙邊氣導閥為例，當該閥在沒有任何外力 (包含氣壓、電力、機械、人力等方式) 作動之下，因閥體內部無歸位功能設計 (沒有復歸彈簧、亦無復歸引導管路)，利用自身摩擦力即可以使閥位很穩定地停於兩個正常位置中的任何一個，此即是所謂的 "雙穩態元件"，如圖 0-26 ～ 0-29。另外電氣元件亦有雙穩態型之元件，像選擇型開關 (change over switch) 如圖 0-30、保持型繼電器 (keep relay) 如圖 0-31。

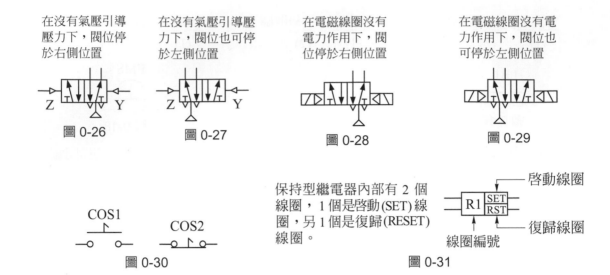

在沒有氣壓引導壓力下，閥位停於右側位置
圖 0-26

在沒有氣壓引導壓力下，閥位也可停於左側位置
圖 0-27

在電磁線圈沒有電力作用下，閥位停於右側位置
圖 0-28

在電磁線圈沒有電力作用下，閥位也可停於左側位置
圖 0-29

COS1　　COS2
圖 0-30

保持型繼電器內部有 2 個線圈，1 個是啓動(SET)線圈，另 1 個是復歸(RESET)線圈。

啓動線圈
復歸線圈
線圈編號
圖 0-31

（二）　單穩態元件：以 5/2 單邊氣導閥爲例，該閥在沒有任何外力 (包含氣壓、電力、機械、人力等方式) 作動之下，因閥體內部有歸位功能設計 (有復歸彈簧或復歸用引導管路)，故可以使閥位復歸回固定的常態位置，此閥件即是單穩態元件，如圖 0-32 5/2 單邊氣導閥、0-33 5/2 單邊氣導電磁閥。另外電氣元件很多也是單穩態型之元件，如：一般型繼電器 (general relay)、按鈕開關 (push button) 等。

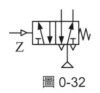

在引導口沒有氣壓引導壓力下，閥位固定停於右側常態位置。
圖 0-32

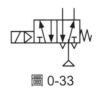

在電磁線圈沒有電力作用下，閥位固定停於右側常態位置。
圖 0-33

（三）　動力管線：在機械氣壓迴路中，供應壓縮空氣給氣壓缸使用的管線謂之 "動力管線"，其管徑尺寸需隨著氣壓缸之耗氣量多寡做適度的調整。若在電氣 - 氣壓迴路中動力管線仍然是氣壓管線。

（四）　控制管線：在機械氣壓迴路中，作爲氣壓信號傳遞使用的管線謂之 "控制管線"，一般都使用 $\phi 2.7 \times 4$ 或 $\phi 4 \times 6$ 之軟管即可，其管徑尺寸與氣壓缸之耗氣量多寡沒有直接的關係。若在電氣 - 氣壓迴路中控制管線全部爲電線。

（五）　直接控制式迴路：以機械氣壓迴路爲例，直接控制式的迴路其動力管線與控制管線是混合在一起使用，無法很清楚區分出來，因此所驅動之氣壓缸缸徑幾乎是小缸徑居多，一般在 $\phi 100$ 以內爲主，而且迴路也沒有什麼變化性。若在電氣 - 氣壓迴路中，因以電來控制氣壓，故就沒有直接控制式的迴路，都爲間接控制式迴路。

（六）間接控制式迴路：以機械氣壓迴路為例，間接控制式的迴路其動力管線與控制管線是可以很清楚區分出來，而且動力管線的管徑大小需配合氣壓缸的耗氣量做適當的調整，因此，迴路的變化性較大。另，以電氣控制氣壓的迴路全部都是間接控制式迴路。

（七）自保持迴路：當使用一個氣壓閥或電磁閥控制氣壓缸前進、後退時，該閥位須配合氣壓缸移動時間之長短來保持於相對應的位置。若是使用單穩態元件，假如控制信號又很短暫，就需要借用自保持迴路的信號，繼續維持閥位長時間處於作動位置，以符合需求，如圖 0-34、圖 0-35。

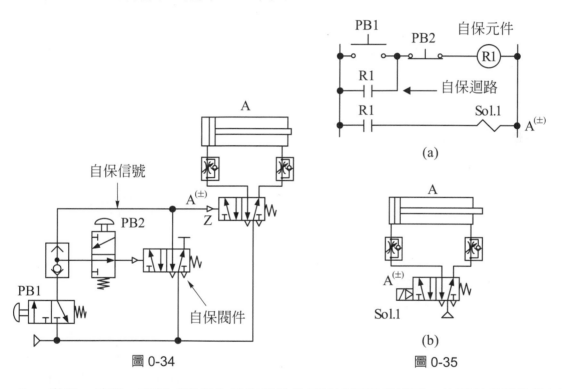

圖 0-34　　　　　　　　　　　　　　圖 0-35

（八）激磁、消磁：所謂 "激磁" 是指足夠的電流流經電磁線圈，依電與磁互換的原理會有電磁場而產生足夠的磁力，即對能感磁的被動件 (如：鐵片) 有牽引的作用，利用此作動原理來達到切換閥件位置的目的。而一般被磁場因感磁而吸引的被動件 (如：鐵片) 均為中性居多，所以不管電流的流動方向是正向或反向，對鐵片都只有吸引的作用；如被動件是有極性的，則電流的流動方向就須配合需求供應。另所謂 "消磁" 是指切斷電流流經電磁線圈，磁力便會隨即消失；若為單穩態元件就由內部之復歸彈簧或復歸引導管路，將閥件復歸。

三、符號說明

當初筆者在訂定這些符號時，是希望把一些表面上看起來沒有什麼意義的符號，如 a、b、c・・・A、B、C・・・1、2、3・・・等這些字母、數字，使其具有特定含意，讓讀者一看即可了解其所代表意義，以增進讀者的學習效果。

現在分別一一來說明各符號所代表的意義：如圖 0-36 ～ 0-44。例如：

（一）a、b、c・・・A、B、C・・・：在氣壓控制領域中，一般氣壓缸會以 A、B、C・・・大寫字母來編號，而每支氣壓缸所碰觸之極限開關或磁簧開關，就會相對應於氣壓缸之編號，以小寫字母來處理。例如：A 氣壓缸在後位所碰觸的極限開關或磁簧開關，就會以 a_0 來編號；而在前位所碰觸的極限開關或磁簧開關，就會以 a_1 來編號；若中間位置也有極限開關或磁簧開關，則中位的使用 a_1，而前位的改用 a_2 來編號，如圖 0-36 ～ 0-38。

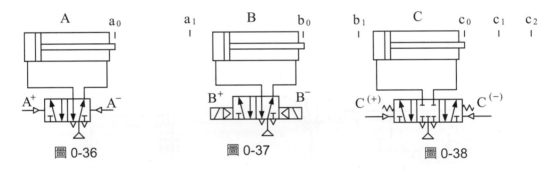

圖 0-36　　　　　　　圖 0-37　　　　　　　圖 0-38

A^+、B^+：　在圖 0-36、圖 0-37 中，雙穩態元件之 5/2 雙邊氣導閥左邊的控制信號，皆有標註 A^+、B^+ 的符號，其表示該處有作動信號時，即會使 A 缸、B 缸做前進的動作，但在信號消失後，氣壓缸也不會後退，所以在 A、B 的右上方僅標出 "＋"。

A^-、B^-：　在圖 0-36、圖 0-37 中，雙穩態元件之 5/2 雙邊氣導閥右邊的控制信號，皆有標註 A^-、B^- 的符號，其表示該處有作動信號時，即會使 A 缸、B 缸做後退的動作，但在信號消失後，氣壓缸也不會再前進，所以在 A、B 的右上方僅標出 "－"。

$A^{(\pm)}$、$B^{(\pm)}$：在圖 0-39、圖 0-40 中，單穩態元件之 5/2 單邊氣導閥左邊的控制信號，皆有標註 $A^{(\pm)}$、$B^{(\pm)}$ 的符號，其表示該處有作動信號時，即會使 A 缸、B 缸做前進的動作；但在作動信號消失後，氣壓缸會因閥位的復歸而立即後退，所以在 A、B 的右上方特標註出 "(±)" 來代表之，有信號做前進動作，以 "＋" 表示、無信號做後退動作以 "－" 表示，另 () 是代表該元件為單穩態型式。

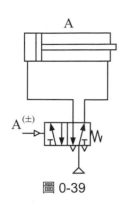

圖 0-39

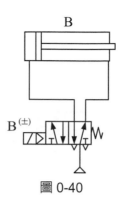

圖 0-40

$A^{(\mp)}$、$B^{(\mp)}$：在圖 0-41、圖 0-42 中，單穩態元件之 5/2 單邊氣導閥左邊的控制信號，皆有標註 $A^{(\mp)}$、$B^{(\mp)}$ 的符號，其表示該處有作動信號時，即會使 A 缸、B 缸做後退的動作，但在信號消失後，氣壓缸會因閥位復歸而立即前進，所以在 A、B 的右上方特標註出 "$(\mp)$" 來代表之，有信號做後退動作，以 "－" 表示、無信號做前進動作以 "＋" 表示，另 () 是代表該元件為單穩態型式。

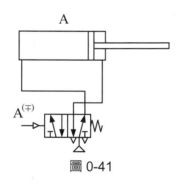

圖 0-41

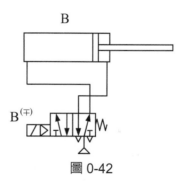

圖 0-42

$A^{(+)}$、$B^{(+)}$：在圖 0-43、圖 0-44 中，單穩態元件之 5/3 方向閥左邊的控制信號，皆有標註 $A^{(+)}$、$B^{(+)}$ 的符號，其表示該處有作動信號時，即會使 A 缸、B 缸做前進的動作，但在信號消失後，氣壓缸會因閥位復歸至中位而立即就地停止，所以在 A、B 的右上方特標註出 "（＋）" 來代表之，有信號做前進動作，以 "＋" 表示、無信號氣壓缸就地停止，另 () 是代表該元件亦為單穩態型式。

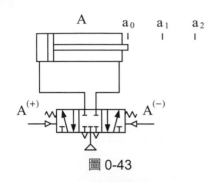

圖 0-43

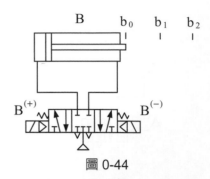

圖 0-44

$A^{(-)}$、$B^{(-)}$：在圖 0-43、圖 0-44 中，單穩態元件之 5/3 方向閥右邊的控制信號，皆有標註 $A^{(-)}$、$B^{(-)}$ 的符號，其表示該處有作動信號時，即會使 A 缸、B 缸做後退的動作，但在信號消失後，氣壓缸會因閥位復歸至中位而立即就地停止，所以在 A、B 的右上方特標註出 "（－）" 來代表之，有信號做後退動作，以 "－" 表示、無信號氣壓缸就地停止，另 () 是代表該元件亦為單穩態型式。

$R1^{(\pm)}$、$R2^{(\pm)}$···：表用串級法進行分組後，代表各分組用之繼電器，R1 為第一個使用分組繼電器、R2 為第二個使用分組繼電器···，餘依此類推。而在 R1、R2 的右上方特標註出 "(±)" 來代表各繼電器激磁或消磁的情形，以 "＋" 表示繼電器激磁、以 "－" 表示繼電器消磁，另 () 是代表該元件為單穩態型式。

$RA^{(\pm)}$、$RB^{(\pm)}$···：RA 表針對 A 缸做自保持使用之繼電器，RB 表針對 B 缸做自保持使用之繼電器···，餘依此類推。激磁或消磁的情形與 R1、R2 分組繼電器一樣。

1 氣壓基本迴路

氣壓基本迴路篇在介紹機械－氣壓迴路及電氣－氣壓迴路的基本作動原理,是要進入後面氣壓迴路設計各章節的入門課程,請讀者細心熟讀。作者將氣壓基本迴路篇分為機械－氣壓迴路及電氣－氣壓迴路兩大類,因兩種不同類型迴路的設計觀念是相通的,將在間接控制式迴路時,逐一詳細說明。

壹、直接控制式各種迴路

一、氣壓缸前進、後退的控制

單動缸因只有一個壓縮空氣進出口,可以使用 3/2 常閉型按鈕閥、3/2 常閉型氣導閥控制或是 5/2 按鈕閥(需塞 B 口)控制,如圖 1-3。該閥在常態時排氣,單動缸會因復歸彈簧而縮回後位,如圖 1-1;當 3/2 閥被作動導通時,壓縮空氣進入缸筒內驅動活塞,活塞往前的力量大於復歸彈簧之彈力,故活塞透過活塞桿將其移動的動作傳遞至外部驅動物體,如圖 1-2。

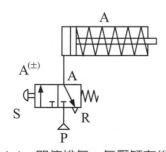

圖 1-1　閥位排氣,氣壓缸在後位

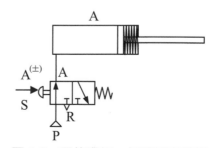

圖 1-2　閥位進氣,氣壓缸在前位

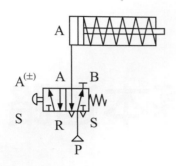 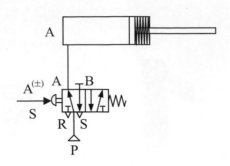

圖 1-3 以 5/2 閥替代 3/2 閥，將 B 口塞住，　圖 1-4 以 5/2 閥替代 3/2 閥，將 B 口塞住，
　　　　右側閥位 R 口排氣，氣壓缸在後位　　　　　　左側閥位 A 口進氣，氣壓缸在前位

　　　如使用 5/2 按鈕閥控制單動缸，可以很靈活的變化控制方式。將 5/2 閥 B 口塞住，就變成 3/2 常閉型的按鈕閥；若換成把 A 口塞住，則會變成 3/2 常開型的按鈕閥，功能截然不同。

　　　雙動缸因有兩個壓縮空氣進出口，要使雙動缸前進、後退就須同時有進氣與排氣的功能。而 4/2 閥或 5/2 閥在每個閥位都同時具有進氣與排氣的功能，故雙動缸可用 4/2 閥或 5/2 閥來控制，如圖 1-5 ～圖 1-8。

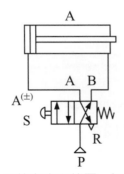 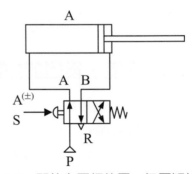

圖 1-5 閥位在交叉位置，氣壓缸縮回　　　　　圖 1-6 閥位在平行位置，氣壓缸伸出

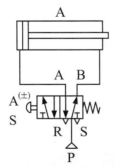 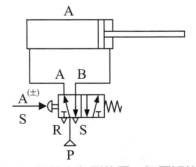

圖 1-7 閥位在右側位置，氣壓缸縮回　　　　　圖 1-8 閥位在左側位置，氣壓缸伸出

二、氣壓缸前進、後退速度的控制－降低速度型

　　降低氣壓缸前進、後退速度，是在氣壓缸的動力管線上控制其空氣流量的多寡，使其改變氣壓缸之內部活塞的移動速度，而達到前進、後退速度控制的目的。所使用的器具是單向流量控制閥，一般在氣壓控制上都是以單一方向可節流，而反方向自由流通的器具，作爲速度控制之用。然其控制方式一般分爲，進氣節流控制 (meter-in control) 和排氣節流控制 (meter-out control) 等兩種不同方式。

　　進氣節流控制：如圖 1-9、圖 1-10 爲進氣節流控制的迴路圖，在壓縮空氣尚未進入氣壓缸之前，其進氣口空氣流量受到單向流量控制閥的限制，進入氣壓缸的流量就會減少，使氣壓缸內部之活塞的前進、後退速度就會降低，這樣就達到控制速度變慢的目的。而在排氣口就沒有限制，對於氣壓缸在推物體移動時是可以控制其速度；若是氣壓缸被物體拉著移動時，因沒有背壓的關係，就無法控制其速度。不過當氣壓缸的負載若是較小時，使用進氣節流控制方式會覺得控制效果不會很好，尤其在速度控制閥件開口較大時，調整其旋鈕，好像不會改變氣壓缸的速度，其最大原因爲壓縮空氣體積經過單向流量閥後會膨脹 (因負載較小)，而膨脹後的壓力雖然有降低，仍然可以輕易推著氣壓缸活塞移動；所以，會覺得輕負載時控效果不佳。

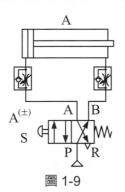

圖 1-9

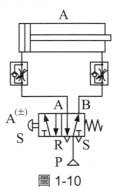

圖 1-10

　　排氣節流控制：如圖 1-11、圖 1-12 爲排氣節流控制的迴路圖，在壓縮空氣從氣壓缸排氣口流出時，空氣流量受到單向流量控制閥的限制，產生相當的背壓 (與驅動負載阻力成反比)，可以使氣壓缸內部之活塞的前進、後退速度就會降低。因排氣節流控制方式，對氣壓缸內部活塞的兩面同時有正壓推送及背壓阻擋，可以使得移動速度較爲穩定，較不受負載大小所影響。但是，排氣節流控制也有缺失，就是在方向閥件剛切換的瞬間，氣壓缸的速度是不受控制的，要等到移動一個短暫距離 (5 ～ 10mm) 才會穩定下來。因此，除了 1. 行程超短的，約 10mm 以內 (前述原因)、2. 氣壓缸缸徑 ϕ12 以下，排氣量太少、3. 單動氣壓缸前進方向無排氣等 3 種情況，不能使用排氣節流控制外，其他一般氣壓缸要控制速度幾乎以排氣節流控制方式爲主，才能獲得較佳的速度控制效果。

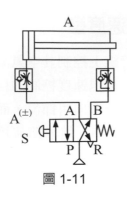
圖 1-11

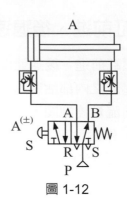
圖 1-12

三、氣壓缸前進、後退速度的控制－提升速度型

提升氣壓缸前進、後退速度的方式有三種：

1.降低氣壓缸排氣側的背壓，如圖 1-13；2.加大氣壓缸進氣側的空氣流量，如圖 1-14；3.改換衝擊型氣壓缸，如圖 1-15。

在圖 1-13 中，快速排氣閥會將氣壓缸內部要排出的空氣，從該閥快速排放掉，不需再流經方向控制閥排出，使得排氣側的背壓大幅降低，因而氣壓缸前進的速度就會快速提昇。尤其，在大排氣量之氣壓缸速度提升的效果愈明顯。

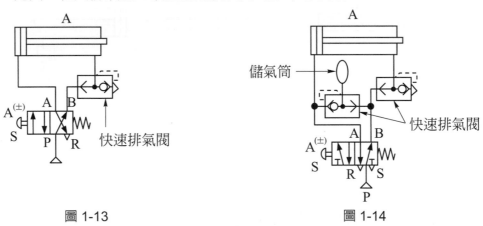

圖 1-13　　　　　　　　　圖 1-14

若是使用快速排氣閥仍無法達到快速前進的要求時，可以在進氣口增加進氣側的流量 (一般以增加小型儲氣筒為主)，如圖 1-14。這種接管方式可以使主氣閥瞬間通過的流量會較小，當氣壓缸前進時，排氣側空氣從快速排氣閥排放，而進氣側由氣源及儲氣桶同時供應，可獲得更大的供氣量，如此氣壓缸前進的移動速度會更加快。在左側之快速排氣閥的功能，是在氣壓缸縮回時，可對儲氣桶充氣；而當氣壓缸要前進時，儲氣桶的空氣會從左邊快速排氣閥的左側排氣孔流出，與氣源的氣匯整在一起，對氣壓缸提供更大流量的空氣，使得氣壓缸前進的移動速度可以更快。

假如以圖 1-14 的方式連接回路仍不夠快時，就需要將一般型氣壓缸改換為衝擊型氣壓缸，其衝擊速度可高達 7.5 ～ 10 m/s，如圖 1-15。

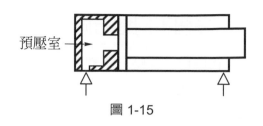

預壓室

圖 1-15

四、多個不同地方個別控制同一個對象

在機械－氣壓迴路裡多個不同地方個別控制同一個對象時，就必須使用梭動閥將多個控制訊號連結(並聯)起來，如圖 1-16；在機械－氣壓迴路因必須考量排氣的問題，所以不可以用三通接頭將其連結起來，否則會產生嚴重漏氣的問題。在圖 1-17 中，當 ST1 啟動閥壓按時，壓縮空氣透過梭動閥左邊接口進到氣壓缸，使其前進；放開 ST1 啟動閥後，氣壓缸內空氣反向通過梭動閥及 ST1 啟動閥排放至大氣，氣壓缸縮回後位。而圖 1-18 中 ST2 啟動閥壓按時，壓縮空氣透過梭動閥右邊接口進到氣壓缸，使其前進；放開 ST2 啟動閥後，氣壓缸內空氣反向通過梭動閥及 ST2 啟動閥排放至大氣，氣壓缸縮回後位。爾後在氣壓迴路設計章節中，亦會遇到在不同地方去個別控制同一個對象的機會，也適用此種方式。

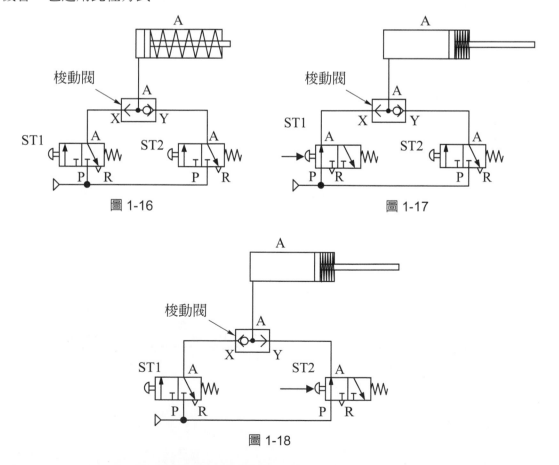

圖 1-16　　　圖 1-17

圖 1-18

五、多個不同地方同時控制同一個對象

在機械－氣壓迴路裡多個不同地方同時控制同一個對象時，必須使用雙壓閥將多個控制訊號連結 (串聯) 起來，如圖 1-19。

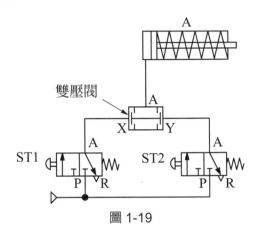

圖 1-19

例如設計一台氣壓式小型沖壓床，設計者考慮到操作者的安全問題，會設計成操作者雙手都有壓按啓動閥時，才能讓氣壓缸伸出，以確保操作者雙手的安全。在圖 1-20 中，當 ST1 啓動閥壓按時，壓縮空氣至雙壓閥左邊接口將閥內的止動塊推向右邊擋住通道，不會有空氣流出；如圖 1-21 中，需待 ST2 啓動閥壓按時，壓縮空氣再從雙壓閥右邊接口進入，穿過雙壓閥內部通道，流至氣壓缸，使其前進；放開 ST2 啓動閥後，氣壓缸內空氣反向通過雙壓閥及 ST2 啓動閥排放至大氣，氣壓缸縮回後位。若是先壓按 ST2 啓動閥，也是要等 ST1 啓動閥有壓按時，才會使氣壓缸伸出。也就是雙壓閥一定要雙邊入口都有壓縮空氣，才會有空氣輸出。若是雙邊壓縮空氣到達有時間差，則輸出之空氣爲較晚抵達者；或是雙邊壓縮空氣壓力不一樣，輸出之空氣爲壓力較低者。

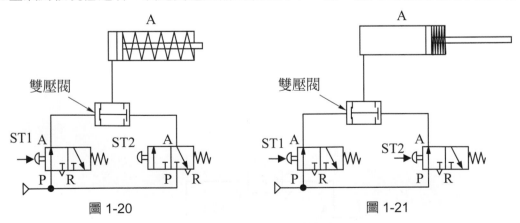

圖 1-20　　　　　　　　　　　　圖 1-21

　　但是，操作者若不按標準作業方式操作時，如單邊用其他方式長時間按住啟動閥，操作者只要操作另一邊啟動閥，就可以使氣壓缸前進。雖然是方便操作，但是無法達到安全的操作要求。如何改進，等待本章後面篇幅再給予說明。

　　另外圖 1-19 ～圖 1-21 的操作時，伸出的氣壓缸都是在單手放開後即縮回，要如何將迴路圖重新繪製，使氣壓缸能在雙手都放掉時，才能縮回來，就等待本章後面再一起討論。

貳、間接控制式迴路

一、雙穩態元件控制氣壓缸的前進、後退

　　在間接控制式迴路裏必須介紹雙邊氣壓控制的主氣壓閥 (master valve)，該閥是以氣壓方式所驅動的閥件，如圖 1-22。當左邊氣導口 (Z) 有壓縮空氣作動，而右邊氣導口 (Y) 沒有壓縮空氣阻擋，會使閥件切換至左側位置；此時左邊氣導口 (Z) 若壓縮空氣消失，該閥件因內部沒有復歸彈簧，會由摩擦力保持在作動後的新位置，即閥件有自保持功能，使得控制上的複雜度降低。若要切換至右側位置，就換右邊氣導口 (Y) 有壓縮空氣作動，而左邊氣導口 (Z) 沒有壓縮空氣阻擋即可。然在切換閥件時，對邊的氣導口必須是沒有壓縮空氣，才可使閥件完成切換動作。

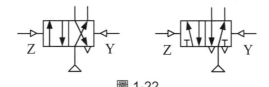

圖 1-22

　　另外，在圖 1-23 是一個電氣控制的雙穩態電磁閥，該電磁閥的控制原理是當 Sol.1 送電激磁時，會產生推力將閥位切換至左側位置；電源消失，該閥因雙穩態閥的關係，繼續保持左側位置，直到 Sol.2 送電激磁時，才會將閥位切換至右側位置。因此，其控制方式是和氣壓的雙邊氣導閥是相同的控制方式。然在切換閥件時，對邊的線圈必須是沒有激磁阻擋換位，才可使閥件完成切換動作。

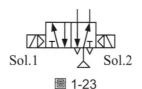

圖 1-23

　　在圖 1-24、圖 1-25，要控制氣壓缸前進、後退只要控制主氣閥的閥位即可，在按下 ST1 啟動閥後，會使雙邊氣導之主氣閥切換至左側位置，使氣壓缸前進；待氣壓缸前進後，放開 ST1 啟動閥，主氣閥會因摩擦力自保住左側位置，氣壓缸繼續前進，最後停在前端點。需等待 ST2 啟動閥被壓按後，主氣閥切換至右側位置，氣壓缸才會後退。

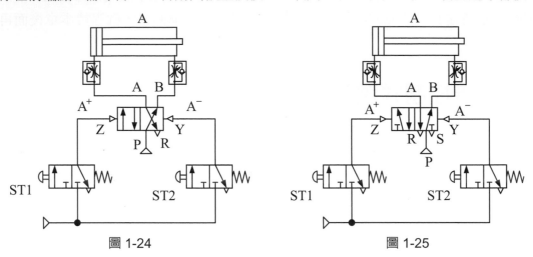

圖 1-24　　　　　　　　　　　　　　　圖 1-25

　　在圖 1-26 是一個電氣控制迴路圖，要控制氣壓缸前進、後退，必須切換電磁閥的閥位，在按下 ST1 啟動開關後，會使雙穩態電磁閥 Sol.1 線圈激磁，將閥位切換至左側位置，使氣壓缸前進；待氣壓缸前進後，放開 ST1 啟動開關切斷電源，電磁閥會因摩擦力自保住左側位置，氣壓缸繼續前進，最後停在前端點。需等待 ST2 啟動開關被壓按後，電磁閥 Sol.2 線圈激磁，將閥位切換至右側位置，氣壓缸才會後退。

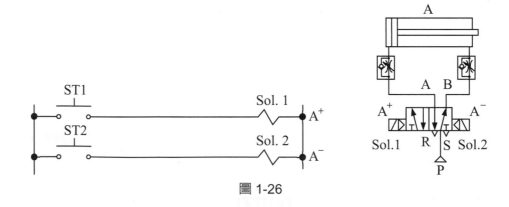

圖 1-26

二、單穩態元件控制氣壓缸的前進、後退

在前面即有介紹到單穩態元件的特性，當該元件要控制氣壓缸前進時，其控制訊號是需要持續保持住；只要控制訊號一消失，閥位馬上由復歸彈簧歸回常態位置，氣壓缸立即後退。所以，單穩態元件的控制是比雙穩態元件較麻煩一些。

現在介紹機械－氣壓的單穩態元件－單邊氣導閥，如圖 1-27。

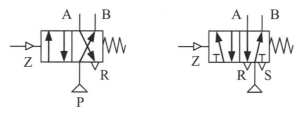

圖 1-27

在圖 1-27 中，當左邊氣導口 (Z) 有壓縮空氣作動，只要克服復歸彈簧之彈力，就會使閥件切換至左側位置；若左邊氣導口 (Z) 壓縮空氣一消失，閥件因內部復歸彈簧之彈力立即將閥位回復常態位置，該閥件沒有自保持功能，使得控制上的複雜度較高。

另外，在圖 1-28 是一個電氣控制的單穩態電磁閥，該電磁閥的控制原理是當 Sol.1 送電激磁時，會產生推力，克服復歸彈簧之彈力，將閥位切換至左側位置；電源消失，閥件因內部復歸彈簧之彈力立即將閥位回復常態位置，該閥件沒有自保持功能。因此，其控制方式是和機械－氣壓的單邊氣導閥是相同的控制方式。

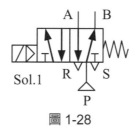

圖 1-28

但是，可以由雙穩態元件的控制條件來轉換之，現在介紹一個雙穩態控制轉換為單穩態控制的公式：

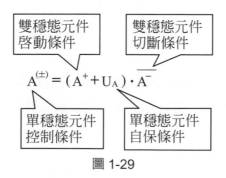

圖 1-29

$A^{(\pm)}$：單穩態元件控制條件，係由雙穩態元件的前進、後退控制條件配合單穩態自
保條件，經轉換公式得到的控制條件。

A^+：雙穩態元件啓動條件，使雙穩態元件第一次啓動的控制條件。

U_A：單穩態元件的自保控制條件，因單穩態元件啓動後控制訊號需長時間保持住，
但啓動條件經常是一個短暫的訊號，所以就需要並聯一個自保條件以維持作
動狀態。

$\overline{A^-}$：是單穩態元件的切斷條件，A^-是雙穩態元件和啓動反向的條件，而在上面加
上"—"就變換爲單穩態元件的切斷條件。

　　現在舉出圖 1-30、圖 1-31、圖 1-32、圖 1-33 雙穩態控制迴路如何轉換爲單穩態迴
路，並配合上列之轉換公式說明：

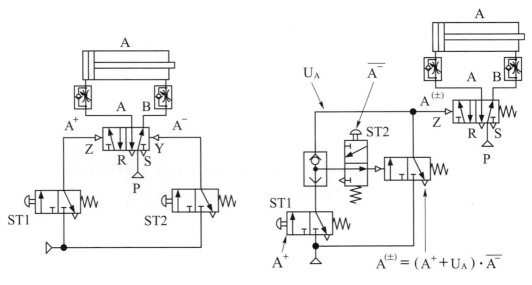

圖 1-30　雙穩態迴路圖　　　　　　　　　圖 1-31　單穩態迴路圖

$$A^{(\pm)} = (A^+ + U_A) \cdot \overline{A^-}$$

　　上圖 1-31 中單穩態迴路圖的控制，是由雙穩態迴路經轉換公式轉換後，再以轉換
公式之結果所繪製出來的迴路圖。當按下啓動訊號 ST1 時，使單邊氣壓控制 3/2 閥作動，
同時也使 5/2 單邊氣導閥 (主氣閥) 亦作動，氣壓缸就會前進，並且自保迴路的氣源，
流經梭動閥、ST2 按鈕閥對 3/2 常開型單邊氣導閥 (自保閥) 作動，發揮自保持的功能；
在啓動閥 ST1 放開，切斷啓動訊號時，自保迴路的訊號仍可使單邊氣壓控制 5/2 主氣
閥被作動，氣壓缸就繼續前進。

　　在圖 1-32 中是以電氣迴路控制雙穩態電磁閥的迴路圖，因電磁閥爲雙穩態型式，
閥件本身具有自保持功能，因此電氣迴路就不需要做自保迴路。

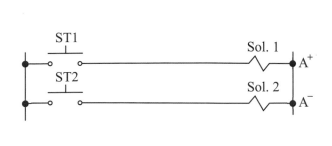
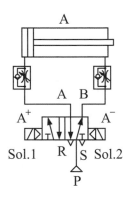

圖 1-32　雙穩態迴路圖

　　而下圖 1-33 中是以自保電氣迴路控制單穩態電磁閥的迴路圖，因電磁閥是單穩態型式，閥件本身不具有自保持功能。因此，需要電氣迴路做自保功能，使單穩態電磁閥能持續激磁保持在作動位置，才可使氣壓缸連續前進。因電路需做自保迴路的關係，所以要多加一個繼電器 (R1)，利用繼電器的 "a" 接點與啟動訊號並聯，形成一個自保迴路。

$$A^{(\pm)} = (A^+ + U_A) \cdot \overline{A^-}$$
$$\Rightarrow R1^{(\pm)} = (ST1 + R1) \cdot \overline{ST2}$$

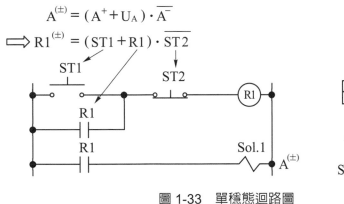
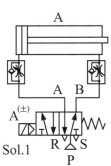

圖 1-33　單穩態迴路圖

三、極限開關元件控制氣壓缸的前進、後退

　　在氣壓基本迴路中使氣壓缸自動反向動作 (如：前進變為後退) 的方式有三種：
1、碰觸極限開關，2、使用計時器計時，3、感測氣壓缸之作動壓力等方式。
現在先介紹第一種碰觸極限開關型：

(1)　氣壓缸先前進、再自動後退的動作：如圖 1-34，是一個雙穩態迴路。當左邊 ST1 按鈕開關被按下時，主氣閥左邊氣導口 (Z) 有壓縮空氣作動，而右邊氣導口 (Y) 沒有壓縮空氣阻擋，會將主氣閥切換至左側位置，使氣壓缸前進。待氣壓缸前進至最前端點碰觸 a_1 極限開關，而左邊氣導口 (Z) 沒有壓縮空氣阻擋 (放開 ST1 按鈕開關)，會將主氣閥切換至右側位置，使氣壓缸後退，如此即是氣壓缸前進、再自動後退的動作。

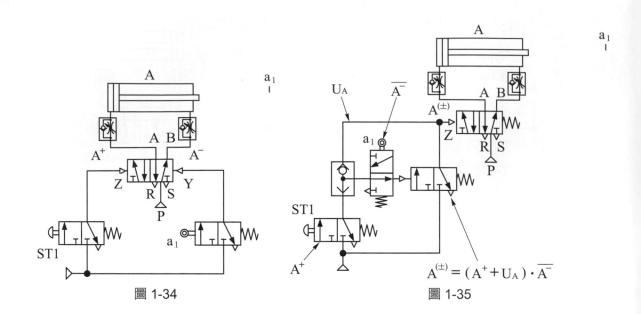

圖 1-34　　　　　　　　　　　　圖 1-35

$$A^{(\pm)} = (A^+ + U_A) \cdot \overline{A^-}$$

　　而圖 1-35，是一個單穩態迴路，當按下 ST1 按鈕開關時，可使氣壓缸前進。待氣壓缸前進至最前端點碰觸 a_1 極限開關時，會使氣壓缸後退，如此即會產生氣壓缸前進、再自動後退的動作。

　　在圖 1-36 中是以電氣迴路控制雙穩態電磁閥的迴路圖，因電磁閥為雙穩態型式，閥件本身具有自保持功能，因此電氣迴路就不需要做自保迴路。當按下 ST1 按鈕開關時，雙穩態電磁閥切換至左側位置可使氣壓缸前進。待氣壓缸前進至最前端點碰觸 a_1 極限開關時，雙穩態電磁閥再切回至右側位置使氣壓缸後退，如此即會產生氣壓缸前進、再自動後退的動作。

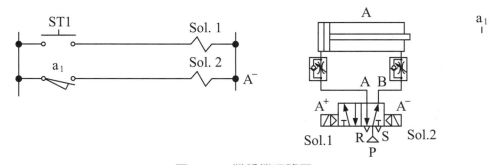

圖 1-36　雙穩態迴路圖

　　而圖 1-37，是一個以電氣迴路控制單穩態電磁閥的單穩態迴路圖，當按下 ST1 按鈕開關時，雖然電磁閥是單穩態型式，閥件本身不具有自保持功能。但是，電氣迴路有自保功能 (原理同前面所述)，使單穩態電磁閥的線圈 (coil) 能持續激磁保持在作動位置，可使氣壓缸持續前進；待氣壓缸前進至最前端點碰觸 a_1 極限開關時，電氣迴路自保功能被切斷，單穩態電磁閥即消磁，使氣壓缸後退，如此便會產生氣壓缸前進、再自動後退的動作。下面的式子就是雙穩態轉換為單穩態的控制式。

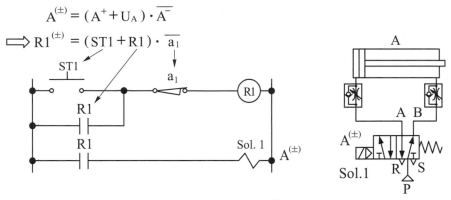

圖 1-37　單穩態迴路圖

(2) 氣壓缸連續往復的動作：如圖 1-38，是一個雙穩態迴路。當左邊 CS 選擇閥被切下時 (長時間 ON 住)，壓縮空氣透過 a_0 極限閥作動主氣閥左邊氣導口 (Z)，而右邊氣導口 (Y) 沒有壓縮空氣阻擋，會將主氣閥切換至左側位置，使氣壓缸前進；待氣壓缸前進至最前端點碰觸 a_1 極限閥，而左邊氣導口 (Z) 沒有壓縮空氣阻擋 (因 a_0 極限閥放開)，會將主氣閥切換至右側位置，使氣壓缸後退；在氣壓缸後退至後限碰觸 a_0 極限閥時，又會使氣壓缸再前進，如此連續往復前進、後退動作，直到 CS 選擇閥被切掉，氣壓缸最後會在後退至後限位置而停止。所以，可以使氣壓缸產生連續往復的動作。但是，CS 選擇閥不適合做為啟動用，具有操作上的危險性，後面章節再說明如何用其他元件取代之。

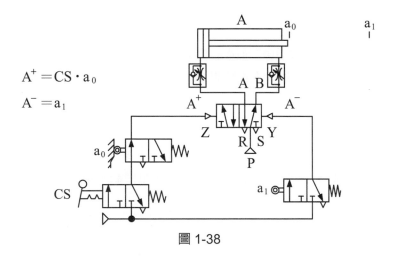

圖 1-38

　　圖 1-39，是一個單穩態迴路。當左邊 CS 選擇閥被切下時 (長時間 ON 住)，壓縮空氣透過 a_0 極限閥、梭動閥及常開型 a_1 極限閥作動常閉型 3/2 氣導閥左邊氣導口 (Z)，使該閥作動通過壓縮空氣，而所通過的壓縮空氣會將主氣閥切換至左側位置，使氣壓缸前進；待氣壓缸前進至最前端點碰觸 a_1 極限閥 (常開型)，切斷 a_1 極限閥的通氣狀態，使 3/2 氣導閥復歸，將作動主氣閥的壓縮空氣排放掉，主氣閥內部彈簧將閥位切換至右側位置，使氣壓缸後退；在氣壓缸後退至後限碰觸 a_0 極限閥時，又會使氣壓缸再前進，如此連續往復前進、後退動作，直到 CS 選擇閥被切掉，氣壓缸最後會在後退至後限位置而停止。所以，可以使氣壓缸產生連續往復的動作。

$$A^{(\pm)} = (A^+ + U_A) \cdot \overline{A^-}$$
$$= (CS \cdot a_0 + U_A) \cdot \overline{a_1}$$

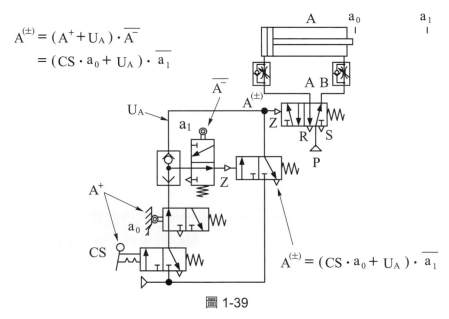

$$A^{(\pm)} = (CS \cdot a_0 + U_A) \cdot \overline{a_1}$$

圖 1-39

　　如圖 1-40，是以電氣迴路控制雙穩態電磁閥的迴路圖。當電路圖上 CS 選擇開關被切下時 (長時間 ON 住)，電氣訊號通過 a_0 極限開關，使雙穩態電磁閥切換至左側位置，氣壓缸就前進；待氣壓缸前進至最前端點碰觸 a_1 極限開關，電氣訊號使雙穩態電磁閥切換至右側位置，使氣壓缸後退；在氣壓缸後退至後限碰觸 a_0 極限開關時，又會使氣壓缸再前進，如此連續往復前進、後退動作，直到 CS 選擇開關切掉，氣壓缸最後會在後退至後限位置而停止，所以，可以使氣壓缸產生連續往復的動作。但 CS 選擇開關不適合做為啟動開關，具有操作上的危險性，後面章節再說明如何用其他元件取代之。

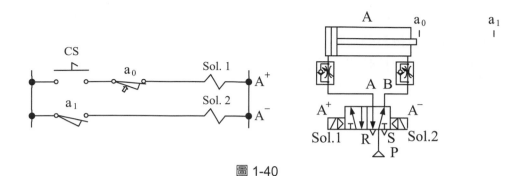

圖 1-40

　　圖 1-41 是以電氣迴路控制單穩態電磁閥的迴路圖。當電路圖上 CS 選擇開關被切下時 (長時間 ON 住)，電氣訊號通過 a_0、a_1 極限開關，使 R1 繼電器激磁，再用 R1 的 "a" 接點自保住 R1 繼電器，以另一個 R1 的 "a" 接點送電給單穩態電磁閥 Sol.1 線圈，線圈激磁將閥位切換至左側位置，氣壓缸就前進；待氣壓缸前進至最前端點碰觸 a_1 極限開關，將 R1 繼電器激磁狀態切掉，Sol.1 線圈消磁單穩態電磁閥切換至右側位置，使氣壓缸後退；在氣壓缸後退至後限碰觸 a_0 極限開關時，又會使 R1 繼電器再激磁，氣壓缸又前進，如此連續往復前進、後退動作，直到 CS 選擇開關被切掉，氣壓缸最後會在後退至後限位置而停止。所以，可以使氣壓缸產生連續往復的動作。

$$A^{(\pm)} = (A^+ + U_A) \cdot \overline{A^-}$$

$$\Rightarrow R1 = (CS \cdot a_0 + R1) \cdot \overline{a_1}$$

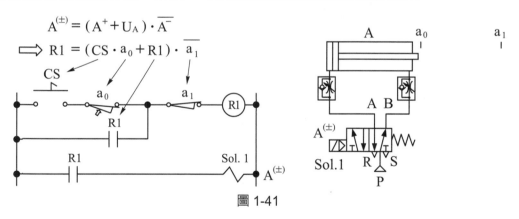

圖 1-41

　　但是，CS 選擇開關不適合做為啟動開關，因外力移除後仍有繼續保持作動，作為啟動開關具有操作上的危險性。現在說明如何使用按鈕閥，取代 CS 選擇閥做為啟動功能之用。因 CS 選擇閥是屬機械鎖固型式，被作動後不會因外力移除而自動復歸，所以在緊急停止時仍保有原來導通的狀態，當解除緊急停止時，不需壓按啟動閥機器便會自動運轉，如此會產生極大的危險性。因此，啟動閥必須使用會自動復歸的按鈕閥，當緊急停止後，再解除緊急停止鈕時，機器不會自動運轉，才能確保安全。

　　圖 1-42 為機械－氣壓迴路，是用一個常閉型單邊氣壓控制 3/2 閥來取代 CS 選擇閥，而啓動與停止都是以按鈕閥控制。當 ST1 啓動閥壓按時，3/2 常閉型單邊氣導閥被作動，再用該閥通過的氣經過梭動閥、ST2 停止閥自保住自已，形成長時間作動的狀態，就與原來 CS 選擇閥被切下的狀態相同；但是緊急停止時，切斷氣源後 3/2 常閉型單邊氣導閥會因內部彈簧而復歸；待在重新送氣源，機械不會自動行走，需按下啓動閥才會運轉，因此可以得到安全的狀態。

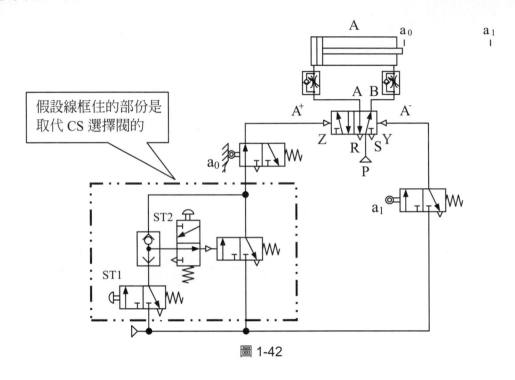

圖 1-42

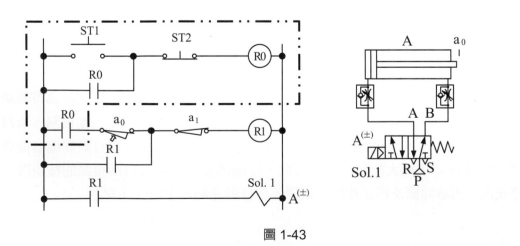

圖 1-43

圖 1-43 為電氣迴路，是用一個 R0 繼電器來取代 CS 選擇開關，而啟動與停止都是以按鈕開關控制。當 ST 啟動開關壓按時，R0 繼電器激磁，再用 R0 的 "a" 接點自保住 R0 繼電器，形成長時間激磁的狀態，而原來 CS 選擇開關的位置用另一個 R0 的 "a" 接點取代；待壓按停止開關，將 R0 繼電器激磁狀態切掉，機器就會停止。這樣就與 CS 選擇開關作法相同，但是緊急停止時，切斷電源後繼電器都復歸；待在重新送電，機械不會自動行走，需按下啟動開關才會運轉，因此可以得到安全的狀態。

四、計時器元件控制氣壓缸的前進、後退

計時器 (Timer)，就是氣壓訊號或電氣訊號輸入時，經過一段事先設定的時間後，該器具所控制的接點會產生切換的變化 ("a" 接點會導通、 "b" 接點會斷開)，這種器具即稱之為 "延時閥" (氣壓閥件) 或 "計時器" (電氣元件)。一般最常使用的計時器是限時動作型－又稱為通路延遲計時器 (On delay Timer)，當控制訊號已作動，經過設定時間後，器具的接點會產生切換變化。

如圖 1-44 是機械－氣壓通路延遲常閉型延時閥。當常閉型按鈕閥 (ST) 壓按時，延時閥的控制訊號口 (Z) 開始有訊號，且控制訊號不能中斷 (一中斷便重新復歸)，訊號流過單向流量控制閥 (計時時間長短調整處)，對小型儲氣桶充氣形成壓力緩慢提升，經過設定的時間，只要作動力量大於復歸彈簧力，延時閥內部的常閉型3/2閥便會導通，輸出口 (A) 就有訊號輸出；在常閉型按鈕閥 (ST) 放開時，延時閥內部的控制訊號瞬間排放，延時閥也瞬間復歸。這種延時閥是使用量最多的，控制觀念也較為簡單。

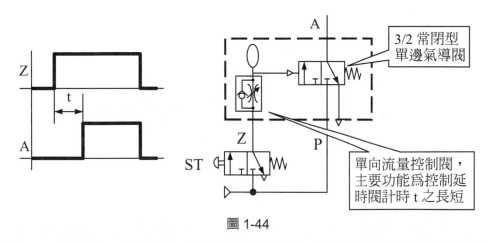

圖 1-44

而圖 1-45 是機械 - 氣壓通路延遲常開型延時閥，控制原理與通路延遲常閉型的相同，唯一的差別是輸出口一開始就有訊號輸出，計時時間到才切斷，其餘的控制觀念與前一個是相同的。

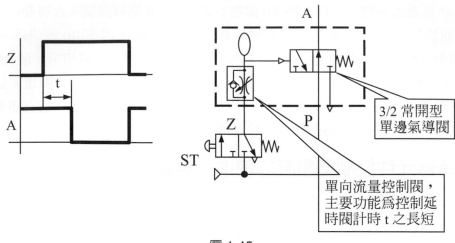

圖 1-45

　　圖 1-46 機械－氣壓通路延遲常閉型延時閥控制氣壓缸後退的迴路：當 ST1 按鈕閥壓按時，氣壓缸開始前進、延時閥同時計時，控制訊號 Z 連接於動力管線上 (可以得到連續的長訊號)，在延時閥時間到，氣壓缸即後退，延時閥同時自動復歸。這種是以時間爲控制條件的迴路，只要計時時間一到 (不管氣壓缸是已到達前端點停止一個短暫時間，或仍然還在前進行進中)，氣壓缸便會後退。因此以時間爲控制條件的方式，是較少做爲極限位置的控制條件。

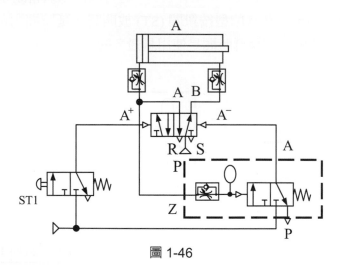

圖 1-46

　　圖 1-47 是機械－氣壓通路延遲常閉型延時閥，控制氣壓缸已到達前端點後一段時間才後退的迴路：在 ST1 按鈕閥壓按時，氣壓缸開始前進，當氣壓缸到達前端點，碰觸前限 a_1 極限閥時，延時閥開始計時，延時閥時間到，氣壓缸才後退，離開 a_1 極限閥，延時閥同時自動復歸。

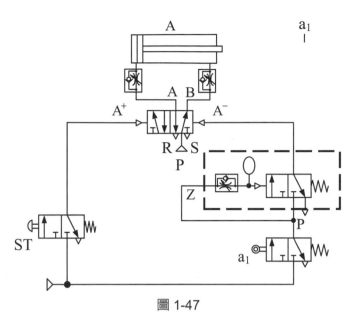

圖 1-47

如圖 1-48 是電氣通路延遲計時器 (On delay Timer)。一般常用的計時器內部有兩組輸出 "c" 型接點，其中一組一定是延時接點 (T)，另一組為瞬時接點 (T)，或經模式選擇可作為瞬時接點 (T) 或延時接點。瞬時接點 (T)：就是計時器計時線圈開始有訊號時，便會有切換動作，使用方法如同繼電器的接點，一般可做為該計時器自保之用。另延時接點 (T)：當計時器計時已達設定時間後，接點才會有切換現象，這就是使用計時器要得到的特定結果。

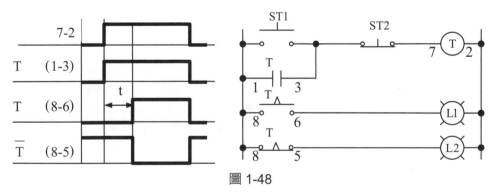

圖 1-48

在圖 1-48 中一開始送電源，L2 燈號就亮 (因接線至延時 "b" 接點 8-5)。當 ST1 按鈕開關壓按一下時，計時器開始計時並用瞬時接點 (1-3) 自保住計時訊號 (7-2)(放開 ST1 按鈕開關不影響)；在計時時間 (時間長短自行設定) 到達時，延時接點產生切換，"a" 接點 (8-6) 導通使 L1 燈號變亮，"b" 接點 (8-5) 斷開使 L2 燈號熄滅。若 ST2 按鈕開關壓按時，計時器的計時訊號切斷，計時器瞬間自動復歸，L1 燈號熄滅，L2 燈號變亮。

　　圖 1-49 是電氣通路延遲計時器 (On delay Timer) 控制雙穩態電磁閥使氣壓缸前進、後退的迴路：當 ST1 按鈕開關壓按時，電磁閥 Sol.1 線圈激磁使氣壓缸開始前進、計時器同時計時，並以瞬時接點 (RM) 自保住控制訊號；在計時器時間到達時，延時 "a" 接點導通使電磁閥 Sol.2 線圈激磁使氣壓缸開始後退，而延時 "b" 接點斷開使計時器同時自動復歸。

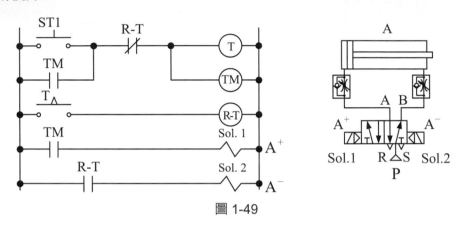

圖 1-49

　　圖 1-50 是電氣通路延遲計時器 (On delay Timer)，控制雙穩態電磁閥使氣壓缸已到達前端點後一段時間才後退的迴路：當 ST1 按鈕開關壓按時，電磁閥 Sol.1 線圈激磁使氣壓缸開始前進，在氣壓缸到達前端點，碰觸前限 a_1 極限開關時，計時器開始計時，在計時器時間到達時，延時 "a" 接點導通使電磁閥 Sol.2 線圈激磁，氣壓缸開始後退，離開 a_1 極限開關，計時器同時自動復歸。

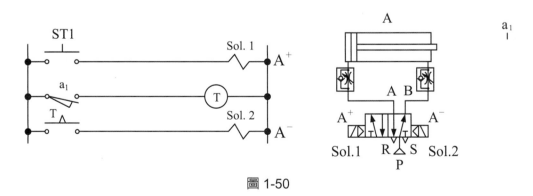

圖 1-50

五、壓力順序元件控制氣壓缸的前進、後退

　　壓力順序元件控制氣壓缸的方式有兩類型，1. 加壓型：迴路中動力管線之進氣側的氣體壓力，會隨著氣壓缸的行走或停止而有不同壓力高低，利用不同壓力的變化，即可得到控制的目的。2. 釋壓型：迴路中動力管線之排氣側的氣體壓力，也會隨著氣壓缸的行走或停止而有不同背壓高低，利用不同殘存背壓的變化，亦可得到控制的目的。

1.　加壓型

　　圖 1-51 是氣壓缸前進行程當中進氣側動力管線內氣體壓力變化的圖形。氣壓缸開始移動時，管線內氣體壓力昇到約 80% 的氣源壓力，行進中以此壓力起伏變化，直到前端點活塞不動時，再升至與氣源壓力相等爲止。

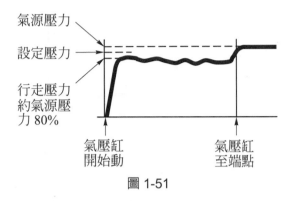

圖 1-51

　　加壓型壓力順序元件就是利用氣壓缸未到端點和已到端點，進氣側動力管線內壓力不同的關係來加以控制，圖 1-52 是加壓型壓力順序元件控制氣壓缸前進、後退的氣壓迴路：在按鈕閥壓下時，氣壓缸就開始前進，此時左側動力管線之壓力尚未達到壓力順序元件之設定壓力，順序閥不作動，當氣壓缸抵達前限端點時，左側動力管線之壓力升高至與氣壓源同高，而作動壓力順序元件，使得氣壓缸做後退的動作。

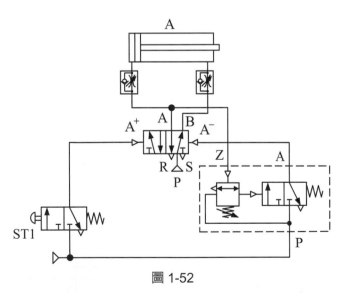

圖 1-52

　　但此種控制方式不是很好調整，如設定壓力太低，當按鈕閥一放開氣壓缸就馬上後退，若調太高，氣壓缸到前端點仍不會後退。一般使用上，只能作爲輔助條件 (如檢測氣壓缸之出力大小) 使用，不會作爲主要的控制條件來用。

2. 釋壓型

　　圖 1-53 是當在氣壓缸前進行程中排氣側動力管線內氣體壓力變化的情形。氣壓缸開始移動時，管線內氣體壓力降到約 10 ～ 20% 的氣源壓力，行進中以此壓力起伏變化，一直到前端點排氣側動力管線內氣體完全排完，壓力降爲零。

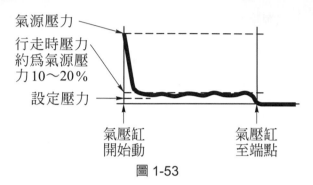

圖 1-53

　　圖 1-54 是釋壓型壓力順序元件 (常開型) 控制氣壓缸前進、後退的氣壓迴路：在氣壓缸一開始後退至後限時，右側動力管線之壓力已達到釋壓型壓力順序元件之設定壓力，該元件是被作動的。當按鈕閥壓下時，氣壓缸就開始前進，此時右側動力管線之壓力雖有下降，但仍高於壓力順序元件之設定壓力，順序閥仍被作動住，當氣壓缸抵達前限端點時，右側動力管線之壓力下降至零，而釋壓型壓力順序元件 (常開型) 恢復常態位置，使得氣壓缸做後退的動作；當氣壓缸一後退，右側動力管線之壓力又達到釋壓型壓力順序元件之設定壓力之上，該元件又會作動。

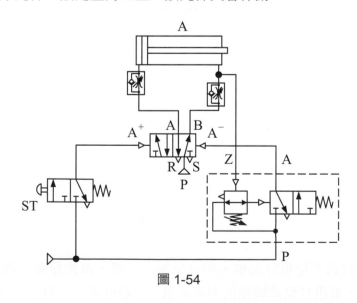

圖 1-54

　　圖 1-55 是加壓型壓力順序元件控制氣壓缸前進、後退的電氣－氣壓迴路：在按鈕開關 ST1 壓下時，R1 繼電器激磁使電磁閥切換，氣壓缸就開始前進，此時左側動力管線之壓力尚未達到 PS 壓力開關之設定壓力，開關不作動；當氣壓缸抵達前限端點時，左側動力管線之壓力升高至與氣壓源同高，而作動 PS 壓力開關，切斷 R1 繼電器的激磁，使得氣壓缸做後退的動作。

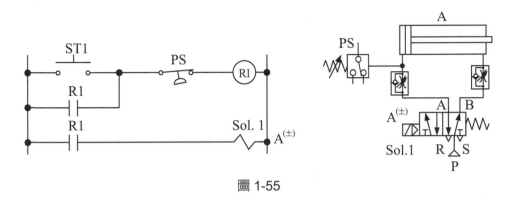

圖 1-55

六、計數器元件控制氣壓缸的往復次數

　　傳統計數器元件的控制方式有兩類，1. 加數型計數器 (Up Counter)：計數器設定一個目標值，輸入接口接受外部計數的訊號，計數器開始累加外部輸入訊號的次數，達到預設目標值，控制接點產生切換現象。2. 減數型計數器 (Down Counter)：計數器設定一個目標值，輸入接口接受外部計數的訊號，計數器開始依外部輸入訊號的次數遞減目標值，當目標值等於零時，控制接點產生切換現象。而以上兩種計數器用完後，要重新使用前都需要用外部訊號來復歸。機械－氣壓的計數器一般只有減數型的，而電氣－氣壓迴路是使用加數型計數器，現在就舉出兩個以計數器控制氣壓缸往復次數的例子。

　　圖 1-56 是機械－氣壓迴路，使用減數型計數器 (Down Counter) 控制氣壓缸連續往復動作的氣壓迴路，當按下 ST1 啟動閥時，啟動訊號送至計數器之接口 (Y) 復歸計數器，同時啟動氣壓缸往復動作，氣壓缸每次前進至前端點碰觸 a_1 極限閥時，就會傳送 1 個訊號至計數器之輸入接口 (Z)，產生 1 次的計數，計數器之目標值就減 1；一直到目標值變為零時，計數器 A 輸出接口發出一個訊號，去驅動 3/2 常開型單邊氣導閥，切斷 3/2 常開型單邊氣導閥通氣狀態，即可得到由計數器控制往復次數的機械－氣壓迴路。

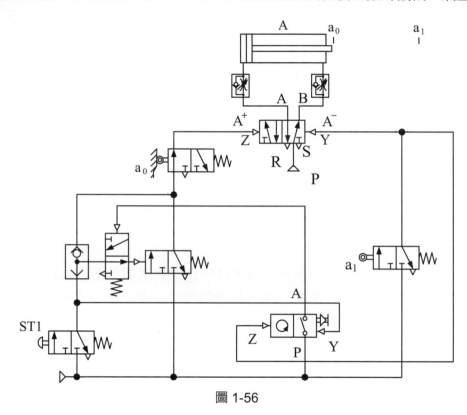

圖 1-56

　　圖1-57是使用機械式加數型計數器(Up Counter)控制氣壓缸連續往復動作的電氣－氣壓迴路，當按下 ST1 啓動開關時，啓動訊號復歸計數器同時啓動氣壓缸往復動作，氣壓缸每次前進至前端點碰觸 a_1 極限開關時，就會傳送 1 個訊號至計數器之計數線圈，產生 1 次的計數，計數器之經過值就加 1，一直到與目標值相同時，計數器輸出接點 (k) 就切換，k 的"b"接點切斷 R0 的激磁狀態，使電氣－氣壓迴路停止。機械式計數器內部各有計數線圈與復歸線圈，當有正負電源給計數線圈時，就會產生計數的作用，但是訊號必須有中斷再產生，才能做後續次數之計數。當計數器要重新計數時，必須把先前使用過之狀態復歸，就在復歸線圈通給正負電源即可，而且復歸訊號優於計數訊號。

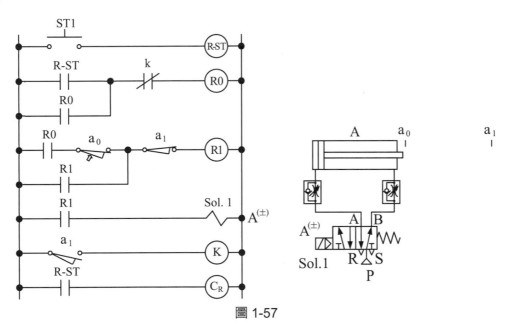

圖 1-57

　　圖 1-58 是使用電子式加數型計數器 (Up Counter) 控制氣壓缸連續往復動作的電氣－氣壓迴路，當按下 ST1 啓動開關時，啓動訊號復歸計數器同時啓動氣壓缸往復動作，氣壓缸每次前進至前端點碰觸 a_1 極限開關時，就會傳送 1 個訊號至計數器之計數線圈，產生 1 次的計數，計數器之經過值就加 1，一直到與目標值相同時，計數器輸出接點 (k) 就切換，k 的 "b" 接點切斷 R0 的激磁狀態，使電氣－氣壓迴路停止。電子式計數器的接線方式是有一組接單獨電源，內部計數訊號 (接點編號 1、4) 與復歸訊號 (接點編號 1、3)，再以接點短路 (不接電源) 方式觸發即可，但是觸發的動作必須有中斷，才能做後續次數之計數；當計數器要重新計數時，必須把復歸訊號 (接點編號 1、3) 也以接點短路 (不接電源) 方式觸發即可，而且復歸訊號優於計數訊號。

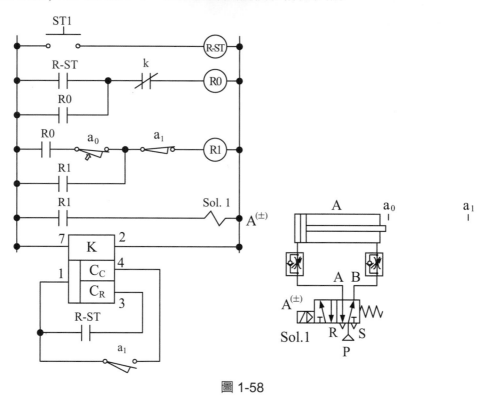

圖 1-58

七、安全操作迴路

　　前面圖 1-19 ～圖 1-21 中有保留兩個問題：1. 在安全迴路操作中有提到，若有人使用不正常的操作方式要如何防弊。2. 安全迴路操作時如何設計，在雙手都壓按才能使氣壓缸前進，在雙手都放開才能使氣壓缸後退。

1.　安全迴路中有提到，有人使用不正常的操作方式要如何防弊。若有人將其中一邊的按鈕閥，用其他不當方式保持長時間作動時，便可以採用與計時有關的元件串連使用，就能解決問題。其所串接的元件就是 3/2 常開型通路延遲延時閥，亦稱之為訊號縮短閥，如圖 1-59。當有人將 ST1 的按鈕開關用其他方式使其長時間作動，同時也啟動訊號縮短閥計時，只要時間超過設定時間沒切掉，訊號縮短閥就會切斷其氣流通路，使氣壓缸無法前進；需待 ST1 的按鈕閥放開，訊號縮短閥才會復歸，氣流通路再度暢通。而訊號縮短閥所需設定時間的長度，約為氣壓缸前進、後退一次的時間，不可太長，否則有安全上的顧慮。但是，如圖 1-59 這樣接管方式也只能防止左邊投機而已，若要全面性防止就需如圖 1-60 的連結方式。

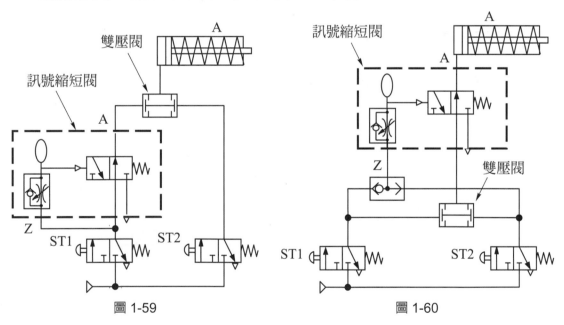

圖 1-59　　　　　　　　　　　　　圖 1-60

　　圖 1-60 是可以防止兩邊投機的機械－氣壓迴路，在迴路上多加一個梭動閥，可將兩邊任一個按鈕閥的訊號並接至訊號縮短閥的訊號輸入口 (Z)，若有任一邊想不當操作，訊號縮短閥都會發揮其應有功能。

　　圖 1-61 是可以防止兩邊投機的電氣－氣壓迴路：因一般用之 ST1 與 ST2 兩個按鈕開關的接點數量僅有一對，所以各帶一個繼電器擴增其使用接點數量。當任一個按鈕開關壓下時，計時器就開始計時，另一個按鈕開關必須在時間內再壓下，才會有操作效果；若超過設定時間便切斷其通路，以保障機器操作的安全性。

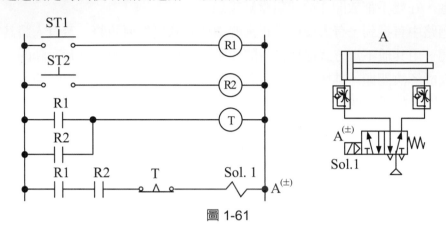

圖 1-61

2.　安全迴路操作時如何設計，在雙手都放開才能使氣壓缸後退：

　　先將安全操作的迴路都改換為間接控制式的氣壓迴路，如圖 1-62，在改換的過程中可能會遇到一些困難點，不過可以考慮使用寫出邏輯方程式的方法，再由邏輯方程式引導畫出迴路圖，這樣就比較簡單些。

$$A^+ = ST1 \cdot ST2$$
$$A^- = \overline{ST1} + \overline{ST2}$$

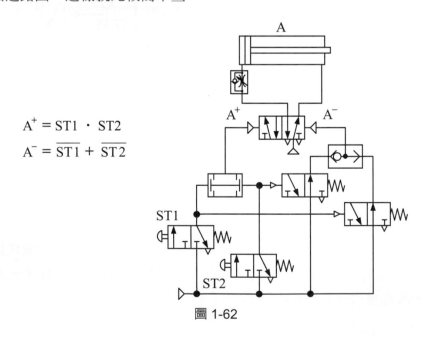

圖 1-62

　　圖 1-19 安全迴路改為間接控制迴路的邏輯方程式是：氣壓缸前進 $A^+ = ST1 \cdot ST2$ 因雙手都按下才能使氣壓缸前進，故將 ST1 與 ST2 相串連；而氣壓缸後退 $A^- = \overline{ST1} + \overline{ST2}$ 是因只要一支手放開，氣壓缸就可以後退，所以將 ST1 與 ST2 相並連即可。再將 $A^+ = ST1 \cdot ST2$ 與 $A^- = \overline{ST1} + \overline{ST2}$ 轉化成氣壓迴路圖就如圖 1-62。

　　而安全迴路操作時如何設計出在雙手都放開才能使氣壓缸後退，可以由前面邏輯推論而編寫出邏輯方程式，再由邏輯方程式引導繪出氣壓迴路圖。氣壓缸前進與先前是相同的，$A^+ = ST1 \cdot ST2$ 因雙手都按下才能使氣壓缸前進，故將 ST1 與 ST2 相串連；而氣壓缸後退也是雙手都放開才能退，所以邏輯方程式要修改為 $A^- = \overline{ST1} \cdot \overline{ST2}$，將兩個按鈕閥放開後的訊號串接起來，氣壓缸才可以後退。再將 $A^+ = ST1 \cdot ST2$ 與 $A^- = \overline{ST1} \cdot \overline{ST2}$ 轉化成氣壓迴路圖就如圖 1-63。氣壓缸如在後限位置，當 ST1 與 ST2 兩個按鈕閥都按下時，方程式 $ST1 \cdot ST2$ 相串連的部份就有氣壓訊號輸出，這樣氣壓缸才會前進；氣壓缸若在前限位置，當 ST1 與 ST2 兩個按鈕閥都放開時，方程式 $\overline{ST1} \cdot \overline{ST2}$ 相串連的部份才有氣壓訊號輸出，這樣氣壓缸也才會後退，如此就能符合“雙手都壓按啟動鈕，氣壓缸才會前進；雙手都放開啟動鈕，氣壓缸才會後退”的要求。

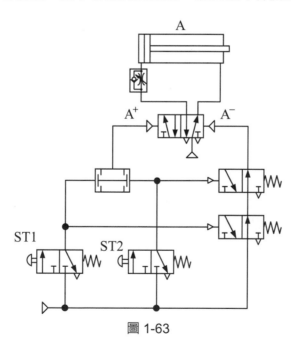

圖 1-63

圖 1-64、圖 1-65 將圖 1-62、圖 1-63 其中按鈕閥由 3/2 改換為 4/2 型式的氣壓迴路圖。

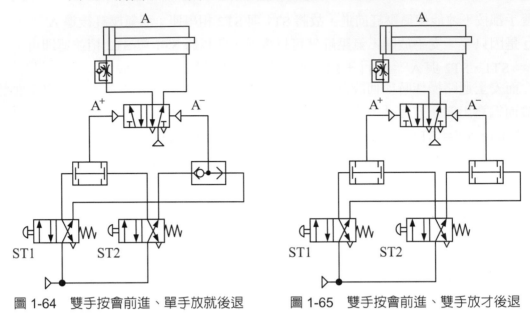

圖 1-64　雙手按會前進、單手放就後退　　　　圖 1-65　雙手按會前進、雙手放才後退

圖 1-66、圖 1-67 之單穩態電氣迴路圖，是將圖 1-64、圖 1-65 氣壓迴路圖改換得來的。

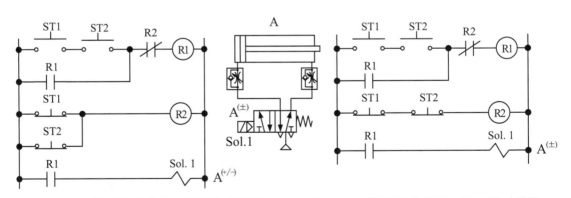

圖 1-66　雙手按會前進、單手放就後退　　　　圖 1-67　雙手按會前進、雙手放才後退

3. 使用計時器控制氣壓缸往復動作一段時間後自動停止

將圖 1-41 氣壓缸連續往復動作之氣壓迴路中，停止用 ST2 按鈕閥改換為 3/2 常開型單邊氣導閥，再以常閉型氣壓延時閥控制 3/2 常開型單邊氣導閥，即可得到所需之功能，如圖 1-68。或是直接使用 3/2 常開型氣壓延時閥控制，迴路圖更簡單，如圖 1-69。

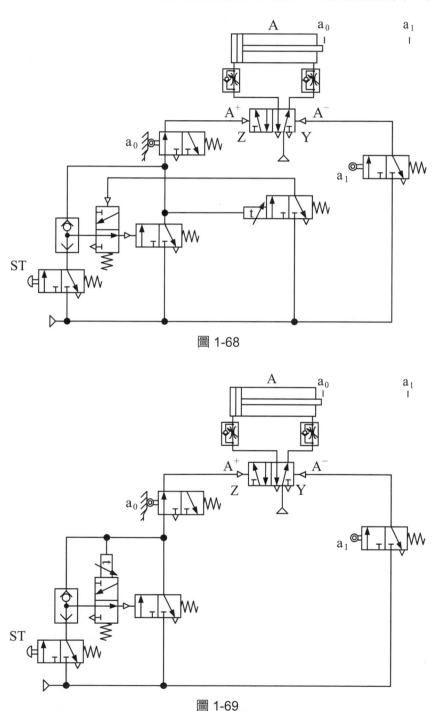

圖 1-68

圖 1-69

　　將圖 1-43 氣壓缸連續往復動作之電氣迴路中增加一個計時器，再用計時器的延時 "b" 接點去切斷 R0 繼電器，即可得到單穩態電磁閥控制氣壓缸連續往復動作所需的功能，如圖 1-70。

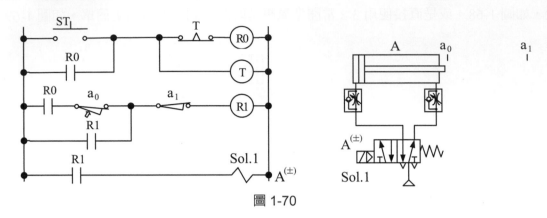

圖 1-70

2 簡單動作迴路

　　所謂〝簡單動作〞迴路是指所有氣壓缸在一個循環當中，皆只前進、後退各一次的迴路。因這類型迴路的位置極限開關在整個循環當中，僅被各氣壓缸碰觸一次而已，所以信號的處理過程就較為簡單。

　　現在以三個例題說明簡單動作之迴路的設計要領：

(1)　$A^+B^+B^-A^-$

(2)　$A^+B^+A^-TC^+C^-B^-$

(3)　$A^+A^-B^+B^-C^+C^-$。

例題 2-1　$A^+B^+B^-A^-$

壹、機械－氣壓迴路設計

(一) 分析研判動作類型

　　A^+ (表 A 缸前進)B^+ (表 B 缸前進)B^- (表 B 缸後退)

　　A^- (表 A 缸後退)，為兩支氣壓缸的簡單動作迴路。

(二) 分組：(按串級法的分組原則，同一支氣壓缸的兩個動作，必須分為不同組)

$$A^+B^+B^-A^- \quad \xrightarrow{\text{分為二組}}$$

$$\begin{array}{c} & a_1 & & b_0 \\ & \nearrow & & \nearrow \\ A^+ & B^+ & B^- & A^- \\ \uparrow\; \text{I} & & \text{II} & \searrow a_0 \\ & b_1 & & \\ & a_0 \cdot \text{ST} & & \end{array}$$

　　原則上機械停機時，控制線的氣源要停在最前面一組或最後面一組都可。但在氣壓迴路圖繪製時是有些差異，而本書的設計方式是以停於最後面一組為原則。

(三) 列出邏輯控制式

$e_I = a_0 \cdot ST$ e_I：表要切換至第 I 組的條件；當 A 缸在後限碰觸 a_0 極限閥且壓下 ST 啟動閥時，就切換至第 I 組。

$e_{II} = b_1$ e_{II}：表要切換至第 II 組的條件；當 B 缸在前限碰觸 b_1 極限閥時，就切換至第 II 組。

$A^+ = I$ A^+：表 A 缸前進的條件；在第 I 組有氣壓信號時，A 缸即前進。

$A^- = II \cdot b_0$ A^-：表 A 缸後退的條件；在第 II 組有氣壓信號且 b_0 極限閥被碰觸時，A 缸即後退。

$B^+ = I \cdot a_1$ B^+：表 B 缸前進的條件；在第 I 組有氣壓信號且 a_1 極限閥被碰觸時，B 缸即前進。

$B^- = II$ B^-：表 B 缸後退的條件；在第 II 組有氣壓信號時，B 缸即後退。

(四) 繪製機械－氣壓迴路圖

1. 先繪製氣壓缸、主氣閥、組線及換組用回動閥、氣源供應部份，如圖 2-1。

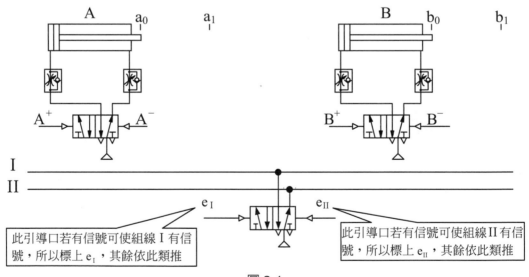

圖 2-1

2.　再把邏輯控制式的信號元件繪入，並連接線路，如圖 2-2。

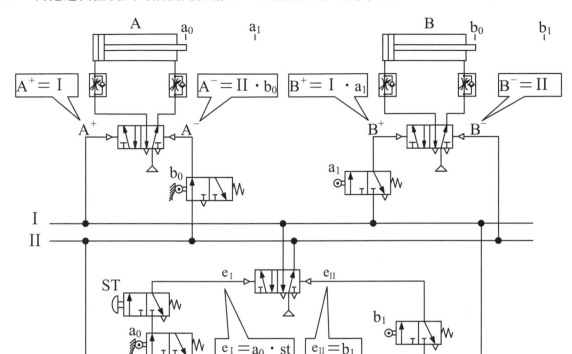

圖 2-2

以上圖 2-2 即是兩支氣壓缸 $A^+B^+B^-A^-$ 簡單動作的機械－氣壓迴路。

貳、電氣－氣壓雙穩態迴路設計

　　電氣－氣壓迴路設計是將機械－氣壓迴路中的控制線路改換為電氣迴路，與其相關的元件需換為電氣元件，如電氣按鈕開關、繼電器、電磁閥、電氣極限開關 ‧‧‧ 等。其中繼電器是一種單穩態的元件，在使用上是不同於雙穩態元件的控制，需特別注意，必要時可以使用轉換公式 $A^{(\pm)} = (A^+ + U_A) \cdot \overline{A^-}$ 來轉換之。

(一) 列出邏輯控制式 (可參考前面機械－氣壓迴路)

$e_I = a_0 \cdot ST$ 　　　　　　　$e_{II} = b_1$

$A^+ = I$ 　　　　　　　　　$A^- = II \cdot b_0$

$B^+ = I \cdot a_1$ 　　　　　　$B^- = II$

　　以上所列之邏輯控制式均為雙穩態元件所適用的，當要設計電路時必需把換組用的控制式更改為單穩態可適用的 (因繼電器為單穩態元件)。而其他控制氣壓缸前進、後退的邏輯控制式就可直接轉換為電路即可 (因電磁閥使用雙穩態形式)。

$$A^+ \ B^+ \diagup B^- \ A^-$$
$$\underset{\longrightarrow}{\mid \ R1^+ \ \mid}$$

上列之 e_I 和 e_{II} 由 R1 繼電器取代，規劃 R1 繼電器激磁的時間為第 I 組，故其邏輯控制式為：

$$R1^{(\pm)} = (e_I + R1) \cdot \overline{e} = (a_0 \cdot st + R1) \cdot \overline{b_1}$$

I = R1(第一組控制信號)　　　　II = $\overline{R1}$ (第二組控制信號)

(二) 繪製電路圖及氣壓迴路圖

1. 先繪製控制電路圖

逐一把經公式轉換為單穩態之邏輯控制式 (控制繼電器用) 及每個雙穩態邏輯控制式 (驅動氣壓缸用) 轉化為電路圖，如圖 2-3。

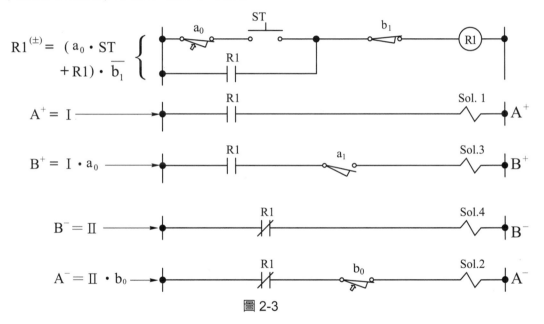

圖 2-3

再來把每個分散的電路圖組合起來，如圖 2-4。

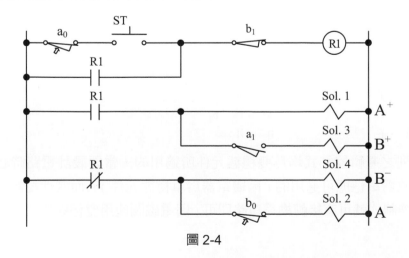

圖 2-4

但在圖 2-4 中會發現只要電源一接通，A^-、B^- 的電磁閥線圈便馬上激磁 (機器尚未啟動時)，這樣不當的激磁，會使這兩個電磁閥的使用壽命縮短；改善方式為可串接最後一個動作所碰觸之 a_0 極限開關的 "b" 接點將其現象排除，如圖 2-5。

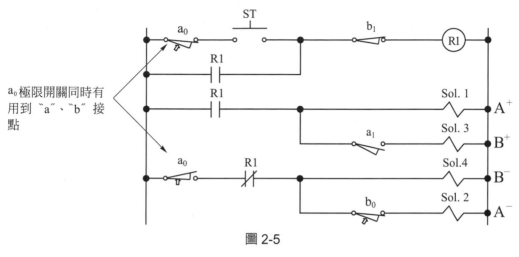

圖 2-5

2.　繪製氣壓迴路圖

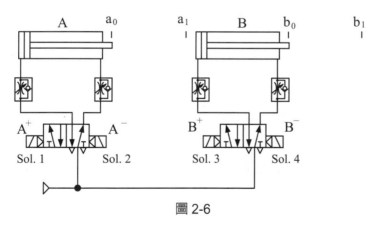

圖 2-6

把圖 2-5 和圖 2-6 結合起來，即可執行電氣－氣壓雙穩態迴路 $A^+B^+B^-A^-$ 的動作。

參、電氣－氣壓單穩態迴路設計

所謂〝單穩態迴路〞係指控制氣壓缸之電磁閥，是使用單線圈的單穩態元件，線圈有通電即會使閥位切換；線圈一斷電，閥位由復歸彈簧進行復歸。由前面之敘述得知電磁閥若要長時間作動，則需對電磁閥的線圈長時間供電，因此電路上有需要做自保，以符合需求。從前面之說明可知道單穩態迴路的設計是較為複雜些，若電路要做自保時，可以將雙穩態的控制條件代入轉換公式

$A^{(\pm)} = (A^+ + U_A) \cdot \overline{A^-}$ 來轉換之。

(一) 列出邏輯控制式及判別需做自保迴路的氣壓缸 (可參考前面機械－氣壓迴路)

$$e_I = a_0 \cdot ST \qquad\qquad e_{II} = b_1$$
$$A^+ = I \qquad\qquad\qquad A^- = II \cdot b_0$$
$$B^+ = I \cdot a_1 \qquad\qquad B^- = II$$

以上所列之邏輯控制式均為雙穩態元件所適用的，當要設計電路時必需把換組用之控制式更改為單穩態適用的 (因繼電器為單穩態元件)。

$$A^+ \ B^+ \ / \ B^- \ A^-$$
$$\underset{\longrightarrow}{\mid \quad R1^+ \quad \mid}$$

上列之 e_I 和 e_{II} 由 R1 繼電器取代，規劃 R1 繼電器激磁的時間為第 I 組，故其邏輯控制式為：

$$R1^{(\pm)} = (e_I + R1) \cdot \overline{e} = (a_0 \cdot st + R1) \cdot \overline{b_1}$$
$$I = R1(第一組控制信號) \qquad\qquad II = \overline{R1} \ (第二組控制信號)$$

其他控制氣壓缸前進、後退的邏輯控制式亦需要轉換為單穩態電磁閥可適用之邏輯控制式。而在轉換的過程中有些要領，可以判別出某幾支氣壓缸需做自保迴路，有些就不用做自保迴路。

判斷雙穩態迴路改換為單穩態迴路且不需做自保迴路的原則，如下所述：

1. 當驅動氣壓缸第一個動作的訊號產生後，訊號需繼續保留住，直到氣壓缸要執行第二個反向動作時或以後才能中斷。

2. 且氣壓缸第二個反向動作在分組時，必須列為該組的第一個動作。

若能符合上述兩原則，該氣壓缸的控制電路即可不必外加繼電器做自保迴路。現在就以前述兩個判斷原則來判別 A、B 兩缸，結果 B 缸符合不需做自保迴路；而 A 缸不符上述兩原則，所以要做自保迴路，需追加一個自保用繼電器 (RA)，則繼電器 (RA) 的控制式為：

$$RA^{(\pm)} = (\,I + RA) \cdot (\,II \cdot b_0)$$
$$= (R1 + RA) \cdot (\overline{R1} \cdot b_0)$$
$$= (R1 + RA) \cdot (R1 + \overline{b_0}\,)$$
$$= R1 + RA \cdot \overline{b_0}$$

$RA^{(\pm)}$：表 A 缸自保繼電器的控制條件；當在 I 組有信號時 RA 繼電器即啓動；在 II 組 B 缸後退至後限碰觸 b_0 極限開關時，RA 繼電器切斷。經邏輯公式整理，得到左式的最簡結果。

$$A^{(\pm)} = RA$$

$A^{(\pm)}$：表 A 缸電磁閥的控制條件；A 缸與 RA 繼電器同步動作，故用 RA 的 "a" 接點來驅動。

$$B^{(\pm)} = R1 \cdot a_1$$

$B^{(\pm)}$：表 B 缸電磁閥的控制條件；在 I 組有信號且 A 缸前進至前限碰觸極限開關 a_1 時，B 缸就前進；在切換至第 II 組，因 R1 "a" 接點打開 B 缸便後退。

(二) 繪製電路圖及氣壓迴路圖

1. 先繪製控制電路圖

逐一把經公式轉換爲單穩態之邏輯控制式 (控制繼電器用) 及每個單穩態邏輯控制式 (驅動氣壓缸用) 轉化爲電路圖，如圖 2-7。

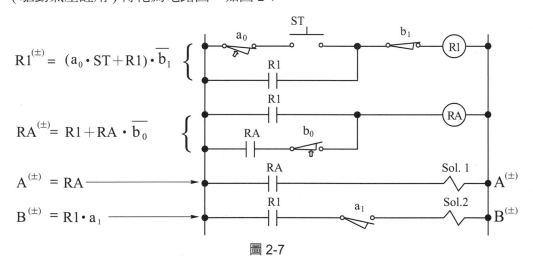

$$R1^{(\pm)} = (a_0 \cdot ST + R1) \cdot \overline{b_1}$$

$$RA^{(\pm)} = R1 + RA \cdot \overline{b_0}$$

$$A^{(\pm)} = RA$$

$$B^{(\pm)} = R1 \cdot a_1$$

圖 2-7

2. 繪製氣壓迴路圖

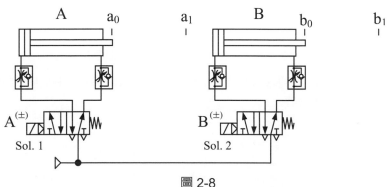

圖 2-8

把圖 2-7 和圖 2-8 結合起來，即可執行電氣－氣壓單穩態迴路 $A^+B^+B^-A^-$ 的動作。

例題 2-2　$A^+B^+A^-TC^+C^-B^-$

壹、機械－氣壓迴路設計

(一) 分析研判動作類型

A^+ (表 A 缸前進)B^+ (表 B 缸前進)A^- (表 A 缸後退)T(表計時一段時間)C^+ (表 C 缸前進)C^- (表 C 缸後退)B^- (表 B 缸後退)，為三支氣壓缸含計時功能的簡單動作迴路。

(二) 分組

$$A^+B^+A^-\ TC^+C^-B^- \xrightarrow{\text{分為二組}}$$

(三) 列出邏輯控制式

$e_I = a_1$　　　　e_I：表要切換至第 I 組的條件；當 A 缸在前限碰觸 a_1 極限閥時，系統信號就切換至第 I 組。

$e_{II} = c_1$　　　　e_{II}：表要切換至第 II 組的條件；當 C 缸在前限碰觸 c_1 極限閥時，系統信號就切換至第 II 組。

$A^+ = II \cdot b_0 \cdot ST$　A^+：表 A 缸前進的條件；在第 II 組有氣壓信號、B 缸後退至後限碰觸 b_0 極限閥且按下啓動閥 ST 時，A 缸即前進。

$A^- = I \cdot b_1$　　A^-：表 A 缸後退的條件；在第 I 組有氣壓信號且 b_1 極限閥被碰觸時，A 缸即後退。

$B^+ = I$　　　　B^+：表 B 缸前進的條件；在第 I 組有氣壓信號時，B 缸即前進。

$B^- = II \cdot c_0$　　B^-：表 B 缸後退的條件；在第 II 組有氣壓信號且 c_0 極限閥被碰觸時，B 缸即後退。

$C^+ = I \cdot t$　　C^+：表 C 缸前進的條件；在第 I 組有氣壓信號且計時器計時已達時，C 缸即前進。

$C^- = II$　　　　C^-：表 C 缸後退的條件；在第 II 組有氣壓信號時，C 缸即後退。

$T = I \cdot a_0$　　　T：表計時器計時的條件；在第 I 組有氣壓信號且 a_0 極限閥被碰觸時，計時器開始計時。

(四) 繪製機械－氣壓迴路圖

1.　先繪製氣壓缸、主氣閥、組線及換組用回動閥、氣源供應部份，如圖 2-9。

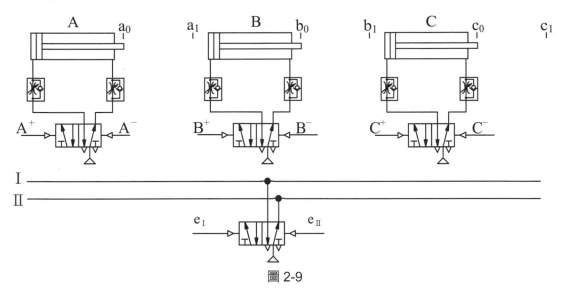

圖 2-9

2.　再把各邏輯控制式的信號元件繪入並連接線路，如圖 2-10。

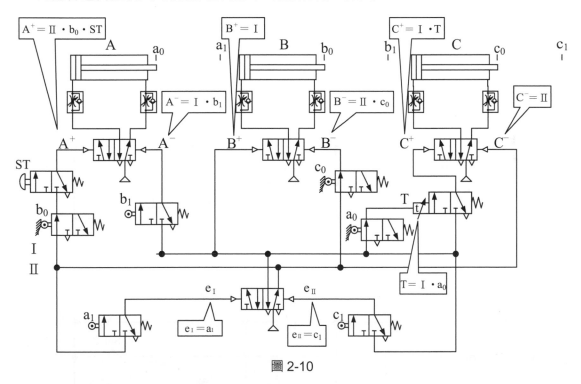

圖 2-10

　　以上圖 2-10 即是三支氣壓缸 $A^+B^+A^-TC^+C^-B^-$ 簡單動作的機械－氣壓迴路。

貳、電氣－氣壓迴路設計

(一) 列出邏輯控制式 (可參考前面機械－氣壓迴路)

$$e_{\text{I}} = a_1 \qquad\qquad e_{\text{II}} = c_1$$
$$A^+ = \text{II} \cdot b_0 \cdot ST \qquad A^- = \text{I} \cdot b_1$$
$$B^+ = \text{I} \qquad\qquad B^- = \text{II} \cdot c_0$$
$$C^+ = \text{I} \cdot t \qquad\qquad C^- = \text{II}$$
$$T = \text{I} \cdot a_0$$

以上所列之邏輯控制式均為雙穩態元件所適用的，當要設計電路時必需把換組用之控制式更改為單穩態適用的 (因繼電器為單穩態元件)。而其他控制氣壓缸前進、後退的邏輯控制式就可直接轉換為電路即可 (因電磁閥使用雙穩態形式)。

$$\overset{A^+ / B^+ A^- \ T \ C^+ / C^- B^-}{\underset{R1^+}{\rule{5cm}{0.4pt}}}$$

上列之 e_{I} 和 e_{II} 由 R1 繼電器取代，規劃 R1 繼電器激磁的時間為第 I 組，故其邏輯控制式為：

$$R1^{(\pm)} = (e_{\text{I}} + R1) \cdot \overline{e} = (a_1 + R1) \cdot \overline{c_1}$$
$$\text{I} = R1\,(\,第一組控制信號\,) \qquad \text{II} = \overline{R1}\,(\,第二組控制信號\,)$$

(二) 繪製電路圖及氣壓迴路圖

1.　先繪製控制電路圖

　　逐一把經公式轉換為單穩態之邏輯控制式及每個雙穩態邏輯控制式，轉化成完整的電路圖，如圖 2-11。

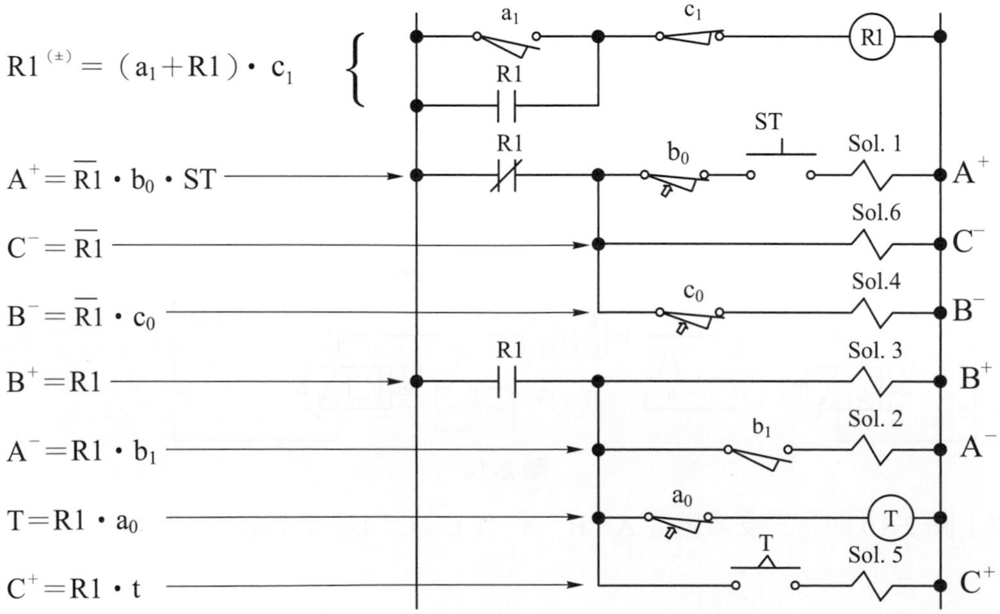

$$R1^{(\pm)} = (a_1 + R1) \cdot c_1$$
$$A^+ = \overline{R1} \cdot b_0 \cdot ST$$
$$C^- = \overline{R1}$$
$$B^- = \overline{R1} \cdot c_0$$
$$B^+ = R1$$
$$A^- = R1 \cdot b_1$$
$$T = R1 \cdot a_0$$
$$C^+ = R1 \cdot t$$

圖 2-11

但在圖 2-11 中會發現只要電源一接通，B^-、C^- 的電磁閥線圈馬上激磁 (機器尚未啟動時)，這樣會使這兩個電磁閥的使用壽命縮短；此處可串接最後一個動作所碰觸之 b_0 極限開關的 "b" 接點將其現象排除，如圖 2-12。

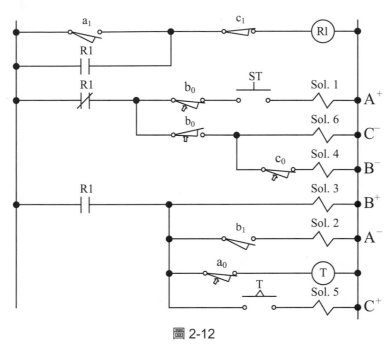

圖 2-12

在圖 2-12 中 b_0 極限開關同時有用到 "a"、"b" 接點，經整理如圖 2-13 較方便接線。

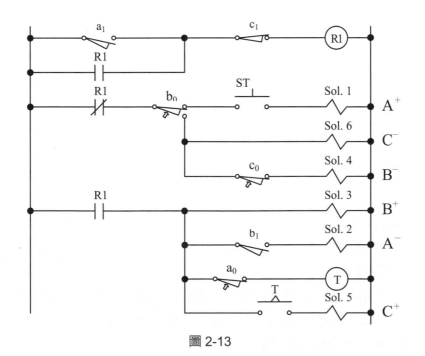

圖 2-13

2. 再繪製氣壓迴路圖

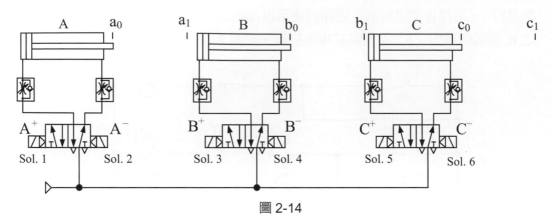

圖 2-14

把圖 2-13 和圖 2-14 結合起來，即可執行電氣－氣壓迴路 $A^+B^+A^-TC^+C^-B^-$ 雙穩態迴路的動作。

參、電氣－氣壓單穩態迴路設計

(一) 列出邏輯控制式及判別需做自保迴路的氣壓缸 (可參考前面機械－氣壓迴路)

$e_I = a_1$ $e_{II} = c_1$

$A^+ = II \cdot b_0 \cdot ST$ $A^- = I \cdot b_1$

$B^+ = I$ $B^- = II \cdot c_0$

$C^+ = I \cdot T$ $C^- = II$

$T = I \cdot a_0$

以上所列之邏輯控制式均為雙穩態元件所適用的，當要設計電路時必需把換組用之控制式更改為單穩態適用的 (因繼電器為單穩態元件)。

$A^+/B^+A^-\ T\ C^+/C^-B^-$

$\underset{R1^+}{\longrightarrow}$

上列之 e_I 和 e_{II} 由 R1 繼電器取代，規劃 R1 繼電器激磁的時間為第 I 組，故其邏輯控制式為：

$R1^{(\pm)} = (e_I + R1) \cdot \overline{e} = (a_1 + R1) \cdot \overline{c_1}$

$I = R1$(第一組控制信號)　　$II = \overline{R1}$ (第二組控制信號)

而其他控制氣壓缸前進、後退的邏輯控制式亦需要轉換為單穩態電磁閥可適用之邏輯控制式。而在轉換的過程中有些要領可判別出某幾支氣壓缸需做自保迴路，有些就不用做自保迴路。

判斷雙穩態迴路改換為單穩態迴路且不需做自保迴路的原則，如下所述：

1. 當驅動氣壓缸第一個動作的訊號產生後，訊號需繼續保留住，直到氣壓缸要執行第二個反向動作時或以後才能中斷。

2. 且氣壓缸第二個反向動作在分組時，必須列為該組的第一個動作。

　　若能符合上述兩原則，該氣壓缸的控制電路即可不必外加繼電器做自保迴路。現在就以兩個判斷原則來判別 A、B 缸，結果 A、B 兩缸均不符上述兩原則，都要做自保迴路，因此需追加兩個自保用繼電器 (RA、RB)，其控制式為：

$$RA^{(\pm)} = (b_0 \cdot ST + RA) \cdot \overline{b_1}$$

$RA^{(\pm)}$：表 A 缸自保繼電器的控制條件；A 缸前進條件中有 b_0、後退條件中有 b_1，所以分組的條件就不需使用 (因 b_0、b_1 不可能同時被碰觸，已有分組的作用)，在 B 缸後退至後限碰觸 b_0 極限開關且按鈕開關 ST 被壓時，RA 繼電器激磁；在 B 缸前進至前限碰觸 b_1 極限開關時，RA 繼電器即消磁。

$$A^{(\pm)} = RA$$

$A^{(\pm)}$：表 A 缸電磁閥的控制條件；A 缸與 RA 繼電器同步動作，故用 RA 的 "a" 接點來驅動。

$$RB^{(\pm)} = (R1 + RB) \cdot (\overline{\overline{R1} \cdot c_0})$$
$$= (R1 + RB) \cdot (R1 + \overline{c_0})$$
$$= R1 + R1 \cdot \overline{c_0}$$

$RB^{(\pm)}$：表 B 缸自保繼電器的控制條件；當第 I 組 R1 激磁時，RA 繼電器即激磁；在第 II 組 C 缸後退至後限碰觸 c_0 極限開關時，RB 繼電器即消磁。經邏輯公式整理後，可得左式的最簡式子。

$$B^{(\pm)} = RB$$

$B^{(\pm)}$：表 B 缸電磁閥的控制條件；B 缸與 RB 繼電器同步動作，故用 RB 的 "a" 接點來驅動。

$$C^{(\pm)} = T$$

$C^{(\pm)}$：表 C 缸電磁閥的控制條件；只要計時器計時已達，C 缸就前進；進入第 II 組，因計時器復歸，使 C 缸電磁閥也復歸，C 缸就後退。

(二) 繪製電路圖及氣壓迴路圖

1. 先繪製控制電路圖

　　逐一把經公式轉換為單穩態之邏輯控制式 (控制繼電器用) 及每個單穩態邏輯控制式 (驅動氣壓缸用) 轉化為電路圖，如圖 2-15。

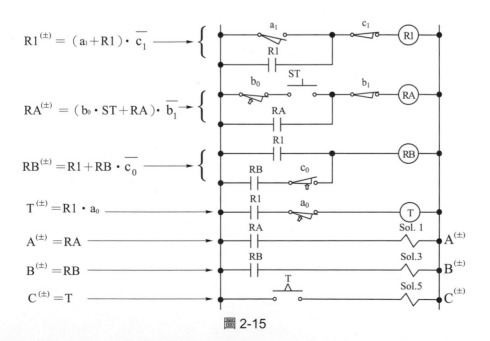

$$R1^{(\pm)} = (a_1 + R1) \cdot \overline{c_1} \longrightarrow$$

$$RA^{(\pm)} = (b_0 \cdot ST + RA) \cdot \overline{b_1} \longrightarrow$$

$$RB^{(\pm)} = R1 + RB \cdot \overline{c_0} \longrightarrow$$

$$T^{(\pm)} = R1 \cdot a_0 \longrightarrow$$

$$A^{(\pm)} = RA \longrightarrow$$

$$B^{(\pm)} = RB \longrightarrow$$

$$C^{(\pm)} = T \longrightarrow$$

圖 2-15

2. 繪製氣壓迴路圖

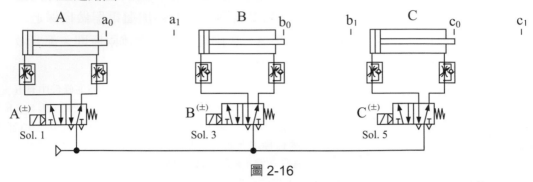

圖 2-16

把圖 2-15 和圖 2-16 結合起來，即可執行電氣－氣壓單穩態迴路 $A^+B^+A^-TC^+C^-B^-$ 的動作。

例題 2-3 $\quad A^+A^-B^+B^-C^+C^-$

壹、機械－氣壓迴路設計

(一) 分析研判動作類型

A^+ (表 A 缸前進)A^- (表 A 缸後退)B^+ (表 B 缸前進)

B^- (表 B 缸後退)C^+ (表 C 缸前進)C^- (表 C 缸後退) 為三支氣壓缸的簡單動作迴路。

(二) 分組

$$A^+A^-B^+B^-C^+C^- \xrightarrow{\text{分為三組}}$$

本例題中，循環中第一個動作 A^+ 與最後一個動作 C^- 可列入同一組，因 C^- 可看成是上一個循環最後一個動作，緊接著就是新循環的第一個動作 A^+，因此列在同一組可符合串級法的分組原則，亦可減少一組 (若沒有合併必須分為 4 組)。

(三) 列出邏輯控制式

$e_I = a_1$　　　　　　　　e_I：表要切換至第 I 組的條件；當 A 缸移至前限碰觸 a_1 極限閥時，系統信號
　　　　　　　　　　　　就切換至第 I 組。

$e_{II} = b_1$　　　　　　　e_{II}：表要切換至第 II 組的條件；當 B 缸移至前限碰觸 b_1 極限閥時，系統信號
　　　　　　　　　　　　就切換至第 II 組。

$e_{III} = c_1$　　　　　　　e_{III}：表要切換至第 III 組的條件；當 C 缸移至前限碰觸 c_1 極限閥時，系統信號
　　　　　　　　　　　　就切換至第 III 組。

$A^+ = III \cdot c_0 \cdot ST$　　　A^+：表 A 缸前進的條件；在第 III 組有氣壓信號、C 缸後退至後限碰觸 c_0 極限
　　　　　　　　　　　　閥且按下啓動閥 ST 時，A 缸即前進。

$A^- = I$　　　　　　　　A^-：表 A 缸後退的條件；在第 I 組有氣壓信號時，A 缸即後退。

$B^+ = I \cdot a_0$　　　　　　B^+：表 B 缸前進的條件；在第 I 組有氣壓信號且 a_0 極限閥被碰觸時，B 缸即
　　　　　　　　　　　　前進。

$B^- = II$　　　　　　　　B^-：表 B 缸後退的條件；在第 II 組有氣壓信號時，B 缸即後退。

$C^+ = II \cdot b_0$　　　　　C^+：表 C 缸前進的條件；在第 II 組有氣壓信號且 b_0 極限閥被碰觸時，C 缸即
　　　　　　　　　　　　前進。

$C^- = III$　　　　　　　C^-：表 C 缸後退的條件；在第 III 組有氣壓信號時，C 缸即後退。

(四) 繪製機械－氣壓迴路圖

1.　先繪製氣壓缸、主氣閥、組線及換組用回動閥、氣源供應部份，如圖 2-17。

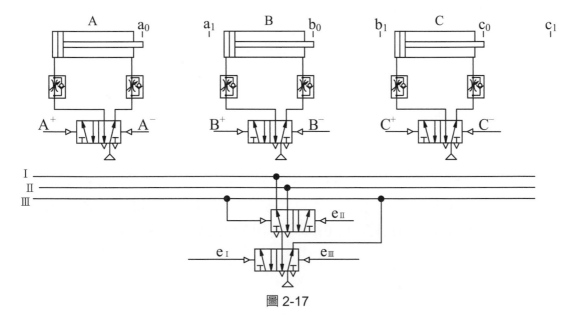

圖 2-17

2. 再把邏輯控制式的信號元件繪入並連接線路，如圖 2-18。

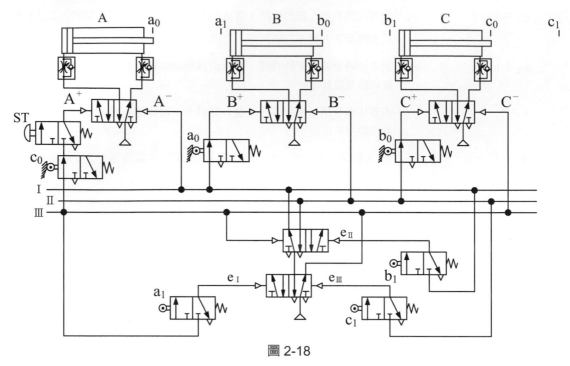

圖 2-18

以上圖 2-17 即是三支氣壓缸 $A^+A^-B^+B^-C^+C^-$ 簡單動作的機械－氣壓迴路。

貳、電氣－氣壓迴路設計

(一) 列出邏輯控制式 (參考前面機械－氣壓迴路即可)

$$e_I = a_1 \qquad\qquad e_{II} = b_1$$
$$e_{III} = c_1$$
$$A^+ = III \cdot c_0 \cdot ST \qquad A^- = I$$
$$B^+ = I \cdot a_0 \qquad\qquad B^- = II$$
$$C^+ = II \cdot b \qquad\qquad C^- = III$$

以上所列之邏輯控制式均為雙穩態元件所適用的，當要設計電路時需把換組用之控制式更改為單穩態適用的 (因繼電器為單穩態之元件)。而其他控制氣壓缸前進、後退的邏輯控制式就可直接轉換為電路即可 (因電磁閥使用雙穩態形式)。

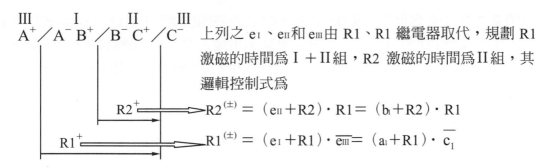

$$\text{III} \quad \text{I} \quad \text{II} \quad \text{III}$$
$$A^+ / A^- \; B^+ / B^- \; C^+ / C^-$$

上列之 e_I、e_{II} 和 e_{III} 由 R1、R1 繼電器取代，規劃 R1 激磁的時間為 I＋II組，R2 激磁的時間為II組，其邏輯控制式為

$$R2^{(\pm)} = (e_{II} + R2) \cdot R1 = (b_I + R2) \cdot R1$$

$$R1^{(\pm)} = (e_I + R1) \cdot \overline{e_{III}} = (a_I + R1) \cdot \overline{c_1}$$

I＝R1・R2(第 I 組的信號)

II＝R2(第II組的信號)

III＝$\overline{R1}$（第III組的信號）

(二) 繪製電路圖及氣壓迴路圖

1. 先繪製控制電路圖

逐一把經公式轉換為單穩態之邏輯控制式及每個雙穩態邏輯控制式，轉化成完整的電路圖，如圖 2-19。

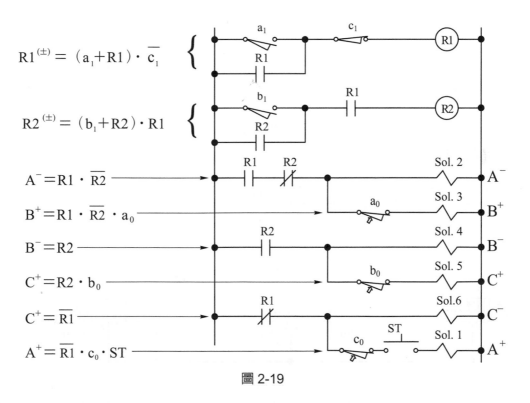

$R1^{(\pm)} = (a_1 + R1) \cdot \overline{c_1}$

$R2^{(\pm)} = (b_1 + R2) \cdot R1$

$A^- = R1 \cdot \overline{R2}$

$B^+ = R1 \cdot \overline{R2} \cdot a_0$

$B^- = R2$

$C^+ = R2 \cdot b_0$

$C^+ = \overline{R1}$

$A^+ = \overline{R1} \cdot c_0 \cdot ST$

圖 2-19

但在圖 2-19 中會發現只要電源一接通，C^- 的電磁閥線圈馬上激磁 (機器尚未啟動)，這樣會使該電磁閥的使用壽命縮短；此處可串接 c_0 的 〝b〞接點將其現象排除，並經整理後以方便接線；另外需將繼電器所使用之接點數量做統計，以便了解一顆繼電器的接點數量是否夠用，如圖 2-20。

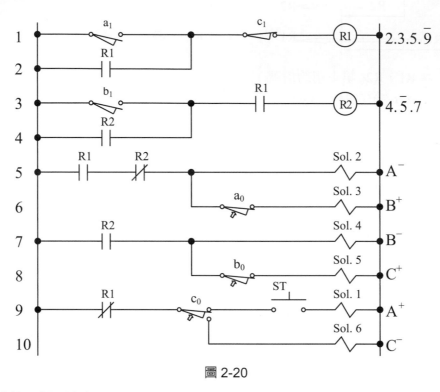

圖 2-20

2.　再繪製氣壓迴路圖

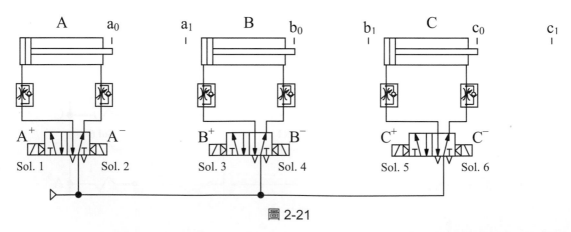

圖 2-21

把圖 2-20 和圖 2-21 結合起來，即可執行 $A^+ A^- B^+ B^- C^+ C^-$ 雙穩態電氣－氣壓迴路的動作。

参、電氣－氣壓單穩態迴路設計

(一) 列出邏輯控制式及判別需做自保迴路的氣壓缸 (可參考前面機械－氣壓迴路)

$$e_{\rm I} = a_1 \qquad\qquad\qquad e_{\rm II} = b_1$$
$$e_{\rm III} = c_1$$
$$A^+ = {\rm III} \cdot c_0 \cdot st \qquad\qquad A^- = {\rm I}$$
$$B^+ = {\rm I} \cdot a_0 \qquad\qquad\quad B^- = {\rm II}$$
$$C^+ = {\rm II} \cdot b_0 \qquad\qquad\quad C^- = {\rm III}$$

以上所列之邏輯控制式均為雙穩態元件所適用的，當要設計電路時需把換組用之控制式更改為單穩態適用的 (因繼電器為單穩態之元件)。

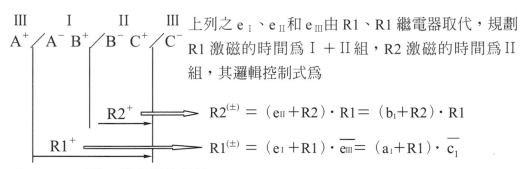

上列之 $e_{\rm I}$、$e_{\rm II}$ 和 $e_{\rm III}$ 由 R1、R1 繼電器取代，規劃 R1 激磁的時間為 I ＋ II 組，R2 激磁的時間為 II 組，其邏輯控制式為

$$R2^{(\pm)} = (e_{\rm II} + R2) \cdot R1 = (b_1 + R2) \cdot R1$$
$$R1^{(\pm)} = (e_{\rm I} + R1) \cdot \overline{e_{\rm III}} = (a_1 + R1) \cdot \overline{c_1}$$

I ＝ R1 · $\overline{R2}$ (第 I 組的信號)

II ＝ R2(第 II 組的信號)

III ＝ $\overline{R1}$ (第 III 組的信號)

　　而其他控制氣壓缸前進、後退的邏輯控制式亦需要轉換為單穩態電磁閥可適用之邏輯控制式。而在轉換的過程中有些要領可判別出某幾支氣壓缸需做自保迴路，有些就不用做。

　　判斷雙穩態迴路改換為單穩態迴路且不需做自保迴路的原則，如下所述：

1. 當驅動氣壓缸第一個動作的訊號產生後，訊號需繼續保留住，直到氣壓缸要執行第二個反向動作時或以後才能中斷。

2. 且氣壓缸第二個反向動作在分組時，必須列為該組的第一個動作。

　　若能符合上述兩原則，該氣壓缸的控制電路即可不必外加繼電器做自保迴路。現在就以兩個判斷原則來判別 A、B、C 缸，原則上 A、B、C 三支缸均符合上述兩原則，不用做自保迴路，但因 A 缸的驅動電路中有按鈕開關故需追加一個繼電器 (RA)，以避免按鈕開關一放開即斷電，繼電器 (RA) 的控制式為：

$RA^{(\pm)} = (c_0 \cdot ST + RA) \cdot \overline{R1}$　$RA^{(\pm)}$：表 A 缸自保繼電器的控制條件；在 C 缸後退至後限碰觸 c_0 極限開關且按鈕開關 ST 被壓時，RA 繼電器就激磁；在切換至第 I 組時，$\overline{R1}$ 接點因 R1 繼電器激磁而打開，RA 繼電器即消磁。

$A^{(\pm)} = RA$　$A^{(\pm)}$：表 A 缸電磁閥的控制條件；A 缸與 RA 繼電器同步動作，故用 RA 的 "a" 接點來驅動。

$B^{(\pm)} = R1 \cdot \overline{R2} \cdot a_0$　$B^{(\pm)}$：表 B 缸電磁閥的控制條件；B 缸在第 I 組且 A 缸後退至後限碰觸 a_0 極限開關，B 缸就前進；進入第 II 組 $\overline{R2}$ 接點打開，B 缸就後退。

$C^{(\pm)} = R2 \cdot b_0$　$C^{(\pm)}$：表 C 缸電磁閥的控制條件；在第 II 組且 A 缸後退至後限碰觸 b_0 極限開關，C 缸就前進；進入第 III 組 R2 接點打開，C 缸就後退。

(二) 繪製電路圖及氣壓迴路圖

1. 先繪製控制電路圖

逐一把經公式轉換為單穩態之邏輯控制式 (控制繼電器用) 及每個單穩態邏輯控制式 (驅動氣壓缸用) 轉化為電路圖，如圖 2-22。

$R1^{(\pm)} = (a_1 + R1) \cdot \overline{c_1}$

$R2^{(\pm)} = (b_1 + R2) \cdot R1$

$RA^{(\pm)} = (c_0 \cdot ST + RA) \cdot \overline{R1}$

$A^{(\pm)} = RA$

$B^{(\pm)} = R1 \cdot \overline{R2} \cdot a_0$

$C^{(\pm)} = R2 \cdot b_0$

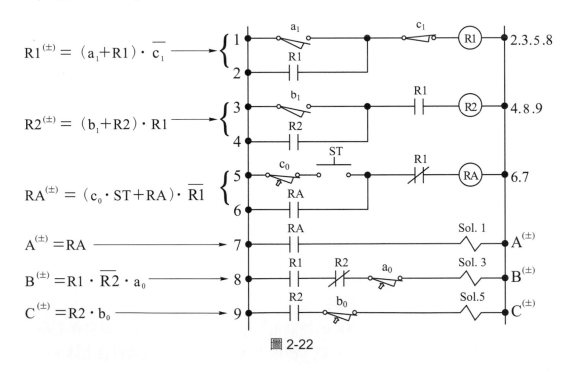

圖 2-22

2.　繪製氣壓迴路圖

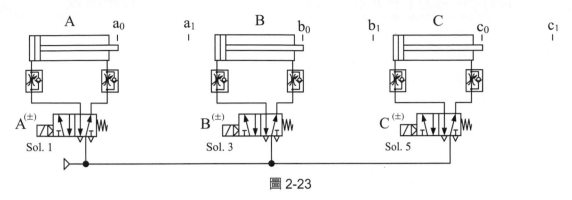

圖 2-23

把圖 2-22 和圖 2-23 結合起來，即可執行 $A^+A^-B^+B^-C^+C^-$ 電氣－氣壓單穩態迴路的動作。

簡單動作迴路綜合設計能力測驗

練習 1 以前面各例題所介紹之方法，設計 $A^+A^-TB^+B^-$兩支氣壓缸簡單動作之
(1) 機械－氣壓迴路。
(2) 電氣－氣壓雙穩態迴路。
(3) 電氣－氣壓單穩態迴路。

練習 2 以前面各例題所介紹之方法，設計 $A^+B^-{}^A_C{}^{-}+\ TC^-B^+$三支氣壓缸簡單動作之
(1) 機械－氣壓迴路。
(2) 電氣－氣壓雙穩態迴路。
(3) 電氣－氣壓單穩態迴路。

　　所謂 "複雜動作" 迴路是指在一個循環中，有某些氣壓缸的前進或後退動作有兩次 (含) 以上的迴路。因這類型迴路的位置極限閥 (或開關) 在整個循環當中，被該氣壓缸多次 (氣壓缸前進或後退各兩次以上) 碰觸，故其信號的處理就較爲複雜，必須將每次所碰觸的信號區分清楚。在串級法的做法是以那一組被碰觸就串接該組的信號，即可很簡單區分出不同信號，以方便控制上的使用。

　　現舉三個例題來說明各種不同複雜動作迴路的設計要領：

(1) $A^+B^+A^-A^+B^-A^-$

(2) $A^-TA^+B^+A^-TA^+B^-$

(3) $A^+C^-B^+{}_{1/2}B^-B^{++}B^{--}{}^{C^+}_{A^-}$ 。

例題 3-1 　$A^+B^+A^-A^+B^-A^-$

壹、機械－氣壓迴路設計

(一) 分析研判動作類型

　　$A^+B^+A^-A^+B^-A^-$爲兩支氣壓缸的複雜動作迴路。

(二) 分組

$A^+B^+A^-A^+B^-A^-$ ──分爲四組──→

(三) 列出邏輯控制式 (適用於雙穩態迴路)

$e_I = IV \cdot a_0 \cdot ST$　　　e_I：表要切換至第 I 組的條件；當在IV組 A 缸退回後限碰觸 a_0 極限閥且壓下 ST 啟動閥時，系統信號就切換至第 I 組。

$e_{II} = b_1$　　　e_{II}：表要切換至第 II 組的條件；當 B 缸前進至前限碰觸 b_1 極限閥時，系統信號就切換至第 II 組。

$e_{III} = II \cdot a_0$　　　e_{III}：表要切換至第 III 組的條件；當在 II 組 A 缸退回後限碰觸 a_0 極限閥時，系統信號就切換至第 III 組。

$e_{IV} = b_0$　　　e_{IV}：表要切換至第 IV 組的條件；當 B 缸前進至前限碰觸 b_1 極限閥時，系統信號就切換至第 IV 組。

$A^+ = I + III$　　　A^+：表 A 缸前進的條件；在第 I 或第 III 組有氣壓信號時，A 缸即前進。

$A^- = II + IV$　　　A^-：表 A 缸後退的條件；在第 II 或第 IV 組有氣壓信號時，A 缸即後退。

$B^+ = I \cdot a_1$　　　B^+：表 B 缸前進的條件；在第 I 組有氣壓信號且 a_1 極限閥被碰觸時，B 缸即前進。

$B^- = III \cdot a_1$　　　B^-：表 B 缸後退的條件；在第 III 組有氣壓信號且 a_1 極限閥被碰觸時，B 缸即後退。

※　上列各換組條件 (e_I、e_{II}、e_{III}、e_{IV}) 中，因有極限閥兩次被碰觸，故須將兩次分別在哪一組被碰觸，在碰觸後又去驅動哪個條件要區分清楚，因此 a_0 極限閥分別串上 II、IV 的條件，以區分出第一次或第二次的碰觸；a_1 極限閥兩次碰觸皆與 B 缸前進、後退有關，還是分別串接 I、III 組；而 b_0、b_1 僅被碰觸一次就不需要再串接其他條件。

(四) 繪製機械－氣壓迴路圖

1.　先繪製氣壓缸、主氣閥、組線及換組用回動閥、氣源供應部份，如圖 3-1。

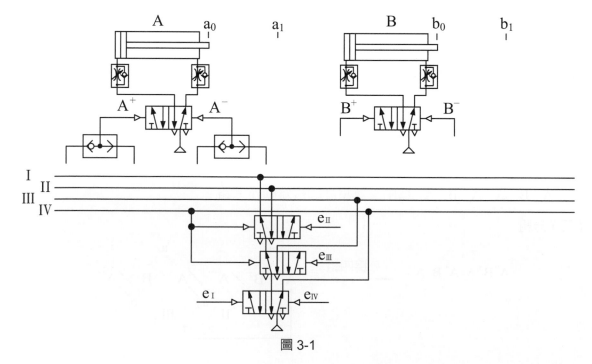

圖 3-1

2.　再把邏輯控制式的信號元件繪入並連接線路，如圖 3-2。

以上所列之邏輯控制式中 a_0、a_1 都使用兩次，且每次所驅動的動作均不相同，因此有需要加以區分，在串級法的做法是串接該組的信號即可。

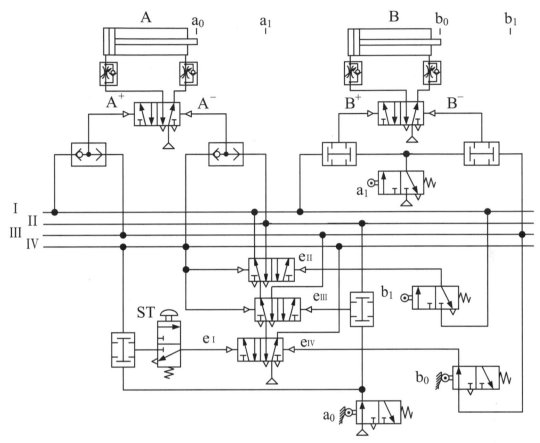

圖 3-2

以上圖 3-2 即是兩支氣壓缸 $A^+B^+A^-A^+B^-A^-$ 複雜動作的機械－氣壓迴路。

貳、電氣－氣壓迴路設計

(一) 列出邏輯控制式 (可參考前面機械－氣壓迴路，適用於雙穩態迴路)

$$e_I = a_0 \cdot ST \qquad\qquad e_{II} = b_1$$

$$e_{III} = a_0 \qquad\qquad\qquad e_{IV} = b_0$$

$$A^+ = I + III \qquad\qquad A^- = II + IV$$

$$B^+ = I \cdot a_1 \qquad\qquad B^- = III \cdot a_1$$

　　本題共分為四組，故分組用繼電器需使用三個，而各繼電器的啓動、切斷時間分別為如下說明：上列之 e_I、e_{II}、e_{III} 和 e_{IV} 分別由 R1、R2、R3 繼電器取代，規劃 R1 激磁的時間為 I ＋ II ＋ III 組，R2 激磁的時間為 II ＋ III 組，R3 激磁的時間為 III 組，其邏輯控制式如下：

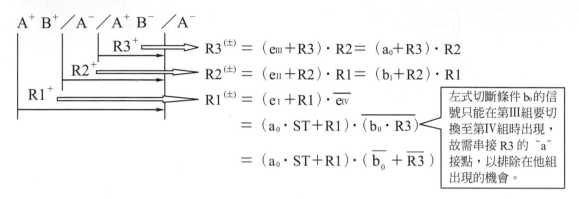

$$A^+ \ B^+ \diagup A^- \diagup A^+ \ B^- \diagup A^-$$

R3$^{(\pm)}$ ＝（e_{III}＋R3）・R2 ＝（a_0＋R3）・R2

R2$^{(\pm)}$ ＝（e_{II}＋R2）・R1 ＝（b_1＋R2）・R1

R1$^{(\pm)}$ ＝（e_I＋R1）・$\overline{e_{IV}}$

　　　　＝（a_0・ST＋R1）・$\overline{(b_0 \cdot R3)}$

　　　　＝（a_0・ST＋R1）・（$\overline{b_0}$＋$\overline{R3}$）

> 左式切斷條件 b_0 的信號只能在第III組要切換至第IV組時出現，故需串接 R3 的 ˋaˊ 接點，以排除在他組出現的機會。

　　因分組用繼電器如上圖方式規劃，各組通電的條件則分別如下：

I ＝ R1・$\overline{R2}$　　　　（第 I 組的信號）

II ＝ R2・$\overline{R3}$　　　　（第II組的信號）

III ＝ R3　　　　　　（第III組的信號）

IV ＝ $\overline{R1}$　　　　　　（第IV組的信號）

A^+ ＝ I ＋III ＝ R1・$\overline{R2}$＋R3　　A^+：表 A 缸前進的條件；在第 I 或第III組有電氣信號時，A 缸即前進。

A^- ＝ II＋IV ＝ R2・$\overline{R3}$＋$\overline{R1}$　　A^-：表 A 缸後退的條件；在第II或第IV組有電氣信號時，A 缸即後退。

B^+ ＝ I　・a_1 ＝ R1・$\overline{R2}$・a_1　　B^+：表 B 缸前進的條件；在第 I 組有電氣信號且極限開關 a_1 被碰觸時，B 缸即前進。

B^- ＝III・a_1 ＝ R3・a_1　　B^-：表 B 缸後退的條件；在第III組有電氣信號且極限開關 a_1 被碰觸時，B 缸即後退。

(二) 繪製電路圖及氣壓迴路圖

1. 先繪製控制電路圖

　　逐一把經公式轉換為單穩態之邏輯控制式 (控制繼電器用) 及每個雙穩態邏輯控制式 (驅動氣壓缸用) 轉化為電路圖，如圖 3-3。

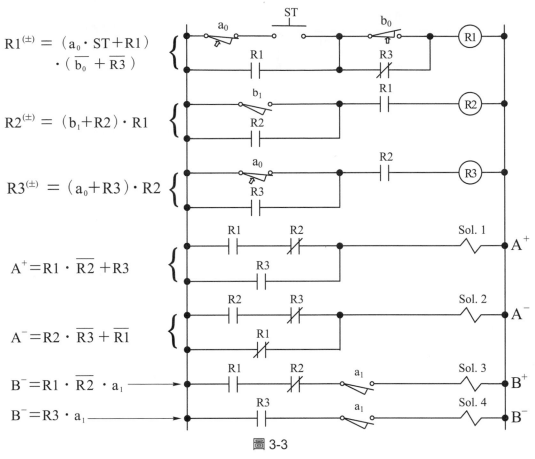

$$R1^{(\pm)} = (a_0 \cdot ST + R1) \cdot (\overline{b_0} + \overline{R3})$$

$$R2^{(\pm)} = (b_1 + R2) \cdot R1$$

$$R3^{(\pm)} = (a_0 + R3) \cdot R2$$

$$A^+ = R1 \cdot \overline{R2} + R3$$

$$A^- = R2 \cdot \overline{R3} + \overline{R1}$$

$$B^- = R1 \cdot \overline{R2} \cdot a_1$$

$$B^- = R3 \cdot a_1$$

圖 3-3

　　但在電路圖 3-3 中，因 a_0、a_1 極限開關使用兩次，在實際配線時是無法執行 (一般極限開關的接點為一組 "c" 接點)，電路圖須將其修正為一組 "c" 接點的電路才能實際進行配線。另外，A^- 的電磁閥線圈停機激磁 (此時機器尚未啓動) 的現象亦須串接 a_0 極限開關的 "b" 接點，將其停機時線圈仍激磁的現象排除。針對以上各項問題將電路修改為如圖 3-4 所示。

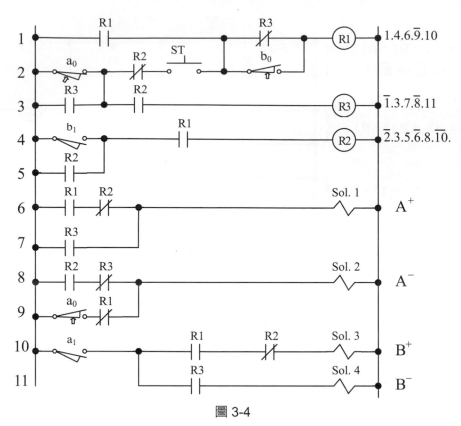

圖 3-4

以上圖 3-4 的電路圖已把 a_0、a_1 兩個極限開關,原來分別使用於兩處,現各自合併成一個。但在統計每個繼電器使用接點數量時,發現所有繼電器都已超出一個的容量 (每個繼電器的接點數量最多有 4 組 "c" 接點),電路仍須再次合併調整才能實際配線。

圖 3-5 電路圖合併調整的方法如下:

(1) R1 繼電器:把第 4、5 線之電路上移,接在 R1 的後半段,可少用 1 個 R1 "a" 接點,這樣 R1 的接點數減少至 4 點 (含) 以內。

(2) R2 繼電器:將第 10 線之原來的 R2 "b" 接點改換為 R3 "b" 接點,對 B 缸的動作不影響。這樣 R2 的接點數也減少至 4 點 (含) 以內。另在第 2 線在加入一個 R2 "b" 接點,是在避免長時間按住啟動鈕 "ST" 會使 R3 提早與 R2 繼電器同時間激磁。

(3) R3 繼電器:把第 8 線 R3 "b" 接點和 R2 "a" 接點互換至前面,再將其與第 7 線之 R3 "a" 接點合併成一個 "c" 接點;將第 10 線之 R3 "b" 接點和第 11 線 "a" 接點合併成一個 "c" 接點,這樣 R3 的接點數即減少至 4 組 "c" 接點。

以上各點處理過後之電路圖,如圖 3-5 所示。

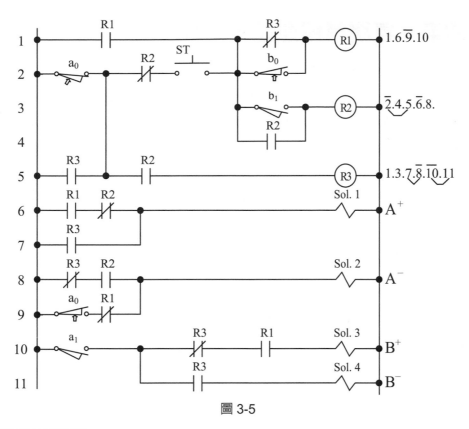

圖 3-5

2. 繪製氣壓迴路圖

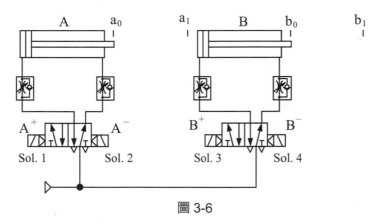

圖 3-6

把圖 3-5 和圖 3-6 結合起來，即可執行 $A^+B^+A^-A^+B^-A^-$ 雙穩態迴路的動作。

參、電氣－氣壓單穩態迴路設計

(一) 判別需做自保迴路的氣壓缸

　　分組用繼電器及各組的控制條件和本題前面雙穩態電氣迴路皆相同，參考前面即可。而各氣壓缸前進、後退的邏輯控制式亦需要轉換為單穩態電磁閥可適用之邏輯控制式。在轉換的過程中有些要領可判別出某幾支氣壓缸需做自保迴路，有些就不用做。

　　判斷雙穩態迴路改換為單穩態迴路且不需做自保迴路的原則，如下所述：

1. 當驅動氣壓缸第一個動作的訊號產生後，訊號需繼續保留住，直到氣壓缸要執行第二個反向動作時或以後才能中斷。

2. 且氣壓缸第二個反向動作在分組時，必須列為該組的第一個動作。

　　若能符合上述兩原則，該氣壓缸的控制電路即可不必外加繼電器做自保迴路。現在就以兩個判斷原則來判別 A、B 兩缸，原則上 A 缸符合上述兩原則，不用做自保迴路；但 B 缸就不符上述兩個原則，故需追加一個繼電器 (RB) 作為 B 缸自保迴路繼電器之用，則其控制式為：

$$RB^{(\pm)} = (R1 \cdot a_1 + RB) \cdot (\overline{R3} + \overline{a_1})$$

$RB^{(\pm)}$：表 B 缸自保繼電器的控制條件；當在 I 組 A 缸第一次前進至前限碰觸極限開關 a_1 時 RB 繼電器啟動；在 III 組 A 缸第二次前進至前限碰觸極限開關 a_1 時 RB 繼電器切斷，故選用 $R3 \cdot a_1$ 作為 RB 繼電器切斷的條件。

$$B^{(\pm)} = RB$$

$B^{(\pm)}$：表 B 缸電磁閥的控制條件；與 RB 繼電器同步動作，RB 激磁 B 缸即前進，RB 消磁 B 缸就後退。

$$A^{(\pm)} = R1 \cdot \overline{R2} + R3$$

$A^{(\pm)}$：表 A 缸電磁閥的控制條件；A 缸在第 I 組 (R1) 第一次前進，進入第 II 組就後退 (由 $\overline{R2}$ 控制) 及第 III 組 (R3) 第二次前進，進入第 IV 組就後退。

(二) 繪製電路圖及氣壓迴路圖

1. 先繪製控制電路圖

　　逐一把經公式轉換作為分組用繼電器之單穩態邏輯控制式及每個驅動氣壓缸用之單穩態邏輯控制式轉化為電路圖，如圖 3-7。

2. 繪製氣壓迴路圖

　　把圖 3-7 和圖 3-8 結合起來，即可執行電氣－氣壓單穩態迴路 $A^+B^+A^-A^+B^-A^-$ 的動作。

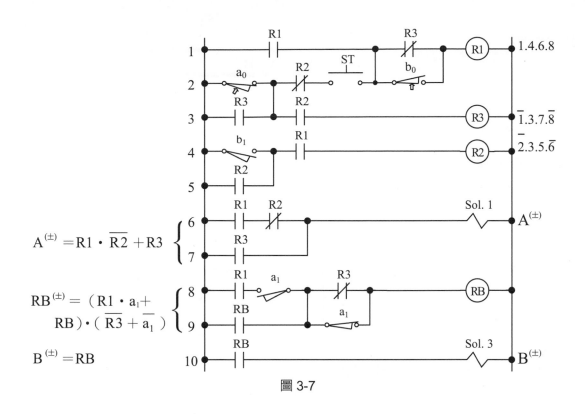

$$A^{(\pm)} = R1 \cdot \overline{R2} + R3$$

$$RB^{(\pm)} = (R1 \cdot a_1 + RB) \cdot (\overline{R3} + \overline{a_1})$$

$$B^{(\pm)} = RB$$

圖 3-7

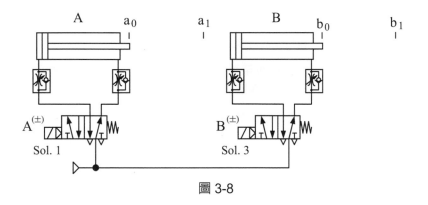

圖 3-8

例題 3-2　$A^-TA^+B^+A^-TA^+B^-$

壹、機械－氣壓迴路設計

(一) 分析研判動作類型

　　$A^-TA^+B^+A^-TA^+B^-$為兩支氣壓缸含計時功能的複雜動作迴路。

(二) 分組

$A^-TA^+B^+A^-TA^+B^-$ ──分為四組──▶

(三) 列出邏輯控制式 (適用於雙穩態迴路)

$e_I = b_0 \cdot ST$
　e_I：表要切換至第 I 組的條件；當 B 缸退回後限碰觸 b_0 極限閥且壓下 ST 啟動閥時，系統信號就切換至第 I 組。

$e_{II} = T$
　e_{II}：表要切換至第 II 組的條件；當延時閥第一次計時已到時，系統信號就切換至第 II 組。

$e_{III} = b_1$
　e_{III}：表要切換至第III組的條件；當 B 缸前進至前限碰觸 b_1 極限閥時，系統信號就切換至第III組。

$e_{IV} = T$
　e_{IV}：表要切換至第IV組的條件；當延時閥第二次計時已到時，系統信號就切換至第IV組。

$A^+ = II + IV$
　A^+：表 A 缸前進的條件；在第 II 或第IV組有氣壓信號時 A 缸即前進。

$A^- = I + III$
　A^-：表 A 缸後退的條件；在第 I 或第III組有氣壓信號時 A 缸即後退。

$B^+ = II \cdot a_1$
　B^+：表 B 缸前進的條件；在第 II 組有氣壓信號且 a_1 極限閥被碰觸時，B 缸即前進。

$B^- = IV \cdot a_1$
　B^-：表 B 缸後退的條件；在第IV組有氣壓信號且 a_1 極限閥被碰觸時，B 缸即後退。

$T = (I + III) \cdot a_0$
　T：表延時閥計時的條件；在第 I 或第III組有氣壓信號且 a_0 極限閥被碰觸時，延時閥即開始計時。

(四) 繪製機械－氣壓迴路圖

1. 先繪製氣壓缸、主氣閥、組線及換組用回動閥、氣源供應部份，如圖 3-9。

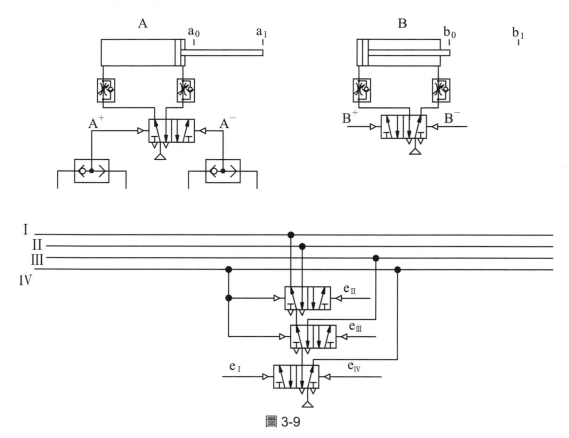

圖 3-9

2. 再把邏輯控制式的信號元件繪入並連接線路，如圖 3-10。

　以上所列之邏輯控制式 a_1 出現兩次，且每次所驅動的動作均不相同，因此有需要加以區分，一般的做法是串接該組的信號即可，而 a_0 被碰觸的兩次均是用來驅動氣壓延時閥，所以可以不需要區分。

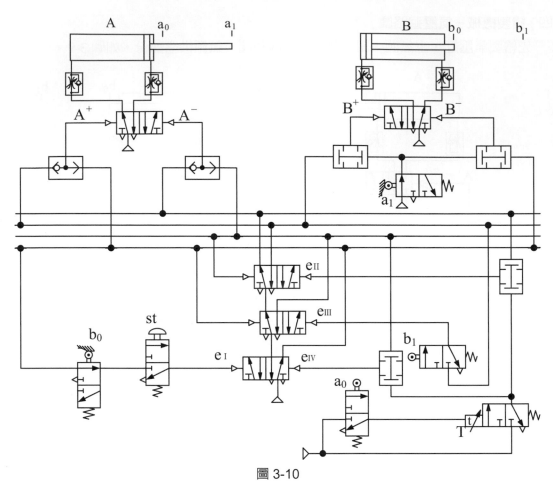

圖 3-10

以上圖 3-10 即是兩支氣壓缸 $A^- T A^+ B^+ A^- T A^+ B^-$ 複雜動作的機械－氣壓迴路。

貳、電氣－氣壓迴路設計

(一) 列出邏輯控制式 (可參考前面機械－氣壓迴路，適用於雙穩態迴路)

$$e_I = b_0 \cdot ST \qquad\qquad e_{II} = T$$
$$e_{III} = b_1 \qquad\qquad e_{IV} = T$$
$$A^+ = II + IV \qquad\qquad A^- = I + III$$
$$B^+ = II \cdot a_1 \qquad\qquad B^- = IV \cdot a_1$$
$$T = (I + III) \cdot a_0$$

以上所列之邏輯控制式中 a_0、a_1 都出現兩次，只有 a_0 兩次都是驅動計時器，而 a_1 每次所驅動的動作均不相同，因此有需要加以區分，一般的做法是串接該組的信號即可。

本例題共分為四組，故分組用繼電器需使用三個，而每個繼電器的啟動、切斷時間分別為如下說明：

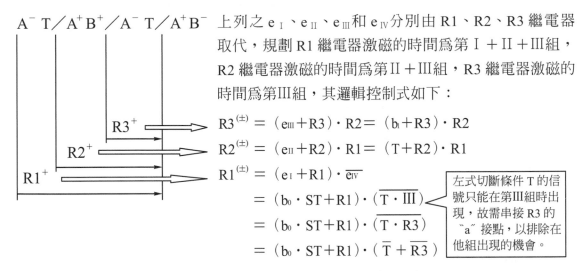

上列之 e_I、e_{II}、e_{III} 和 e_{IV} 分別由 R1、R2、R3 繼電器取代，規劃 R1 繼電器激磁的時間為第 I＋II＋III 組，R2 繼電器激磁的時間為第 II＋III 組，R3 繼電器激磁的時間為第 III 組，其邏輯控制式如下：

$$R3^{(\pm)} = (e_{III}+R3)\cdot R2 = (b_1+R3)\cdot R2$$

$$R2^{(\pm)} = (e_{II}+R2)\cdot R1 = (T+R2)\cdot R1$$

$$R1^{(\pm)} = (e_I+R1)\cdot \overline{e_{IV}}$$

$$= (b_0\cdot ST+R1)\cdot (\overline{T\cdot III})$$

$$= (b_0\cdot ST+R1)\cdot (\overline{T\cdot R3})$$

$$= (b_0\cdot ST+R1)\cdot (\overline{T}+\overline{R3})$$

> 左式切斷條件 T 的信號只能在第 III 組時出現，故需串接 R3 的 "a" 接點，以排除在他組出現的機會。

因分組用繼電器如上圖方式規劃，各組通電的條件則分別如下：

$I = R1\cdot \overline{R2}$ （第 I 組的信號）

$II = R2\cdot \overline{R3}$ （第 II 組的信號）

$III = R3$ （第 III 組的信號）

$IV = \overline{R1}$ （第 IV 組的信號）

$A^+ = II+IV = R2\cdot \overline{R3}+\overline{R1}\cdot \overline{b_0}$ 　A^+：表 A 缸前進的條件；在第 I 或第 III 組有氣壓信號時 A 缸即前進。

$A^- = I+III = R1\cdot \overline{R2}+R3$ 　A^-：表 A 缸後退的條件；在第 II 或第 IV 組有氣壓信號時 A 缸即後退。

$B^+ = II\cdot a_1 = R2\cdot \overline{R3}\cdot a_1$ 　B^+：表 B 缸前進的條件；在第 I 組有氣壓信號且極限開關 a_1 被碰觸時 B 缸即前進。

$B^- = IV\cdot a_1 = \overline{R1}\cdot \overline{b_0}\cdot a_1$ 　B^-：表 B 缸後退的條件；在第 III 組有氣壓信號且極限開關 a_1 被碰觸時 B 缸即後退。

$T = (I+III)\cdot a_0$
$= (R1\cdot \overline{R2}+R3)\cdot a_0$ 　T：表計時器控制的條件；在第 I 或 III 組有氣壓信號且極限開關 a_0 被碰觸時，計時器即開始計時。

(二) 繪製電路圖及氣壓迴路圖

1. 先繪製控制電路圖

逐一把經公式轉換為單穩態之邏輯控制式 (控制分組用繼電器) 及每個雙穩態邏輯控制式 (驅動氣壓缸用) 轉化為電路圖，如圖 3-11。

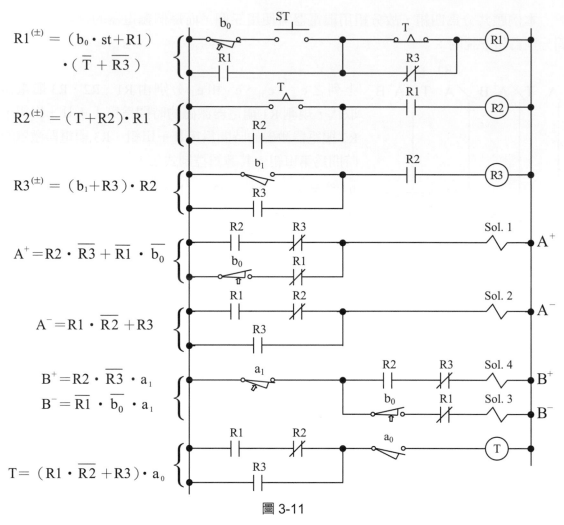

$$R1^{(\pm)} = (b_0 \cdot st + R1)$$
$$\cdot (\overline{T} + \overline{R3})$$

$$R2^{(\pm)} = (T + R2) \cdot R1$$

$$R3^{(\pm)} = (b_1 + R3) \cdot R2$$

$$A^+ = R2 \cdot \overline{R3} + \overline{R1} \cdot \overline{b_0}$$

$$A^- = R1 \cdot \overline{R2} + R3$$

$$B^+ = R2 \cdot \overline{R3} \cdot a_1$$
$$B^- = \overline{R1} \cdot \overline{b_0} \cdot a_1$$

$$T = (R1 \cdot \overline{R2} + R3) \cdot a_0$$

圖 3-11

　　但電路圖 3-11 要實際配線時是無法接的，因 T、b_0、R1、R2、R3 在該圖中使用次數皆已超出該元件的接點數量，所以電路圖必須再修正才能實際配線。

　　解決的方式：

(1)　可合併的電路先行合併，如 T、R1、R2、R3。

　　＊ T　：把 R2 繼電器的啓動 T 及自保條件 R2 與切斷條件 R1 對調，再將 T 的 "a" 接點與 R1 的切斷條件 T 的 "b" 接點合併成 "c" 接點。

　　＊ R1：把 R2 繼電器的啓動 T、自保條件 R2 與切斷條件 R1 對調，再將 R2 繼電器的切斷條件 R1 和前一個繼電器 R1 的自保條件共用，可省一個 R1 的 "a" 接點。

　　＊ R2：把 R3 繼電器的啓動 b_1、自保條件 R3 與切斷條件 R2 對調，再將 R3 繼電器的切斷條件 R2 和前一個繼電器 R2 的自保條件共用，可省一個 R2 的 "a" 接點。

＊ R3：把第 6 線 R3 的 "b" 接點與 R2 的 "a" 接點對調移到前面，再將其
　　　與第 9 線的 R3 "a" 接點合併成 "c" 接點。另把 A^- 與 T 的控制條件
　　　(R1・$\overline{R2}$ + R3) 共用同一個。

(2)　無法合併的，則需增加繼電器以擴大點數的方式來解決問題，如第 12 線以極限
　　　開關 b_0 的 "b" 接點驅動 $R\text{-}b_0$ 繼電器 (避免停機時激磁)，再以其 "a" 接點取
　　　代原極限開關的 "b" 接點如第 1 線，其 "b" 接點取代原極限開關的 "a" 接點
　　　如第 7、11 線。

　　另外，亦須排除只要電源一接通，A^+、B^- 的電磁閥線圈馬上激磁 (機器尚未啟動)
的現象，可串接 b_0 的 "b" 接點將其現象排除，如圖 3-12。

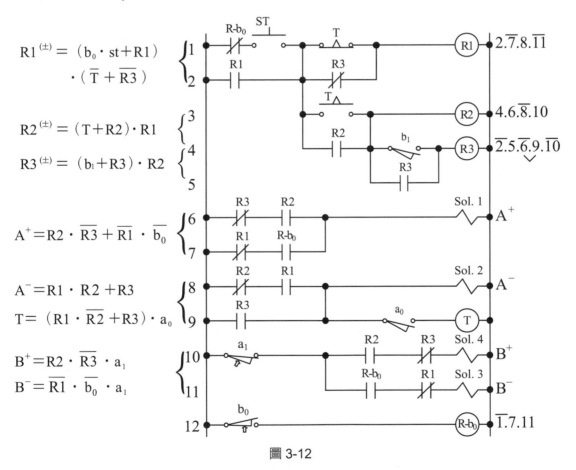

$$R1^{(\pm)} = (b_0 \cdot st + R1) \cdot (\overline{T} + \overline{R3})$$

$$R2^{(\pm)} = (T + R2) \cdot R1$$

$$R3^{(\pm)} = (b_1 + R3) \cdot R2$$

$$A^+ = R2 \cdot \overline{R3} + \overline{R1} \cdot \overline{b_0}$$

$$A^- = R1 \cdot R2 + R3$$

$$T = (R1 \cdot \overline{R2} + R3) \cdot a_0$$

$$B^+ = R2 \cdot \overline{R3} \cdot a_1$$

$$B^- = \overline{R1} \cdot \overline{b_0} \cdot a_1$$

圖 3-12

　　以下圖 3-13 的電路圖中每個分組繼電器僅使用一個就夠，b_0 極限開關也不必使
用繼電器擴大點數。其調整方法為：

①　把第 3.4 線之電路接在 R1 的後半段可少用一個 R1 "a" 接點，並把計時器
　　的 "a" "b" 接點調至後半段，可合成 "c" 接點。

② 將第 8.9 線 B^+、B^- 的控制迴路上移至第 8 線後半段，a_1 極限開關需串接第 II、IV 組訊號，可與 A 控制訊號共用；但 B^+、B^- 的控制訊號需再串接 R2 及 $\overline{R2}$ 來區分，如圖 3-13。

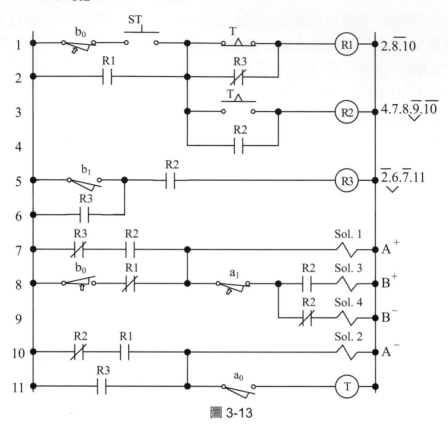

圖 3-13

2. 繪製氣壓迴路圖

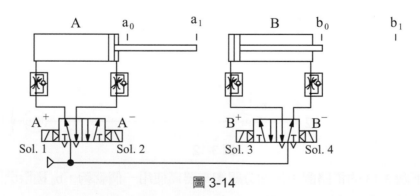

圖 3-14

把圖 3-12、圖 3-13 和圖 3-14 結合起來，即可執行 $A^-\,T\,A^+\,B^+\,A^-\,T\,A^+\,B^-$ 雙穩態迴路的動作。

參、電氣－氣壓單穩態迴路設計

(一) 判別需做自保迴路的氣壓缸

　　分組用繼電器及各組的控制條件和本題前面雙穩態電氣迴路皆相同，參考前面即可。而各氣壓缸前進、後退的邏輯控制式亦需要轉換為單穩態電磁閥可適用之邏輯控制式。在轉換的過程中有些要領可判別出某幾支氣壓缸需做自保迴路，有些就不用做。

　　判斷雙穩態迴路改換為單穩態迴路且不需做自保迴路的原則，如下所述：

1. 當驅動氣壓缸第一個動作的訊號產生後，訊號需繼續保留住，直到氣壓缸要執行第二個反向動作時或以後才能中斷。

2. 且氣壓缸第二個反向動作在分組時，必須列為該組的第一個動作。

　　若能符合上述兩原則，該氣壓缸的控制電路即可不必外加繼電器做自保迴路。現在就以兩個判斷原則來判別 A、B 兩缸，原則上 A 缸符合上述兩原則，不用做自保迴路；但 B 缸就不符上述兩個原則，故需追加一個繼電器 (RB) 作為 B 缸自保迴路繼電器之用，則其控制式為：

$$RB^{(\pm)} = (R2 \cdot a_1 + RB) \cdot (\overline{R2} \cdot a_1)$$
$$\cdot = (R2 \cdot a_1 + RB)(R2 + \overline{a_1})$$
$$\cdot = (a_1 + RB)(R2 + \overline{a_1})$$

$RB^{(\pm)}$：表 B 缸自保繼電器的控制條件；當在 II 組 A 缸第一次前進至前限碰觸 a_1 極限開關時 RB 繼電器啟動；在 IV 組 A 缸第二次前進至前限碰觸 a_1 極限開關時 RB 繼電器被切斷，若 IV 組代入 $\overline{R2}$ 可使 RB 的控制式整理出較為精簡的。

$$B^{(\pm)} = RB$$

$B^{(\pm)}$：表 B 缸電磁閥的控制條件；與 RB 繼電器同步動作，RB 激磁 B 缸即前進，RB 消磁 B 缸就後退。

$$A^{(\mp)} = R1 \cdot \overline{R2} + R3$$

$A^{(\mp)}$：表 A 缸電磁閥的控制條件；A 缸在第 I 組第一次後退，進入第 II 組就前進 (由 $\overline{R2}$ 控制) 及在第 III 組第二次後退，進入第 IV 組就前進。

(二) 繪製電路圖及氣壓迴路圖

1. 先繪製控制電路圖

　　逐一把經公式轉換為單穩態之邏輯控制式 (控制繼電器用) 及每個單穩態邏輯控制式 (驅動氣壓缸用) 轉化為電路圖，如圖 3-15。

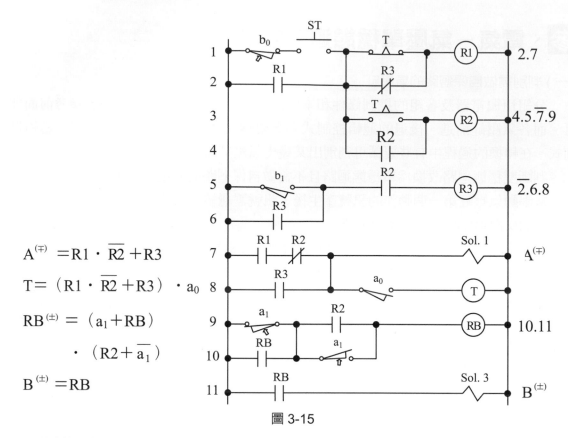

圖 3-15

$$A^{(\mp)} = R1 \cdot \overline{R2} + R3$$

$$T = (R1 \cdot \overline{R2} + R3) \cdot a_0$$

$$RB^{(\pm)} = (a_1 + RB)$$

$$\cdot (R2 + \overline{a_1})$$

$$B^{(\pm)} = RB$$

2.　繪製氣壓迴路圖

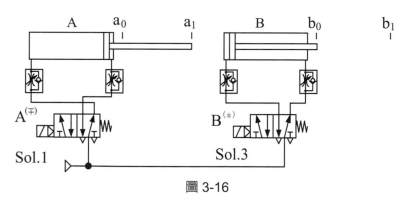

圖 3-16

把圖 3-15 和圖 3-16 結合起來，即可執行電氣－氣壓單穩態迴路 $A^-TA^+B^+A^-T$ A^+B^- 的動作。

例題 3-3 $A^+ C^- B^+_{1/2} B^- B^{++} B^{--} {}^{A^-}_{C^+}$

壹、機械－氣壓迴路設計

(一) 分析研判動作類型

$A^+ C^- B^+_{1/2} B^- B^{++} B^{--} {}^{A^-}_{C^+}$ 為三支氣壓缸的複雜動作迴路，其中 B 缸有兩次前進後退的動作，第一次是前進一半行程馬上後退，第二次是前進全部行程後退，針對 B 缸則需要裝置三個極限開關，除兩端點外中間還要加裝一個。

(二) 分組

(三) 列出邏輯控制式 (適用於雙穩態迴路)

$e_I = a_0 \cdot c_1 \cdot ST$	e_I：表要切換至第 I 組的條件；當 A 缸退回後限碰觸 a_0 極限閥、C 缸前進至前限碰觸 c_1 極限閥且壓下 ST 啟動閥時系統信號就切換至第 I 組。
$e_{II} = b_1$	e_{II}：表要切換至第 II 組的條件；當 B 缸前進至中間碰觸 b_1 極限閥時，系統信號就切換至第 II 組。
$e_{III} = b_0$	e_{III}：表要切換至第 III 組的條件；當 B 缸後退至後限碰觸 b_0 極限閥時系統信號就切換至第 III 組。
$e_{IV} = b_2$	e_{IV}：表要切換至第 IV 組的條件；當 B 缸前進至前限碰觸 b_2 極限閥時，系統信號就切換至第 IV 組。
$A^+ = I$	A^+：表 A 缸前進的條件；在第 I 有氣壓信號時，A 缸即前進。
${}^{A^-}_{C^+} = IV \cdot b_0$	${}^{A^-}_{C^+}$：表 A 缸後退、C 缸前進的條件；在第 IV 組有氣壓信號且 b_0 極限閥被碰觸時，A 缸即後退、C 缸會前進。
$B^+ = I \cdot c_0 + III$	B^+：表 B 缸前進的條件；在第 I 組有氣壓信號且 c_0 極限閥被碰觸或第 III 組有氣壓信號時，B 缸即前進。

$$B^- = II + IV$$　　　　B^-：表 B 缸後退的條件；在第 II 或 IV 組有氣壓信號時，B 缸即後退。

$$C^- = I \cdot a_1$$　　　　C^-：表 C 缸後退的條件；在第 I 組有氣壓信號且 a_1 極限閥被碰觸時，C 缸即後退。

(四) 繪製機械－氣壓迴路圖

1. 先繪製氣壓缸、主氣閥、組線及換組用回動閥、氣源供應部份，如圖 3-17。

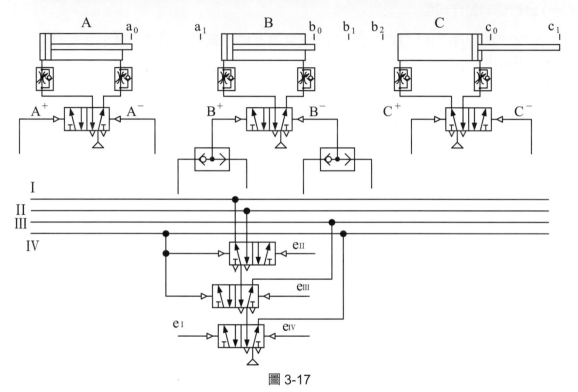

圖 3-17

2. 再把邏輯控制式的信號元件繪入並連接線路，如圖 3-18。

以上所列之邏輯控制式 b_0 出現兩次，且每次所驅動的動作均不相同，有需要加以區分，一般的做法是串接該組的信號即可；而 b_1 在整個循環中被碰觸有三次之多，但是只使用第一次而已，因此只要串接第 I 組即可排除掉其他碰觸所產生的信號。

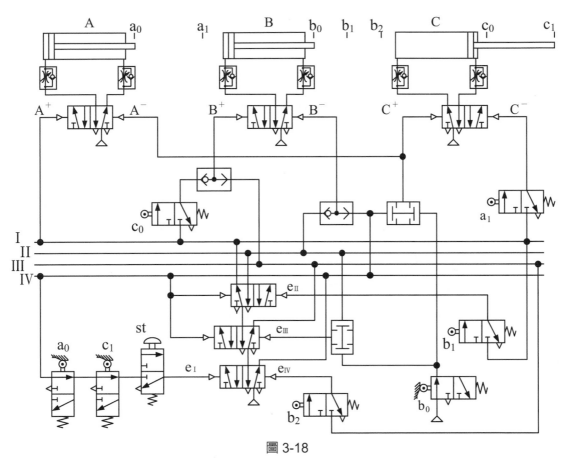

圖 3-18

以上圖 3-18 即是兩支氣壓缸 $A^+C^-B^+_{1/2}B^-B^{++}B^{--}{}^{A^-}_{C^+}$ 複雜動作的機械－氣壓迴路。

貳、電氣－氣壓迴路設計

(一) 列出邏輯控制式 (可參考前面機械－氣壓迴路，僅適用於雙穩態迴路)

$$e_I = a_0 \cdot c_1 \cdot ST \qquad e_{II} = b_1$$
$$e_{III} = b_0 \qquad e_{IV} = b_2$$
$$A^+ = I \qquad A^- = IV \cdot b_0$$
$$B^+ = I \cdot c_0 + III \qquad B^- = II + IV$$
$$C^+ = IV \cdot b_0 \qquad C^- = I \cdot a_1$$

　　本題共分為四組，故分組用繼電器需使用三個，而各繼電器的啟動、切斷時間分別為如下說明：上列之 e_I、e_{II}、e_{III} 和 e_{IV} 分別由 R1、R2、R3 繼電器取代，規劃 R1 激磁的時間為 I ＋ II ＋ III 組，R2 激磁的時間為 II ＋ III 組，R3 激磁的時間為III組，其邏輯控制式如下說明：

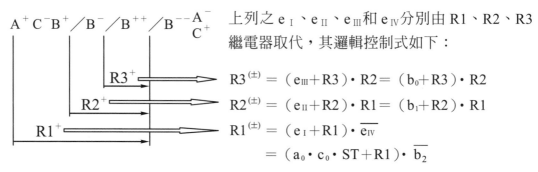

$$A^+ C^- B^+ / B^- / B^{++} / B^{--} \begin{matrix} A^- \\ C^+ \end{matrix}$$

上列之 e_I、e_{II}、e_{III} 和 e_{IV} 分別由 R1、R2、R3 繼電器取代，其邏輯控制式如下：

$$R3^{(\pm)} = (e_{III} + R3) \cdot R2 = (b_0 + R3) \cdot R2$$
$$R2^{(\pm)} = (e_{II} + R2) \cdot R1 = (b_1 + R2) \cdot R1$$
$$R1^{(\pm)} = (e_I + R1) \cdot \overline{e_{IV}}$$
$$= (a_0 \cdot c_0 \cdot ST + R1) \cdot \overline{b_2}$$

　　在上列式子中 R2、R3 的啟動條件分別有使用 b_1、b_0 (因多次碰觸會有多次信號) 原來的作法是應該串接該組的信號，以排除不必要的信號，然因其邏輯控制式的切斷條件即有該組的信號，如：R2 繼電器的切斷條件即有 R1 的 "a" 接點，故不需要再另行處理。

　　因分組用繼電器如上圖方式規劃，各組通電的條件及各氣壓缸的驅動條件則分別如下：

$$I = R1 \cdot \overline{R2} \qquad (第 I 組的信號)$$
$$II = R2 \cdot \overline{R3} \qquad (第 II 組的信號)$$
$$III = R3 \qquad (第 III 組的信號)$$
$$IV = \overline{R1} \qquad (第 IV 組的信號)$$

$$A^+ = R1 \cdot \overline{R2} \qquad A^+：表 A 缸前進的條件；在第 I 組有電氣信號時 A 缸即前進。$$

$$\begin{matrix} A^- \\ C^+ \end{matrix} = \overline{R1} \cdot b_0 \qquad \begin{matrix} A^- \\ C^+ \end{matrix}：表 A 缸後退和 C 缸前進的條件；在第 IV 組有電氣信號且 B 缸後退至後限碰觸 b_0 極限開關時，A 缸即後退、C 缸即前進。$$

$$B^+ = R1 \cdot \overline{R2} \cdot c_0 + R3$$

B⁺：表 B 缸前進的條件；在第 I 組有電氣信號且 C 缸後退至後限碰觸 c_0 極限開關時，B 缸即前進或第III組有電氣信號時也會前進。

$$B^- = R2 \cdot \overline{R3} + \overline{R1}$$

B⁻：表 B 缸後退的條件；在第 II 組或第IV有電氣信號時，B 缸即後退。

$$C^- = \overline{R1} \cdot b_0$$

C⁻：表 C 缸後退的條件；在第 I 組有電氣信號且 A 缸至前限碰觸 a_1 極限開關時，C 缸即後退。

(二) 繪製電路圖及氣壓迴路圖

1. 先繪製控制電路圖

逐一把經公式轉換爲單穩態之邏輯控制式 (控制繼電器用) 及每個雙穩態邏輯控制式 (驅動氣壓缸用) 轉化爲電路圖，如圖 3-19。

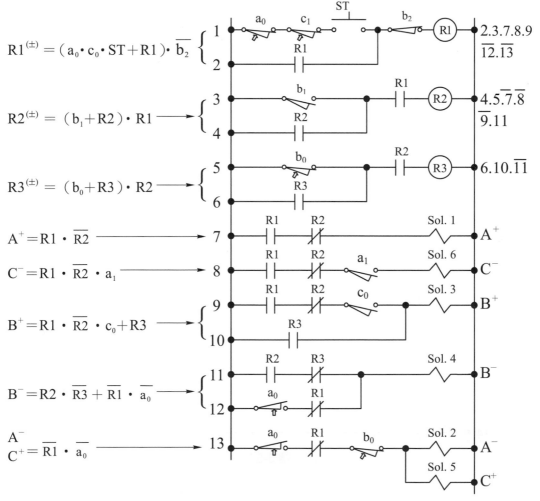

圖 3-19

　　在上圖 3-19 第 12、13 線中插入一個 a_0 的 "b" 接點是在排除 B^-、A^-、C^+ 三個電磁閥線圈停機時仍被激磁的現象。但電路圖 3-19 要實際配線時是有困難，因 R1、R2 兩個繼電器的接點使用數量已超出 4 "c" 接點容量，a_0、b_0 兩個極限開關使用多次，仍是無法接線的，解決的方式有下列兩點所述：

(1) 將可合併電路先行合併，在第 7、8、9 線皆有 R1・$\overline{R2}$ 及第 12、13 線的 $\overline{a_0}$ 可合併為一條，再將互相會影響的電路加以互鎖，避免電磁閥線圈不當激磁，如圖 3-20 中第 12 線加入 $\overline{R2}$ 可避免 A^-、C^+ 兩個線圈在第 II 組時不當激磁。

(2) 將 b_0 極限開關去驅動一個繼電器，再把繼電器的接點取代原先使用 b_0 的地方，此種方式較為簡單，但需多加一個繼電器，整理後的電路，如圖 3-20。

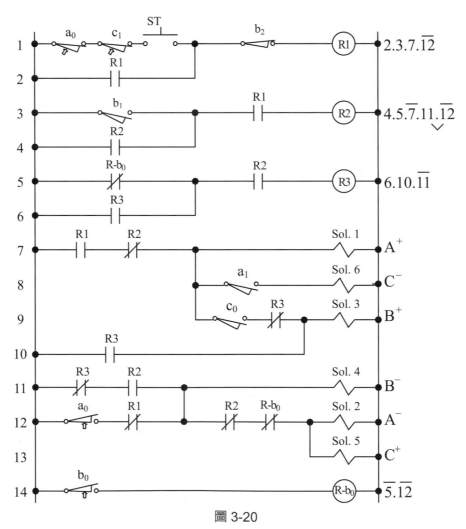

圖 3-20

2.　繪製氣壓迴路圖

　　而氣壓迴路均為雙穩態雙頭電磁閥，如圖 3-21。

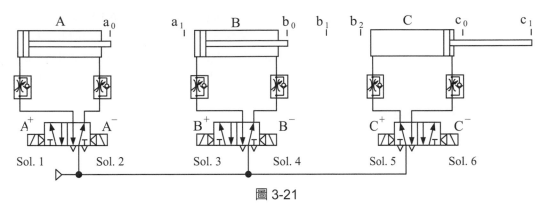

圖 3-21

　　把圖 3-20 和圖 3-21 結合起來，即可執行雙穩態電氣－氣壓 $A^+ C^- B^+_{1/2} B^- B^{++} B^{--} A^-_{C^+}$ 之動作。

參、電氣－氣壓單穩態迴路設計

(一) 判別需做自保迴路的氣壓缸

　　分組用繼電器及各組的控制條件和本題前面雙穩態電氣迴路皆相同，參考前面即可。而各氣壓缸前進、後退的邏輯控制式需要轉換為單穩態電磁閥可適用之邏輯控制式。而在轉換的過程中有一些要領可判別出某幾支氣壓缸需做自保迴路，有些就不用做。

　　判斷雙穩態迴路改換為單穩態迴路且不需做自保迴路的原則，如下所述：

1.　當驅動氣壓缸第一個動作的訊號產生後，訊號需繼續保留住，直到氣壓缸要執行第二個反向動作時或以後才能中斷。

2.　且氣壓缸第二個反向動作在分組時，必須列為該組的第一個動作。

　　以前述兩個原則來判別 A、B、C 三支缸，原則上 B 缸符合上述兩原則，不用做自保迴路；但 A、C 兩支缸就不符上述兩個原則，原來需追加兩個繼電器作為 A、C 兩支缸自保迴路繼電器之用，但因 A、C 兩支缸在最後一個動作是同時動作的，故可僅增加一個繼電器 (RC) 即可，則其控制式為：

$$RC^{(\pm)} = (R1 \cdot a_1 + RC) \cdot (R1 \cdot b_0)$$
$$= (R1 \cdot a_1 + RC)(R1 + \overline{b_0})$$
$$= (a_1 + RC)(R1 + \overline{b_0})$$

$RC^{(\pm)}$：表 C 缸自保繼電器的控制條件；當在 I 組 A 缸前進至前限碰觸極限開關 a_1 時 RC 繼電器啟動；在 IV 組 B 缸後退至後限碰觸 b_0 極限開關時 RC 繼電器被切斷。

$$C^{(\mp)} = RC$$

$C^{(\mp)}$：表 C 缸電磁閥的控制條件；與 RC 繼電器同步激磁、消磁。

$$A^{(\pm)} = R1 + RC$$

$A^{(\pm)}$：表 A 缸電磁閥的控制條件；在第 I 組有信號時 A 缸電磁閥切換，A 缸即前進，在進入第IV組換 RC 自保住。

$$B^{(\pm)} = R1 \cdot \overline{R2} \cdot c_0 + R3$$

$B^{(\pm)}$：表 B 缸電磁閥的控制條件；在第 I 組有信號且 C 缸後退至後限碰觸 c_0 極限開關時 B 缸第一次前進半個行程，在進入第 II 組就後退 (由 $\overline{R2}$ 控制) 及在第III組有信號時再第二次前進全行程，進入第IV組又後退。

(二) 繪製電路圖及氣壓迴路圖

1. 先繪製控制電路圖

逐一把經公式轉換爲單穩態之邏輯控制式 (控制繼電器用) 及每個單穩態邏輯控制式 (驅動氣壓缸用) 轉化爲電路圖，如圖 3-22。

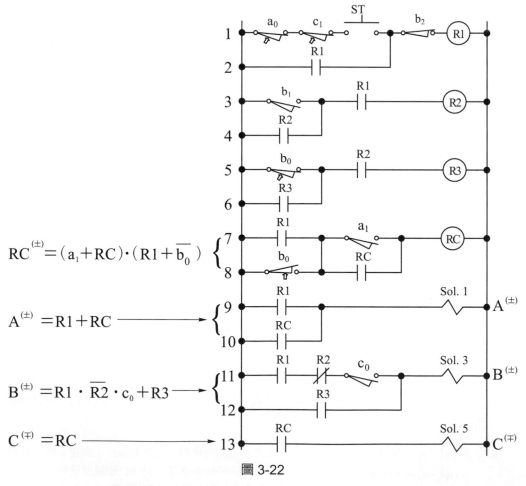

$$RC^{(\pm)} = (a_1 + RC) \cdot (R1 + \overline{b_0})$$

$$A^{(\pm)} = R1 + RC$$

$$B^{(\pm)} = R1 \cdot \overline{R2} \cdot c_0 + R3$$

$$C^{(\mp)} = RC$$

圖 3-22

在圖 3-22 中 R1 使用點數已超出，故須合併電路，其方法如下：將第 3、4 線之 R2 繼電器的斷電條件 R1 和第 2 線的 R1 自保點共用即可，如圖 3-23。

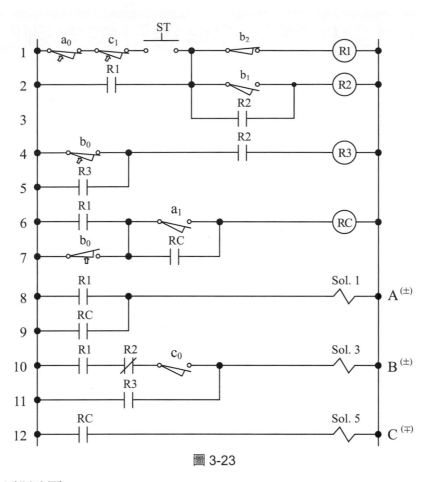

圖 3-23

2. 繪製氣壓迴路圖

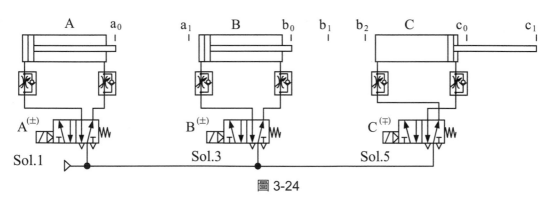

圖 3-24

把圖 3-23 和圖 3-24 結合起來，即可執行電氣－氣壓單穩態迴路 $A^+ C^- B^+_{1/2} B^-$ $B^{++} B^{--} {A^- \atop C^+}$ 的動作。

複雜動作迴路綜合設計能力測驗

練習 1 以前面各例題所介紹之方法，設計 $A^+B^+B^-B^+B^-A^-$ 兩支氣壓缸複雜動作之
(1) 機械－氣壓迴路。
(2) 電氣－氣壓雙穩態迴路。
(3) 電氣－氣壓單穩態迴路。

練習 2 以前面各例題所介紹之方法，設計 $A^+{}_{1/2}A^-A^{++}A^-$ 單支氣壓缸複雜動作之

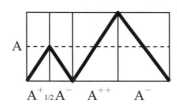

(1) 機械－氣壓迴路。
(2) 電氣－氣壓雙穩態迴路。
(3) 電氣－氣壓單穩態迴路。

4 反覆動作迴路

自動化機械的致動器 (Actuator) 如氣壓缸在某些特定用途，必須多次來回反覆做相同的動作。對此種動作之迴路在設計迴路時，會有不同於前面所介紹各種類型迴路設計的作法。

在串級法設計有反覆動作迴路時，會把該串動作 (不限有幾個反覆動作) 均列在同一組來處理，因若把該串動作分成不同組，會使設計難度大幅提升。因此，在反覆動作迴路的設計方式可概分爲下列三種：

(1) 以位置檢知器方式控制。

(2) 以計時器方式控制。

(3) 以計數器方式控制等。

而第 3 種使用 "計數器方式控制" 設計要領與前兩種有其顯著的不同，故另外區分出來在下一章來介紹。現針對前兩種類型特列舉三個例題來說明之：

$$(1)\ \begin{matrix} A^+ \\ B^+ \\ C^+ \end{matrix} C^- C^+ C^- C^+ C^- C^+ C^- C^+ \begin{matrix} A^- \\ B^- \\ C^- \end{matrix} \quad (2)\ A^+(B^+B^-)n \cdot A^- \quad (3)\ A^+B^+ \left[\begin{matrix} A^- A^+ \\ B^- B^+ \end{matrix} \right] n \cdot B^- A^-。$$

例題 4-1

有一部可在冰淇淋表面自動噴塗巧克力的機械，使用 A、B、C 三支氣壓缸，分別做爲 A：噴頭開與關、B：緩慢推動冰淇淋盤移動、C：引導噴頭來回反覆動作之用，其動作順序如圖 4-1 所示。應用串級法設計機械－氣壓及電氣－氣壓迴路。

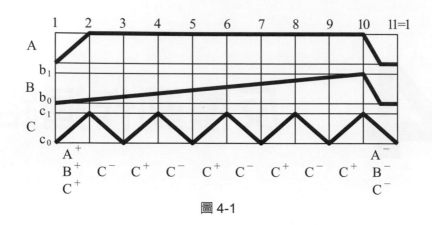

圖 4-1

壹、機械－氣壓迴路設計

(一) 分析研判動作類型

　　由圖 4-1 之位移－步驟圖可以很清楚了解，該串動作順序中 C 缸有 5 次的反覆動作 (10 個動作)，若用前幾章的設計方式，至少分為 10 組以上，根本不符合實際使用原則，而且也無法再變更 C 缸反覆的次數，因此不能使用一個動作就分為一組的方式處理。

　　因 C 缸有 5 次的反覆動作，在用串級法設計時，必須全部列入同一組中，而再用其他方式來解決 C 缸前進和後退動作信號相衝突的現象。依此原則，該串動作順序的迴路設計，就以 B 缸慢速前進碰觸前限位置 (b_1 極限閥) 做為分組的分界點，共分為兩組。而把 C 缸前進或後退的動作全部都列入第 I 組內，以解決連續多次反覆動作的問題，這種方式就是以某支氣壓缸慢速前進所需要時間長短的方法來設計迴路。

(二) 分組

$$\begin{matrix} A^+ \\ B^+ \\ C^+ \end{matrix} C^-C^+C^-C^+C^-C^+C^-C^+ \begin{matrix} A^- \\ B^- \\ C^- \end{matrix} \xrightarrow{\text{分為兩組}} \begin{matrix} A^+ \\ B^+ \\ C^+ \end{matrix} C^-C^+C^-C^+C^-C^+C^-C^+ \begin{matrix} A^- \\ B^- \\ C^- \end{matrix}$$

b_1　b_0

$b_0 \cdot st$

(三) 列出邏輯控制式 (僅適用於雙穩態迴路)

$e_I = b_0 \cdot st$　　　　e_I：表要切換至第 I 組的條件；在 B 缸退回後限碰觸 b_0 極限閥且壓下 st 啟動閥時，系統信號就切換至第 I 組。

$e_{II} = b_1 \cdot C^-$　　　　e_{II}：表要切換至第 II 組的條件；在 B 缸緩慢前進至前限碰觸 b_1 極限閥，該閥氣源口連接於 C 缸後退之動力管線上，當 C 缸後退時，系統信號才會切換至第 II 組。

$A^+ = I$　　　　　A^+：表 A 缸前進的條件；在第 I 有氣壓信號時，A 缸即前進。

$A^- = II$　　　　　A^-：表 A 缸後退的條件；在第 II 組有氣壓信號時，A 缸即後退。

$B^+ = I$　　　　　B^+：表 B 缸前進的條件；在第 I 組有氣壓信號時，B 缸就會前進。

$B^- = II$　　　　　B^-：表 B 缸後退的條件；在第 II 組有氣壓信號時，B 缸即後退。

$C^+ = I \cdot c_0$　　　　C^+：表 C 缸前進的條件；在第 I 組有氣壓信號且 C 缸退回後限碰觸 c_0 極限閥時，C 缸就前進。

$C^- = I \cdot c_1$　　　　C^-：表 C 缸後退的條件；在第 I 組有氣壓信號且 C 缸前進至前限碰觸 c_1 極限閥時，C 缸就後退。

　　上列方程式中 $e_{II} = b_1$ 的條件，必須與 C 缸最後一次後退的時間相配合，在確定 C 缸最後一次後退動作有成立時，才換組至第 II 組，基於此原因，在機械－氣壓迴路設計時，可以把 b_1 極限閥的氣源連接於 C 缸後退用之動力線路上，即可確保 C 缸後退至後限時才換組的問題；不然，C 缸有可能會停在 c_1 前極限位置。

　　針對 C 缸前進、後退的動作同列於第 I 組中，會有前進、後退信號相衝突的問題。解決的方式是 C^+ 串聯 c_0 極限閥、C^- 串聯 c_1 極限開關，因串聯 c_0 或 c_1 極限閥之後，只要氣壓缸一離開前後兩端點，就沒有碰觸到極限閥，即會把驅動 C^+ 或 C^- 的信號切斷，使得前進、後退信號沒有相衝突的機會。

(四) 繪製機械－氣壓迴路。

1.　先繪製氣壓缸、主氣閥、組線及換組用回動閥、氣源供應部份，如圖 4-2。

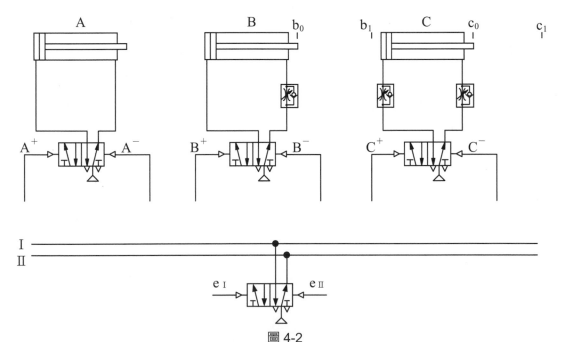

圖 4-2

2.　再把邏輯控制式的信號元件繪入並連接線路，如圖 4-3。

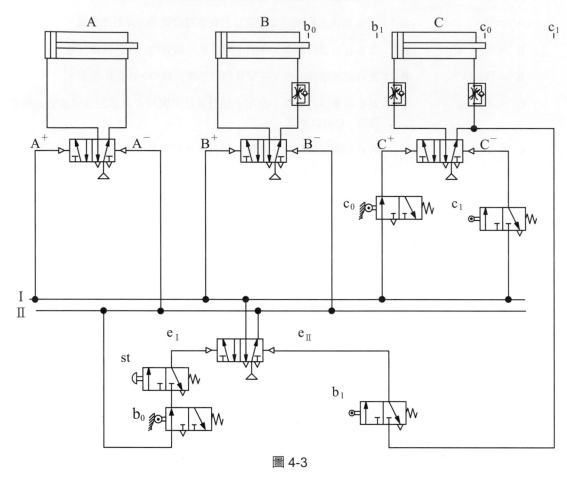

圖 4-3

　　以上圖 4-3 是 A、B、C 三支氣壓缸反覆動作的機械－氣壓迴路。

　　在圖 4-3 迴路中，b_1 極限開關氣源由 C 缸後退動力線路連接，可確保 C 缸做完最後一次後退動作時，才會切換到第 II 組。C 缸反覆動作會做幾次，則要看 B 缸前進的速度及 C 缸本身前進、後退速度相互搭配而定。原則上在反覆次數要求不嚴格的條件下，可以適用。

貳、電氣－氣壓迴路設計

(一) 列出邏輯控制式 (可參考前面機械－氣壓迴路，適用於雙穩態迴路)

　　因只分為兩組，分組用繼電器僅使用一個，規劃 R1 分組繼電器的激磁時間為 I 組，故 R1 繼電器之激磁、消磁條件及各氣壓缸驅動條件分別為：

$$
\begin{array}{l}
A^+ \\
B^+ \\
C^+
\end{array}
C^-C^+C^+C^-C^-C^+C^-C^-C^+C^-C^+
\Big/
\begin{array}{l}
A^- \\
B^- \\
C^-
\end{array}
$$

I　　　　　　II

R1$^+$ ⟹

上列之 e_I、e_{II} 由 R1 繼電器取代，其邏輯控制式如下：

$$R1^{(\pm)} = (\, e_I + R1\,) \cdot \overline{e_{II}}$$
$$= (\, b_0 \cdot st + R1\,) \cdot (\, \overline{b_1 \cdot c_1}\,)$$
$$= (\, b_0 \cdot st + R1\,) \cdot (\, \overline{b_1} + \overline{c_1}\,)$$

　　因分組用繼電器如上圖方式規劃，各組的通電條件及各氣壓缸的控制條件則分別如下：

I ＝ R1　　　　　(第 I 組的信號)

II ＝ $\overline{R1}$ ・ $\overline{a_0}$　(第 II 組的信號)

A$^+$ ＝ R1　　　　　　　　　　A$^+$：表 A 缸前進的條件；在第 I 組有電氣信號時 A 缸即前進。

A$^-$ ＝ $\overline{R1}$ ・ $\overline{b_0}$　　　　　　A$^-$：表 A 缸後退的條件；在第 II 組有電氣信號時 A 缸即後退。

B$^+$ ＝ R1　　　　　　　　　　B$^+$：表 B 缸前進的條件；在第 I 組有電氣信號時，B 缸即前進。

B$^-$ ＝ $\overline{R1}$ ・ $\overline{b_0}$　　　　　　B$^-$：表 B 缸後退的條件；在第 II 組有電氣信號時，B 缸即後退。

C$^+$ ＝ R1 ・ c_0　　　　　　　C$^+$：表 C 缸前進的條件；在第 I 組有電氣信號且 c_0 極限開關被碰觸且反覆次數未到時，C 缸即前進。

C$^-$ ＝ c_1　　　　　　　　　　C$^-$：表 C 缸後退的條件；在第 I 組有電氣信號且極限開關 c_1 被碰觸時，C 缸即後退。

(二) 繪製電路圖和氣壓迴路圖

1. 先繪製控制電路圖

逐一把經公式轉換爲單穩態之邏輯控制式 (控制繼電器用) 及每個雙穩態邏輯控制式 (驅動氣壓缸用) 轉化爲電路圖，如圖 4-4。

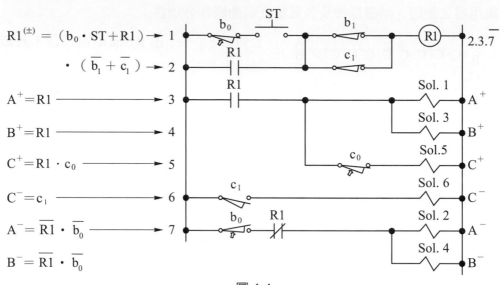

$R1^{(\pm)} = (b_0 \cdot ST + R1)$ → 1

$\cdot\ (\overline{b_1} + \overline{c_1})$ → 2

$A^+ = R1$ → 3

$B^+ = R1$ → 4

$C^+ = R1 \cdot c_0$ → 5

$C^- = c_1$ → 6

$A^- = \overline{R1} \cdot \overline{b_0}$ → 7

$B^- = \overline{R1} \cdot \overline{b_0}$

圖 4-4

在圖 4-4 中 c_1 極限開關分別在第 2 線用到 b 接點、第 6 線用到 a 接點，依現有的電路圖必須是使用 1a、1b 型的極限開關才能配線，否則要將電路圖適當的調整才能順利接線，如圖 4-5。其調整方式如下：

(1) 將電路圖 4-4 中第 1、2 線之 b_1、c_1 之 "b" 接點往最右邊調整。

(2) 將電路圖 4-4 中第 6 線之 c_1 之 "a" 接點也往最右邊調整，這樣即可將 c_1 之 "a" 接點和 "b" 接點利用 "－" 這條線而形成一對 "c" 接點，就不必再用一個繼電器；或使用 1a-1b 型接點極限開關亦可。

(3) 在電路圖 4-4 中第 7 線多串接一個 b_0 極限開關的 "b" 接點，是在排除停機時，A^-、B^- 線圈不當激磁。

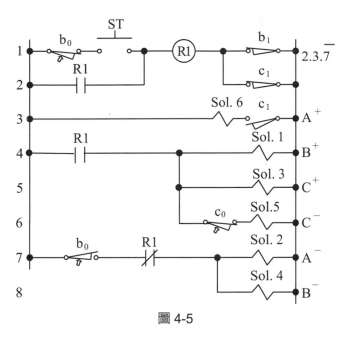

圖 4-5

2. 繪製氣壓迴路圖

氣壓迴路如圖 4-6，B 氣壓缸為雙穩態雙頭電磁閥。

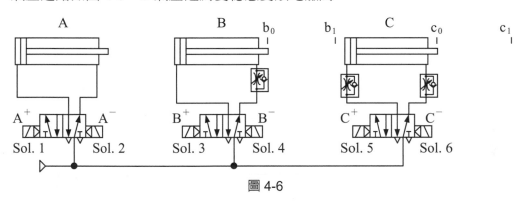

圖 4-6

把圖 4-4、圖 4-5 和圖 4-6 結合起來，即可執行 A、B、C 三支氣壓缸的反覆動作。

參、電氣－氣壓單穩態迴路設計

(一) 判別需做自保迴路的氣壓缸

　　分組用繼電器及各組的控制條件和本題前面雙穩態電氣迴路皆相同，可參考前面。
而各氣壓缸前進、後退的邏輯控制式需要轉換為單穩態電磁閥可適用之邏輯控制式。
而在轉換的過程中有一些要領可判別出某幾支氣壓缸需做自保迴路，有些就不用做。

　　不需做自保迴路的判斷原則如前面各章節所述：

　　原則上 A、B 兩支缸改為單穩態電磁閥控制都不需要做自保持迴路，但是 C 缸前進、後退的動作均列在同一組中，因此需增加一個繼電器 (RC) 來處理，則 A、B、C 三支缸的控制式分別為：

$A^{(\pm)} = R1$　　　　　　　　　$A^{(\pm)}$：表 A 缸電磁閥的控制條件；在第 I 組有信號時，A 缸即前進；進入第 II 組，A 缸就後退。

$B^{(\pm)} = R1$　　　　　　　　　$B^{(\pm)}$：表 B 缸電磁閥的控制條件；在第 I 組有信號時，B 缸即前進；進入第 II 組，B 缸就後退。

$RC^{(\pm)} = (c_0 + RC) \cdot \overline{c_1} \cdot R1$　　$RC^{(\pm)}$：表 C 缸自保用繼電器的控制條件；啟動條件在第 I 組有信號且 C 缸在後限碰觸 c_0 極限開關時，RC 繼電器就激磁；當 C 缸前進至前限碰觸 c_1，就切斷 RC 繼電器的激磁狀態。

$C^{(\pm)} = RC$　　　　　　　　　$C^{(\pm)}$：表 C 缸電磁閥的控制條件；RC 繼電器激磁，C 缸就前進；RC 繼電器消磁，C 缸即後退。

(二) 繪製電路圖及氣壓迴路圖

1.　先繪製控制電路圖

　　逐一把經公式轉換為單穩態之邏輯控制式 (控制繼電器用) 及每個單穩態邏輯控制式 (驅動氣壓缸用) 轉化為電路圖，如圖 4-7。

$RC^{(\pm)} = (c_0 + RC)$
$\cdot \overline{c_1} \cdot R1$

$A^{(\pm)} = R1$

$B^{(\pm)} = R1$

$C^{(\pm)} = RC$

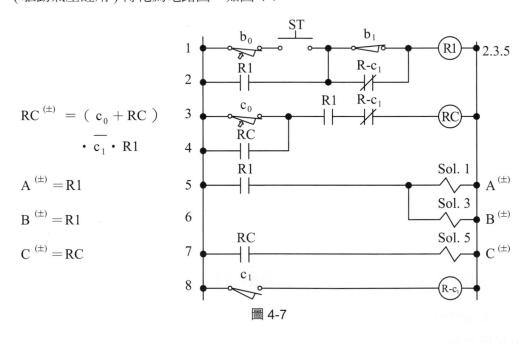

圖 4-7

2.　繪製氣壓迴路圖

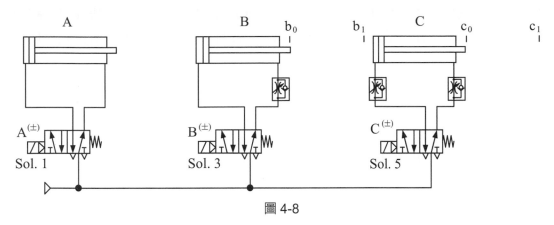

圖 4-8

　　把圖 4-7 和圖 4-8 結合起來，即可執行電氣－氣壓單穩態迴路 A、B、C 三支氣壓缸的反覆動作。

例題 4-2

一部組裝軸承並充填黃油的機械，用 A、B 兩支氣壓缸，分別做壓入滾珠及填充黃油之用，其動作順序如圖 4-9 所示。應用串級法設計機械－氣壓及電氣－氣壓迴路。

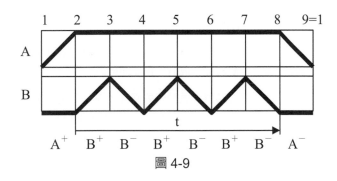

圖 4-9

壹、機械－氣壓迴路設計

(一) 分析研判動作類型

　　由圖 4-9 位移一步驟圖可得知 A 缸前進壓入滾珠並蓋住軸承開始計時，B 缸在計時未到之前反覆來回驅動黃油壓床，對軸承充填黃油三次，待計時已到且三次加油完畢，A 缸後退打開蓋子。

　　B 缸有三次反覆六個動作，在使用串級法設計時必須列入同一組，應用計時器到達點做為分組之條件，將其動作順序分為兩組。而 B 缸前進、後退動作皆在第一組內，信號相衝突問題的解決方式和前一個例題相同。此種方式就是以計時器控制之反覆動作的設計方式。

(二) 分組

$$A^+B^+B^-B^+B^-B^+B^-A^- \xrightarrow{\text{分為兩組}} $$

$$A^+B^+B^-B^+B^-B^+B^- \quad / \quad A^-$$

$$\overbrace{a_1 \cdot b_0 \cdot \bar{T}}$$

$$I \qquad a_0 \cdot st \qquad II \qquad T \cdot b_0 \qquad a_0$$

(三) 列出邏輯控制式 (僅適用於雙穩態迴路)

$e_I = a_0 \cdot st$	e_I：表要切換至第 I 組的條件；在 A 缸退回後限碰觸 a_0 極限閥且壓下 ST 啟動閥時，系統信號就切換至第 I 組。
$e_{II} = I \cdot T \cdot b_0$	e_{II}：表要切換至第 II 組的條件；在第 I 組有氣壓信號，計時器計時已到且 B 缸後退至後限碰觸 b_0 極限閥時，系統信號就切換至第 II 組。
$A^+ = I$	A^+：表 A 缸前進的條件；在第 I 有氣壓信號時，A 缸即前進。
$A^- = II$	A^-：表 A 缸後退的條件；在第 II 組有氣壓信號時，A 缸即後退。
$B^+ = I \cdot a_1 \cdot \bar{T} \cdot b_0$	B^+：表 B 缸前進的條件；在第 I 組有氣壓信號、A 缸在前限碰觸 a_1 極限閥、計時器計時未到且 B 缸退回後限碰觸 b_0 極限閥時，B 缸就會前進。
$B^- = I \cdot b_1$	B^-：表 B 缸後退的條件；在第 I 組有氣壓信號，當 B 缸前進至前限碰觸 b_1 極限閥時，B 缸即後退。
$T = I \cdot a_1$	T：表計時器開始計時的條件；在第 I 組有氣壓信號，而 A 缸前進至前限碰觸 a_1 極限閥時，計時器開始計時。

　　上列方程式中 $e_{II} = T \cdot b_0$ 的條件，是以計時器計時到達及 B 缸後退碰觸 b_0 極限閥為轉換至第 II 組的條件。B 缸在第 I 組有前進、後退連續三次，因此 B 氣壓缸前進時需串接 b_0 極限閥、後退時需串接 b_1 極限閥，以避免前進、後退信號相衝突。

(四) 繪製機械－氣壓迴路。

1.　先繪製氣壓缸、主氣閥、組線及換組用回動閥、氣源供應部份，如圖 4-10。

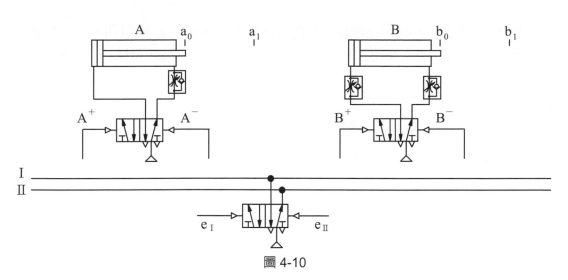

圖 4-10

2. 再把邏輯控制式的信號元件繪入並連接線路，如圖 4-11。

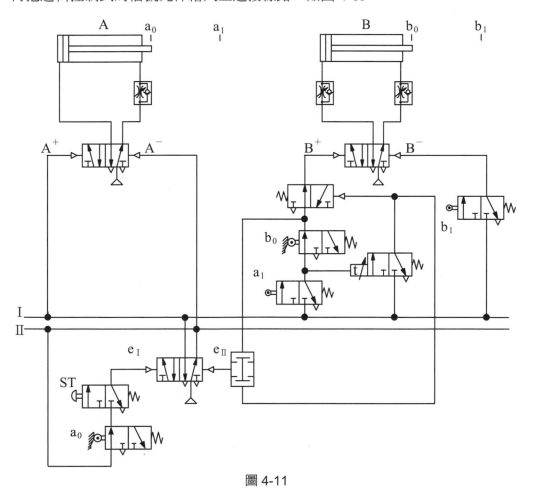

圖 4-11

以上圖 4-11 是 A、B、二支氣壓缸反覆動作的機械－氣壓迴路。

在圖 4-11 迴路中，e_{II} 的控制條件為配合繪圖需要多接了 a_1 極限閥，但在控制上是沒有什麼差異。原則上在反覆次數要求不嚴格的條件下，可以用計時器來控制其反覆次數。

貳、電氣－氣壓迴路設計

(一) 列出邏輯控制式 (可參考前面機械－氣壓迴路，適用於雙穩態迴路)

因只分為兩組，分組用繼電器僅使用一個，規劃 R1 分組繼電器的激磁時間為 I 組，故 R1 繼電器之激磁、消磁條件及各氣壓缸驅動條件分別為：

上列之 e_I、e_{II} 由 R1 繼電器取代，其邏輯控制式如下：

$$R1^{(\pm)} = (\ e_I\ +R1\ )\ \cdot\ \overline{e_{II}}$$
$$= (\ a_0\ \cdot\ st + R1\ )\ \cdot\ (\overline{T \cdot b_0}\ )$$
$$= (\ a_0\ \cdot\ st + R1\ )\ \cdot\ (\ \overline{T}\ +\overline{b_0}\ )$$

因分組用繼電器如上圖方式規劃，各組的通電條件及各氣壓缸的控制條件則分別如下：

　　I = R1(第 I 組的信號)

　　II = $\overline{R1}\ \cdot\ \overline{a_0}$ (第 II 組的信號)

　　$A^+ = R1$　　　　　　　　　　A^+：表 A 缸前進的條件；在第 I 組有電氣信號時，A 缸即前進。

　　$A^- = \overline{R1}\ \cdot\ \overline{a_0}$　　　　　　A^-：表 A 缸後退的條件；在第 II 組有電氣信號時，A 缸即後退。

　　$B^+ = R1 \cdot a_1 \cdot\ \overline{T}\ \cdot b_0$　　　B^+：表 B 缸前進的條件；在第 I 組有電氣信號、a_1、b_0 極限開關被碰觸且計時時間未到時，B 缸即前進。

　　$B^- = R1 \cdot b_1$　　　　　　B^-：表 B 缸後退的條件；在第 I 組有電氣信號且 b_1 極限開關被碰觸時，B 缸即後退。

　　$T = R1 \cdot a_1$　　　　　　　T：表計時器開始計時的條件；當 A 缸前進至前限碰觸 a_1 極限開關時，計時器開始計時。

(二) 繪製電路圖和氣壓迴路圖

1. 先繪製控制電路圖

    逐一把經公式轉換為單穩態之邏輯控制式 (控制繼電器用) 及每個雙穩態邏輯控制式 (驅動氣壓缸用) 轉化為電路圖，如圖 4-12。

$$R1^{(\pm)} = (a_0 \cdot st + R1) \cdot (\overline{T} + \overline{b_0})$$

$$A^+ = R1$$

$$B^+ = R1 \cdot a_1 \cdot \overline{T} \cdot b_0$$

$$T = R1 \cdot a_1$$

$$B^- = R1 \cdot b_1$$

$$A^- = \overline{R1} \cdot \overline{a_0}$$

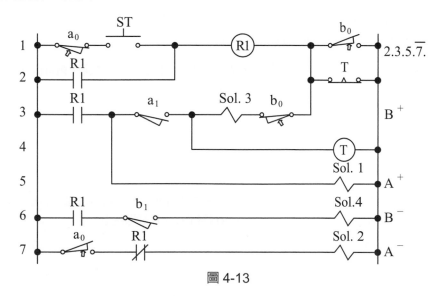

圖 4-12

在圖 4-12 中 b_0 極限開關分別在第 1 線用到 "b" 接點第 4 線用到 "a" 接點、計時器在第 2 線及第 4 線分別都用到 "b" 接點，依現有的電路圖要配線，需找有 1a、1b 接點之 b_0 極限開關及 2 組延時接點的計時器，才能接線，否則必須將電路圖適當的調整才能順利接線，如圖 4-13。

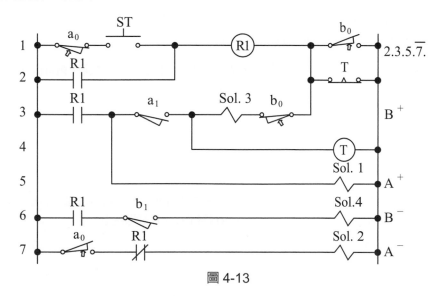

圖 4-13

2. 繪製氣壓迴路圖

氣壓迴路圖如圖 4-14，A、B 兩支氣壓缸皆爲雙穩態雙頭電磁閥。

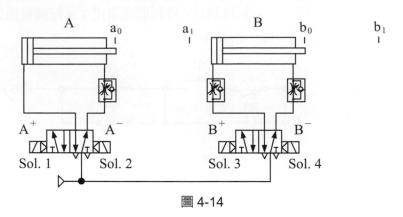

圖 4-14

把圖 4-13 和圖 4-14 結合起來，即可執行 A、B 兩支氣壓缸的反覆動作。

参、電氣－氣壓單穩態迴路設計

(一) 判別需做自保迴路的氣壓缸

　　分組用繼電器及各組的控制條件和本題前面雙穩態電氣迴路皆相同，可參考前面。各氣壓缸前進、後退的邏輯控制式亦需要轉換爲單穩態電磁閥可使用之邏輯控制式。而在轉換的過程中有一些要領可判別出某幾支氣壓缸需做自保迴路，有些就不用做。

　　不需做自保迴路的判斷原則如前面各節所述；本題原則上 A 缸改爲單穩態電磁閥控制不需要做自保持迴路，但是 B 缸前進、後退的動作均列在同一組中，就需增加一個繼電器 (RB) 來處理，則 A、B 兩缸的控制式分別爲：

$A^{(\pm)} = R1$　　　　　　　　　　　$A^{(\pm)}$：表 A 缸電磁閥的控制條件；在第 I 組有信號 A 缸即前進，進入第 II 組 A 缸就後退。

$RB^{(\pm)} = (b_0 \cdot \overline{T} + RB) \cdot \overline{b_1} \cdot a_1$　　$RB^{(\pm)}$：表 B 缸自保用繼電器的控制條件；啓動條件在 A 缸前進至前限碰觸 a_1、B 缸碰觸後限 b_0 且計時器計時未到，RB 繼電器就激磁；當 B 缸前進至前限碰觸 b_1，就切斷 RB 繼電器的激磁狀態。

$B^{(\pm)} = RB$　　　　　　　　　　$B^{(\pm)}$：表 B 缸電磁閥的控制條件；RB 繼電器激磁，B 缸就前進；RB 繼電器消磁，B 缸即後退。

(二) 繪製電路圖及氣壓迴路圖

1. 先繪製控制電路圖

　　逐一把經公式轉換為單穩態之邏輯控制式 (控制繼電器用) 及每個單穩態邏輯控制式 (驅動氣壓缸用) 轉化為電路圖，如圖 4-15。

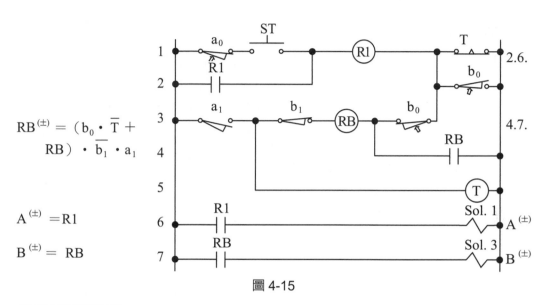

$$RB^{(\pm)} = (b_0 \cdot \overline{T} + RB) \cdot \overline{b_1} \cdot a_1$$

$$A^{(\pm)} = R1$$

$$B^{(\pm)} = RB$$

圖 4-15

2. 繪製氣壓迴路圖

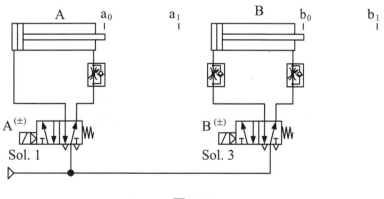

圖 4-16

　　把圖 4-15 和圖 4-16 結合起來，即可執行電氣－氣壓單穩態迴路 A、B、C 三支氣壓缸的反覆動作。

例題 4-3

$$A^+ B^+ \begin{pmatrix} A^- & A^+ \\ B^- & B^+ \end{pmatrix} n B^- A^-$$

壹、機械－氣壓迴路設計

(一) 分析研判動作類型

A、B 兩缸有多次反覆動作，在使用串級法設計時必須列入同一組，應用計時器到達點做為分組之條件，將其動作順序分為不同組。而 A、B 兩缸前進、後退的反覆動作皆在同一組內，信號相衝突問題的解決方式和前一個例題相同；另外，A、B 兩缸在反覆動作前已有各前進一次，也須將其分為不同組。此種方式也是以計時器控制之反覆動作的設計方式。

(二) 分組

(三) 列出邏輯控制式 (僅適用於雙穩態迴路)

$e_{\text{I}} = a_0 \cdot ST$

e_{I}：表要切換至第 I 組的條件；在 A 缸退回後限碰觸 a_0 極限閥且壓下 ST 啟動閥時，系統信號就切換至第 I 組。

$e_{\text{II}} = \text{I} \cdot b_1$

e_{II}：表要切換至第 II 組的條件；在第 I 組有氣壓信號，B 缸前進至前限碰觸 b_1 極限閥時，系統信號就切換至第 II 組。

$e_{\text{III}} = \text{II} \cdot T \cdot a_1 \cdot b_1$

e_{III}：表要切換至第 III 組的條件；在第 II 組有氣壓信號，計時器計時已到、A 缸前進至前限碰觸 a_1 極限閥且 B 缸前進至前限碰觸 b_1 極限閥時，系統信號就切換至第 III 組。

$A^+ = \text{I} + \text{II} \cdot a_0$

A^+：表 A 缸前進的條件；在第 I 組有氣壓信號或在第 II 組且 A 缸退回後限碰觸 a_0 極限閥時，A 缸就會前進。

$A^- = \text{II} \cdot a_1 \cdot \overline{T} + \text{III} \cdot b_0$

A^-：表 A 缸後退的條件；在第 II 組有氣壓信號、A 缸在前限碰觸 a_1 極限閥且計時器計時未到時或在第 III 組有氣壓信號且 B 缸退回後限碰觸 b_0 極限閥時，A 缸就會後退。

$B^+ = I \cdot a_1 + II \cdot b_0$　　　B^+：表 B 缸前進的條件；在第 I 組有氣壓信號且 A 缸在前限碰觸 a_1 極限閥或在第 II 組有氣壓信號且 B 缸退回後限碰觸 b_0 極限閥時，B 缸就會前進。

$B^- = II \cdot b_1 \cdot \overline{T} + III$　　　B^-：表 B 缸後退的條件；在第 II 組有氣壓信號、B 缸在前限碰觸 b_1 極限閥且計時器計時未到時或在第 III 組有氣壓信號時，B 缸即後退。

$T^{(\pm)} = II$　　　$T^{(\pm)}$：表計時器開始計時的條件；當第 II 組有氣壓信號時，計時器開始計時。

　　上列方程式中 $e_{III} = II \cdot T \cdot a_1 \cdot b_1$ 的條件，是在第 II 組有氣壓信號，以計時器計時已達及 A、B 兩缸前進分別碰觸 a_1、b_1 極限閥時，才轉換至第 III 組的條件。A、B 缸在第 II 組有多次連續前進、後退的反覆動作，因此氣壓缸前進時需分別串接 a_0、b_0 極限閥、後退時需串接 a_1、b_1 極限閥，以避免前進、後退信號相衝突。

(四) 繪製機械 - 氣壓迴路

1.　先繪製氣壓缸、主氣閥、組線及換組用回動閥、氣源供應部份，如圖 4-17。

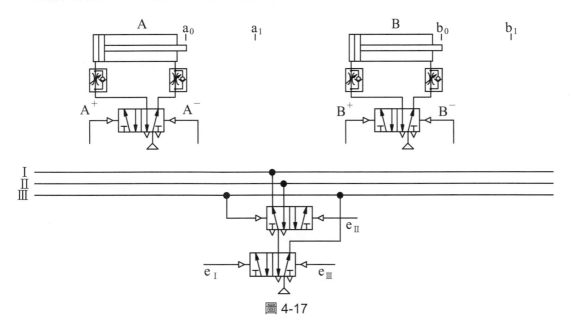

圖 4-17

2.　再把邏輯控制式的信號元件繪入並連接線路，如圖 4-18。

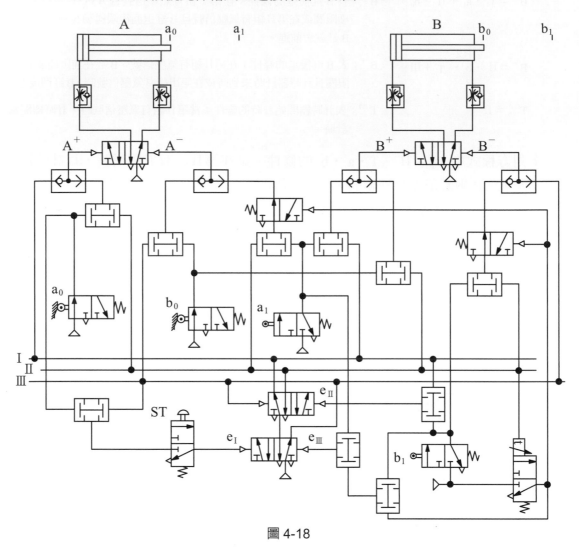

圖 4-18

　　以上圖 4-18 是 A、B 二支氣壓缸 $A^+B^+{\begin{smallmatrix}A^-&A^+\\B^-&B^+\end{smallmatrix}}\,n\,B^-A^-$ 反覆動作的機械－氣壓迴路。

貳、電氣－氣壓迴路設計

(一) 列出邏輯控制式 (可參考前面機械－氣壓迴路，適用於雙穩態迴路)

　　本題共分為三組，故分組用繼電器需使用兩個，而各繼電器的啓動、切斷時間分別爲如下說明：上列之 e_I、e_{II} 和 e_{III} 分別由 R1、R2 繼電器取代，規劃 R1 激磁的時間爲 I＋II 組，R2 激磁的時間爲 II 組，其邏輯控制式如下：

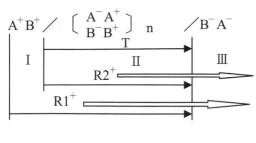

上列之 e_I、e_{II} 由 R1 繼電器取代,其邏輯控制式如下:

$$R2^{(\pm)} = (b_1 + R2) \cdot R1$$

$$R1^{(\pm)} = (e_I + R1) \cdot \overline{e_{III}}$$

$$= (a_0 \cdot ST + R1) \cdot (\overline{T \cdot a_1 \cdot b_1})$$

$$= (a_0 \cdot ST + R1) \cdot (\overline{T} + \overline{a_1} + \overline{b_1})$$

　　因分組用繼電器如上圖方式規劃,各組的通電條件及各氣壓缸的控制條件則分別如下:

　　　$I = R1 \cdot \overline{R2}$ (第 I 組的信號)

　　　$II = R1$ (第 II 組的信號)

　　　$III = \overline{R1} \cdot \overline{a_0}$ (第 III 組的信號)

　　　$A^+ = R1 \cdot \overline{R2} + R2 \cdot a_0$　　　　A^+:表 A 缸前進的條件;在第 I 組有電氣信號或第 II 組有電氣信號且 a_0 極限開關被碰觸時,A 缸即前進。

　　　$A^- = R2 \cdot a_1 \cdot \overline{T} + \overline{R1} \cdot b_0 \cdot \overline{a_0}$　　　　A^-:表 A 缸後退的條件;在第 II 組有電氣信號、a_1 極限開關被碰觸且計時時間未到或第 III 組有電氣信號且 B 缸後退至後限碰觸 b_0 極限開關時,A 缸即後退。

　　　$B^+ = R1 \cdot \overline{R2} \cdot a_1 + R2 \cdot b_0$　　　　B^+:表 B 缸前進的條件;在第 I 組有電氣信號且 A 缸前進至前限碰觸 a_1 極限開關或第 II 組有電氣信號且 B 缸後退至後限碰觸 b_0 極限開關時,B 缸即前進。

　　　$B^- = R2 \cdot b_1 \cdot \overline{T} + \overline{R1} \cdot \overline{a_0}$　　　　B^-:表 B 缸後退的條件;在第 II 組有電氣信號、b_1 極限開關被碰觸且計時時間未到或第 III 組有電氣信號時,B 缸即後退。

　　　$T = R2$　　　　T:表計時器開始計時的條件;當第 II 組有電氣信號時,計時器開始計時。

(二) 繪製電路圖和氣壓迴路圖

1.　先繪製控制電路圖

　　逐一把經公式轉換為單穩態之邏輯控制式 (控制繼電器用) 及每個雙穩態邏輯控制式 (驅動氣壓缸用) 轉化為電路圖,如圖 4-19。

$$R1^{(\pm)} = (a_0 \cdot ST + R1)$$
$$\cdot \ (\ \overline{T} + \overline{a_1} + \overline{b_1}\ )$$

$$R2^{(\pm)} = (b_1 + R2) \cdot R1$$

$$A^+ = R1 \cdot \overline{R2} + R2 \cdot a_0$$

$$A^- = R2 \cdot a_1 \cdot \overline{T} + \overline{R1} \cdot b_0 \cdot \overline{a_0}$$

$$B^+ = R1 \cdot \overline{R2} \cdot a_1 + R2 \cdot b_0$$

$$B^- = R2 \cdot b_1 \cdot \overline{t} + \overline{R1} \cdot \overline{a_0}$$

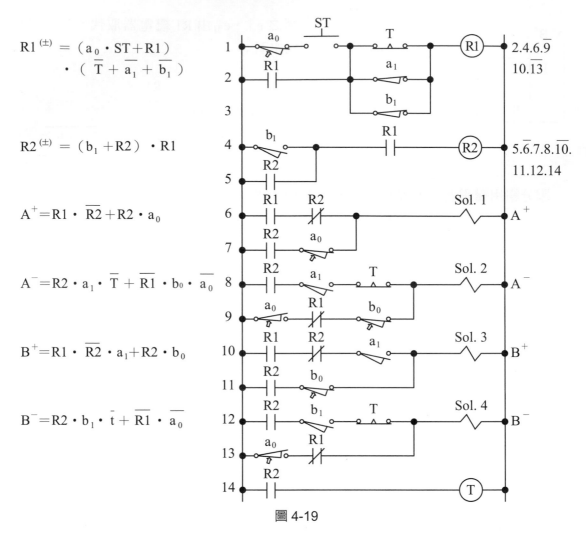

圖 4-19

在圖 4-19 中 a_0、b_0、a_1、b_1 極限開關及 R1、R2 繼電器都超出接點容量，電路必需重新調整才能順利接線。

而整理的方式如下：

(1) R1、R2 繼電器：把第 I 組 A^+、B^+ 兩個動作的控制電路 (第 6、10 線) 及第 II 組 A^-、B^- 兩個動作的控制電路 (第 8、12 線) 合併，又把 T 計時器與 R2 繼電器掛在一起。另外也須將各繼電器其中一組 "a"、"b" 接點合併成 "c" 接點。

(2) a_0、b_0、a_1、b_1 極限開關：除了 b_0 極限開關可調整成一點共用接點外，其餘均需驅動一個繼電器，以擴大其使用點數。為避免 a_0 極限開關所驅動之 R-a_0 繼電器在停機時仍會激磁的現象，特別以 "b" 接點來驅動之，所以原先使用 a_0 極限開關 "a" 接點的改換 R-a_0 繼電器 "b" 接點，而原先使用 a_0 極限開關 "b" 接點的改換 R-a_0 繼電器 "a" 接點。針對以上兩點處理方式，電路調整成如圖 4-20。

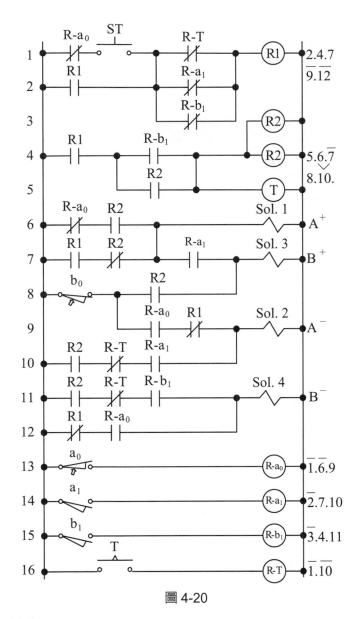

圖 4-20

2. 繪製氣壓迴路圖

　氣壓迴路圖 4-21，A、B 兩支氣壓缸皆為雙穩態雙頭電磁閥。

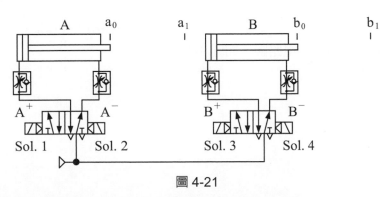

圖 4-21

把圖 4-20 和圖 4-21 結合起來，即可執行 $A^+B^+ \begin{bmatrix} A^-A^+ \\ B^-B^+ \end{bmatrix}_n B^-A^-$ 兩支氣壓缸的反覆動作。

參、電氣－氣壓單穩態迴路設計

(一) 判別需做自保迴路的氣壓缸

　　分組用繼電器及各組的控制條件和本題前面雙穩態電氣迴路皆相同，可參考前面。各氣壓缸前進、後退的邏輯控制式亦需要轉換為單穩態電磁閥可以使用的。而在轉換的過程中有一些要領可判別出哪些氣壓缸的動作需做自保迴路，有些就不用做。

　　不需做自保迴路的判斷原則如前面各節所述；本題原則上 A、B 兩缸改為單穩態電磁閥控制在第 2 次前進、後退就需要做自保持迴路，是因 A、B 兩缸在第 II 組進行反覆動作時，前進、後退的動作均列在同一組中的關係，故需各增加一個繼電器 (RA)、(RB) 來處理第 2 次以後的動作，則 A、B 兩缸的控制式分別為：

$RA^{(\pm)} = (a_1 \cdot R2 + RA) \cdot \overline{a_0}$　　$RA^{(\pm)}$：表 A 缸自保用繼電器的控制條件；在第 II 組中啟動條件為 A 缸前進至前限碰觸 a_1，RA 繼電器就激磁；當 A 缸後退至後限碰觸 a_0，RA 繼電器就消磁，或是在第 III 組 B 缸後退至後限碰觸 b_0 時，RA 繼電器也會消磁。

$A^{(\pm)} = R1 \cdot \overline{R2} + RA$　　$A^{(\pm)}$：表 A 缸電磁閥的控制條件；在第 I 組有信號 A 缸即前進，進入第 II 組 A 缸就後退，然後隨著 RA 繼電器的激磁而前進，消磁就後退。

$RB^{(\pm)} = (b_0 + RB) \cdot R2$　　$RB^{(\pm)}$：表 B 缸自保用繼電器的控制條件；在第 II 組中啟動條件為 B 缸後退至後限碰觸 b_0，RB 繼電器就激磁；當進入第 III 組時，RB 繼電器就消磁。

$B^{(\pm)} = R1 \cdot \overline{R2} \cdot a_1 + RB$　　$B^{(\pm)}$：表 B 缸電磁閥的控制條件；在第 I 組有信號 A 缸前進至前限碰觸 a_1，B 缸就前進，進入第 II 組 B 缸就後退，然後隨著 RB 繼電器激磁，B 缸就前進；RB 繼電器消磁，B 缸即後退。

(二) 繪製電路圖及氣壓迴路圖

1. 先繪製控制電路圖

　　逐一把經公式轉換為單穩態之邏輯控制式 (控制繼電器用) 及每個單穩態邏輯控制式 (驅動氣壓缸用) 轉化為電路圖，如圖 4-22。

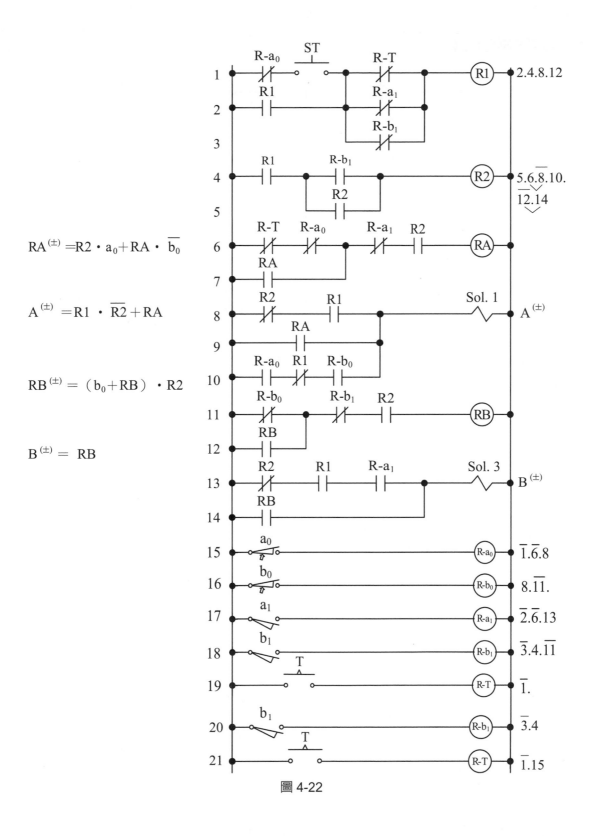

$$RA^{(\pm)} = R2 \cdot a_0 + RA \cdot \overline{b_0}$$

$$A^{(\pm)} = R1 \cdot \overline{R2} + RA$$

$$RB^{(\pm)} = (b_0 + RB) \cdot R2$$

$$B^{(\pm)} = RB$$

圖 4-22

2. 繪製氣壓迴路圖

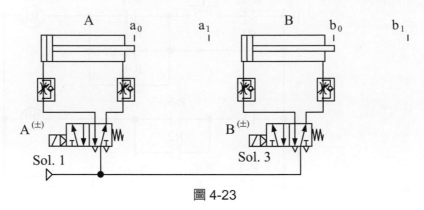

圖 4-23

把圖 4-22 和圖 4-23 結合起來，即可執行 $A^+B^+\begin{bmatrix} A^-A^+ \\ B^-B^+ \end{bmatrix}_n B^-A^-$ 電氣－氣壓單穩態迴路 A、B 兩支氣壓缸的反覆動作。

反覆動作迴路綜合設計能力測驗

練習 1 以前面各例題所介紹之方法，設計自動化機械的動作如圖 4-24 之

(1) 機械－氣壓迴路。

(2) 電氣－氣壓雙穩態迴路。

(3) 電氣－氣壓單穩態迴路。

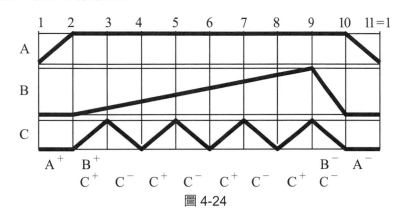

圖 4-24

練習 2 以前面各例題所介紹之方法，設計一部零件清洗的機械，使用一支氣壓缸做清洗的工作，其動作順序如圖 4-25 所示之

(1) 機械－氣壓迴路。

(2) 電氣－氣壓雙穩態迴路。

(3) 電氣－氣壓單穩態迴路。

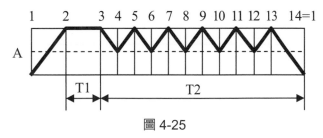

圖 4-25

NOTE

5 計數迴路

前一章分別介紹了以『氣壓缸慢速移動的時間』及『使用計時器計時』兩種不同控制方式，應用於反覆動作的設計技巧與要領。在本章將介紹另一種使用『計數器』的控制方式，應用於反覆動作的設計。當某一支或多支氣壓缸在執行反覆動作，且其往返次數需要很精確控制時，這種情況下即需要使用『計數器』的方式來控制之。另外使用『計數器』控制時，亦可很方便的隨著需求來調整計數之次數。現在舉出三個例題來詳細說明使用計數器設計計數迴路的要領：

(1) $A^+ \left(B^+ B^- \right) n A^-$

(2) $A^+ \left(B^+ C^+ B^- C^- \right) n A^- B^+ B^-$

(3) $A^+ A^- \left(B^+ C^+ T C^- B^- \right) n A^+ A^-$

例題 5-1　　$A^+ \left(B^+ B^- \right) n A^-$

壹、機械－氣壓迴路設計

(一) 分析研判動作類型

　　為 A、B 兩支缸且 B 缸具反覆動作的計數迴路。

(二) 分組

$$A^+ \left(B^+ B^- \right) n \quad A^- \xrightarrow{\text{分為二組}}$$

(三) 列出邏輯控制式 (僅適用於雙穩態迴路)

$e_I = a_0 \cdot ST$　　　　e_I：表要切換至第 I 組的條件；當在 II 組 A 缸退回後限碰觸 a_0 極限閥且壓下 ST 啟動閥時，系統信號就切換至第 I 組。

$e_{II} = b_0 \cdot k$　　　　e_{II}：表要切換至第 II 組的條件；當計數器計數次數已達且 B 缸後退至後限碰觸 b_0 極限閥時，系統信號就切換至第 II 組。

$A^+ = I$　　　　A^+：表 A 缸前進的條件；在第 I 組有氣壓信號時 A 缸即前進。

$A^- = II$　　　　A^-：表 A 缸後退的條件；在第 II 組有氣壓信號時 A 缸即後退。

$B^+ = I \cdot a_1 \cdot b_0 \cdot \bar{k}$　　　B^+：表 B 缸前進的條件；在第 I 組有氣壓信號，a_1、b_0 極限閥被碰觸且計數器計數次數未達時，B 缸即前進。

$B^- = I \cdot b_1$　　　　B^-：表 B 缸後退的條件；在第 I 組有氣壓信號且 b_1 極限閥被碰觸時，B 缸即後退。

$C_Z = b_1$　　　　C_Z：表計數器的計數條件；在 b_1 極限閥每被碰觸一次，計數器就計數一次

$C_Y = II$　　　　C_Y：表計數器的復歸條件；在第 II 組有氣壓信號時計數器就執行復歸動作。

　　上列邏輯控制式 I、II 之區分是以計數器之計數狀態來判定，在計數器未達計數狀態 ($\bar{k}$) 且 B 缸縮回後限 (b_0)，則繼續 B 缸反覆動作；若計數器已達計數狀態 (k) 且 B 缸縮回後限 (b_0) 就換至第 II 組。

(四) 繪製機械－氣壓迴路。

1.　先繪製氣壓缸、主氣閥、組線及換組用回動閥、氣源供應部份，如圖 5-1。

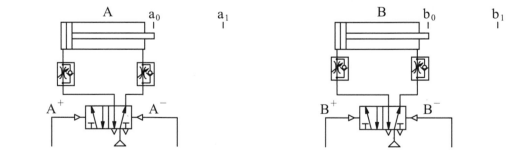

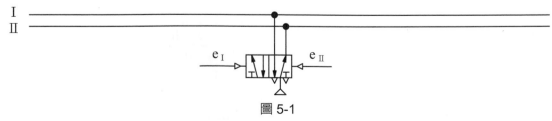

圖 5-1

2. 再把邏輯控制式的信號元件繪入並連接線路，如圖 5-2。

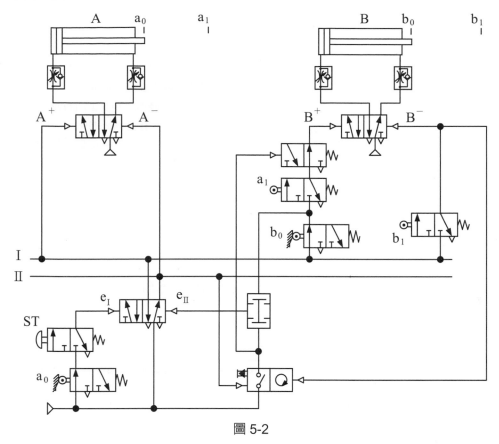

圖 5-2

以上圖 5-2 是 A、B 兩支氣壓缸執行 $A^+〔B^+B^-〕nA^-$ 計數迴路的機械－氣壓迴路圖。

貳、電氣－氣壓迴路設計

(一) 列出邏輯控制式 (可參考前面機械－氣壓迴路，適用於雙穩態迴路)

因只分為兩組，分組用繼電器僅使用一個，規劃 R1 分組繼電器的激磁時間為 I 組，故 R1 繼電器之激磁、消磁條件及各氣壓缸驅動條件分別為：

$$A^+〔B^+B^-〕_n \quad ／A^-$$

$$R1^+ \Longrightarrow R1^{(\pm)} = (a_0 \cdot ST + R1) \cdot (\overline{b_0 \cdot k})$$
$$= (a_0 \cdot ST + R1) \cdot (\overline{b_0} + \overline{k})$$

I ＝ R1　　　　(第 I 組的信號)

II ＝ $\overline{R1} \cdot \overline{a_0}$ (第II組的信號)

$$A^+ = I = R1$$

A^+：表 A 缸前進的條件；在第 I 組有電氣信號時 A 缸即前進。

$$A^- = II = \overline{R1} \cdot \overline{a_0}$$

A^-：表 A 缸後退的條件；在第 II 組有電氣信號時 A 缸即後退。

$$B^+ = I \cdot a_1 \cdot b_0 \cdot \overline{k} = R1 \cdot a_1 \cdot b_0 \cdot \overline{k}$$

B^+：表 B 缸前進的條件；在第 I 組有電氣信號且 a_1 極限開關被碰觸時 B 缸即前進。

$$B^- = b_1$$

B^-：表 B 缸後退的條件；在第 I 組有電氣信號且 a_1 極限開關被碰觸時 B 缸即後退。

$$C_Z = b_1$$

C_Z：表計數器的計數條件；在 b_1 極限開關每被碰觸，計數器就計數一次。

$$C_Y = \overline{R1} \cdot \overline{a_0}$$

C_Y：表計數器的復歸條件；在第 II 組有信號時計數器就執行復歸動作。

(二) 繪製電路圖和氣壓迴路圖

1. 先繪製控制電路圖

逐一把經公式轉換為單穩態之邏輯控制式 (控制繼電器用) 及每個雙穩態邏輯控制式 (驅動氣壓缸用) 轉化為電路圖，如圖 5-3。

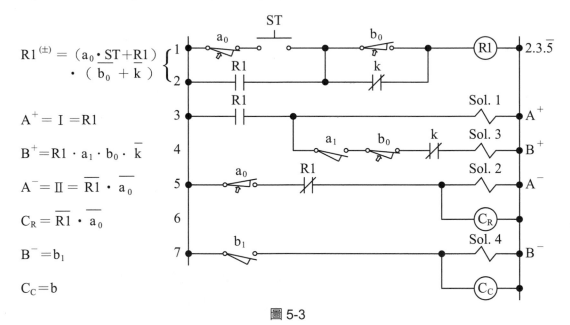

$$R1^{(\pm)} = (a_0 \cdot ST + R1) \cdot (\overline{b_0} + \overline{k})$$

$$A^+ = I = R1$$

$$B^+ = R1 \cdot a_1 \cdot b_0 \cdot \overline{k}$$

$$A^- = II = \overline{R1} \cdot \overline{a_0}$$

$$C_R = \overline{R1} \cdot \overline{a_0}$$

$$B^- = b_1$$

$$C_C = b$$

圖 5-3

在圖 5-3 中 b_0 極限開關分別在第 1 線用到 "b" 接點、第 4 線用到 "a" 接點，計數器之輸出接點也用到兩個 "b" 接點，依現有的電路圖是無法配線，必須將電路圖適當的調整才能順利接線，如圖 5-4。

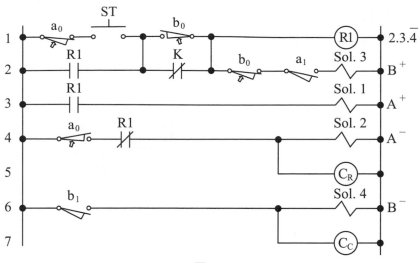

圖 5-4

在圖 5-4 中 b_0 極限開關的 "a" "b" 接點分別調至第 2 線和第 1 線,而計數器之 "b" 接點共用同一個,這樣電路圖即可在不增加繼電器的情況下完成配線。但在圖 5-4 中之計數器是機械式的,若為電子式的計數器其計數輸入 C_C 及復歸 C_R 均需乾接點; 因 b_1 極限開關在第 5 線和第 7 線都有用到 "a" 接點,又無法合併共用,故須多接 一個 R-b_1 繼電器以擴大其點數,如圖 5-5。

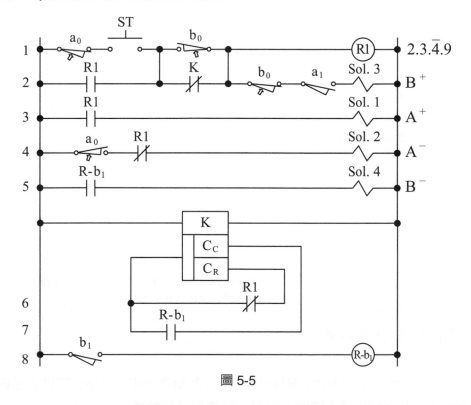

圖 5-5

2.　繪製氣壓迴路圖

氣壓迴路圖如圖 5-6，A、B 兩支氣壓缸為雙穩態雙頭電磁閥。

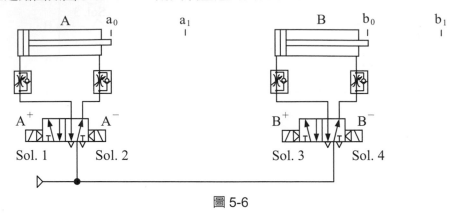

圖 5-6

把圖 5-4 或圖 5-5 和圖 5-6 結合，即可執行電氣－氣壓迴路 A^+〔B^+B^-〕nA^-計數迴路之動作。

參、電氣－氣壓單穩態迴路設計

(一) 判別需做自保迴路的氣壓缸

分組用繼電器及各組的控制條件和本題前面雙穩態電氣迴路皆相同，可參考前面。各氣壓缸前進、後退的邏輯控制式亦需要轉換為單穩態電磁閥可使用之邏輯控制式。而在轉換的過程中有一些要領可判別出某幾支氣壓缸需做自保迴路，有些就不用做。

不需做自保迴路的判斷原則如前面各節所述；本題原則上 A 缸改為單穩態電磁閥控制不需要做自保持迴路，但是 B 缸前進、後退的動作均列在同一組中，就需增加一個繼電器 (RB) 來處理，則 A、B 兩缸的控制式分別為：

$A^{(\pm)} = R1$　　　　　　$A^{(\pm)}$：表 A 缸電磁閥的控制條件；在第 I 組有信號 A 缸即前進，進入第 II 組 A 缸就後退。

$RB^{(\pm)} = (b_0 \cdot \overline{k} + RB) \cdot \overline{b_1} \cdot a_1$　　$RB^{(\pm)}$：表 B 缸自保用繼電器的控制條件；啟動條件在 A 缸前進至前限碰觸 a_1、B 缸往復次數未到且碰觸後限 b_0，RB 繼電器就激磁；當 B 缸前進至前限碰觸 b_1，就切斷 RB 繼電器的激磁狀態。

$B^{(\pm)} = RB$　　　　　　$B^{(\pm)}$：表 B 缸電磁閥的控制條件；在 RB 繼電器激磁時，B 缸前進；RB 繼電器消磁，B 缸即後退。

(二) 繪製電路圖及氣壓迴路圖

1.　先繪製控制電路圖

逐一把經公式轉換為單穩態之邏輯控制式 (控制繼電器用) 及每個單穩態邏輯控制式 (驅動氣壓缸用) 轉化為電路圖，如圖 5-7(機械式計數器)。

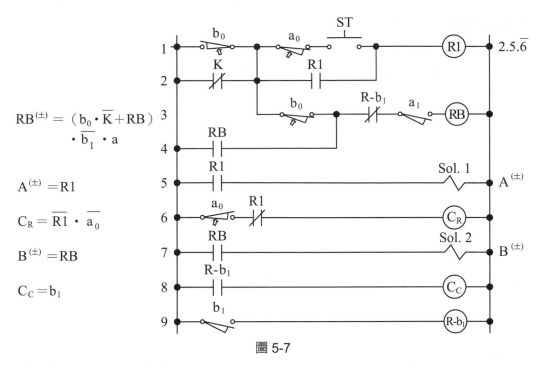

$$RB^{(\pm)} = (b_0 \cdot \overline{K} + RB)$$
$$\cdot \overline{b_1} \cdot a$$

$A^{(\pm)} = R1$

$C_R = \overline{R1} \cdot \overline{a_0}$

$B^{(\pm)} = RB$

$C_C = b_1$

圖 5-7

或如圖 5-8(電子式計數器)。

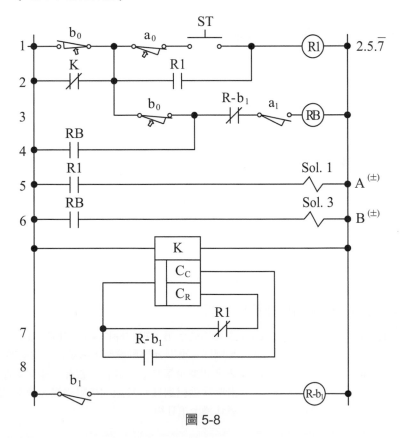

圖 5-8

2. 繪製氣壓迴路圖

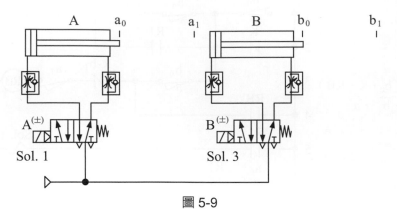

圖 5-9

　　把圖 5-7 或圖 5-8 和圖 5-9 結合起來，即可執行電氣－氣壓單穩態迴路 A、B 二支氣壓缸的反覆動作。

例題 5-2　$A^+〔B^+C^+B^-C^-〕nA^-B^+B^-$

壹、機械－氣壓迴路設計

(一) 分析研判動作類型

　　為 A、B、C 三支缸且 B、C 兩支缸具執行反覆複雜動作的計數迴路。

(二) 分組

$$A^+〔B^+C^+B^-C^-〕nA^-B^+B^-$$

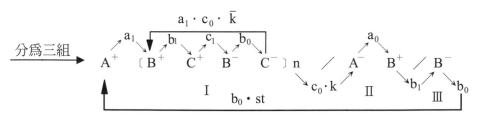

(三) 列出邏輯控制式 (僅適用於雙穩態迴路)

$e_I = III \cdot b_0 \cdot st$ 　　　　　　e_I：表要切換至第 I 組的條件；當在III組 B 缸退回後限碰觸 b_0 極限閥且壓下 st 啓動閥時，系統信號就切換至第 I 組。

$e_{II} = I \cdot c_0 \cdot K$ 　　　　　　e_{II}：表要切換至第 II 組的條件；當在 I 組有氣壓信號，計數器計數次數已到且 C 缸退回後限碰觸 c_0 極限閥時，系統信號就切換至第 II 組。

$e_{III} = II \cdot b_1$ e_{III}：表要切換至第III組的條件；當在第II組有氣壓信號，B缸前進至前限碰觸 b_1 極限閥時，系統信號就切換至第III組。

$A^+ = I$ A^+：表A缸前進的條件；在第I組有氣壓信號時A缸即前進。

$A^- = II$ A^-：表A缸後退的條件；在第II組有氣壓信號時A缸即後退。

$B^+ = I \cdot a_1 \cdot c_0 \cdot \overline{K} + II \cdot a_0$ B^+：表B缸前進的條件；在第I組有氣壓信號、a_0 極限閥被碰觸、計數器計數次數未到且B缸在後限碰觸 b_0 極限閥或在第II組A缸後退至後限碰觸 a_0 極限閥時，B缸即前進。

$B^- = I \cdot c_1 + III$ B^-：表B缸後退的條件；在第I組有氣壓信號，C缸前進至前限碰觸 c_1 極限閥或第III組有氣壓信號時，B缸即後退。

$C^+ = I \cdot b_1$ C^+：表C缸前進的條件；在第I組有氣壓信號，B缸前進至前限碰觸 b_1 極限閥時，C缸即前進。

$C^- = I \cdot b_0$ C^-：表C缸後退的條件；在第I組有氣壓信號，B缸後退至後限碰觸 b_0 極限閥時，C缸即後退。

$C_Z = c_1$ C_Z：表計數器計數的條件；當C缸前進至前限碰觸到 c_1 極限閥時，即計數一次。

$C_Y = II$ C_Y：表計數器復歸的條件；在第II組有氣壓信號時，計數器就被復歸。

(四) 繪製機械－氣壓迴路

1. 先繪製氣壓缸、主氣閥、組線及換組用回動閥、氣源供應部份，如圖 5-10。

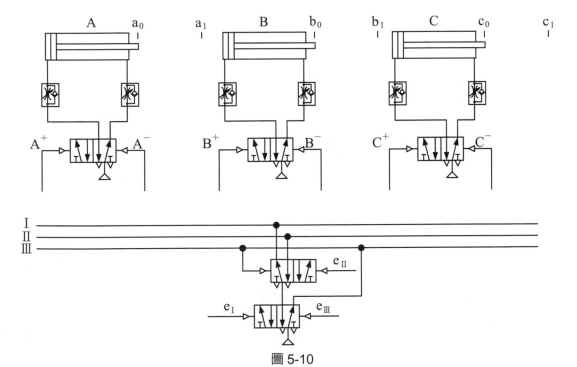

圖 5-10

2. 再把邏輯控制式的信號元件繪入並連接線路，如圖 5-11。

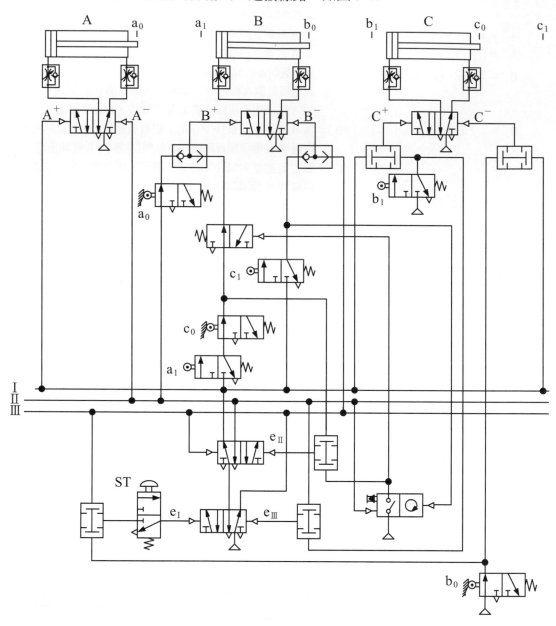

圖 5-11

以上圖 5-11 是 $A^+ \left(B^+ C^+ B^- C^- \right) n A^- B^+ B^-$ 計數迴路的機械－氣壓迴路圖。

貳、電氣－氣壓迴路設計

(一) 列出邏輯控制式 (可參考前面機械－氣壓迴路，適用於雙穩態迴路)

$$e_I = III \cdot b_0 \cdot st \qquad\qquad e_{II} = I \cdot k \cdot c_0$$

$$e_{III} = II \cdot b_0$$

$$A^+ = I \qquad\qquad\qquad\qquad A^- = II$$

$$B^+ = I \cdot a_1 \cdot c_0 \cdot \overline{K} + II \cdot a_0 \qquad B^- = I \cdot c_1 + III$$

$$C^+ = I \cdot b_0 \qquad\qquad\qquad C^- = I \cdot b_0$$

$$C_Z = c_1 \qquad\qquad\qquad\qquad C_Y = II$$

本題共分為三組，故分組用繼電器需使用兩個，而各繼電器的啟動、切斷時間分別為如下說明：

上列之 e_I、e_{II} 和 e_{III} 分別由 R1、R2 繼電器取代，規劃 R1 激磁的時間為 I ＋ II 組，R2 激磁的時間為 II 組，其邏輯控制式如下：

$$A^+ \lbrack B^+ C^+ B^- C^- \rbrack n / A^- B^+ / B^-$$

$$R2^{(\pm)} = (k \cdot c_0 + R2) \cdot R1$$

$$R1^{(\pm)} = (b_0 \cdot st + R1) \cdot (\overline{R2 \cdot b_1})$$

$$= (a_0 \cdot st + R1) \cdot (\overline{R2} + \overline{b_1})$$

因分組用繼電器如上圖方式規劃，各組通電的條件則分別如下：

I ＝ R1 · $\overline{R2}$ (第 I 組的信號)

II ＝ R2(第 II 組的信號)

III ＝ $\overline{R1}$ (第 III 組的信號)

各氣壓缸前進、後退的控制條件及計數器的計數、復歸條件如下說明：

$A^+ = R1 \cdot \overline{R2}$　　　　A^+：表 A 缸前進的條件；在第 I 組有電氣信號時，A 缸即前進。

$A^- = R2$　　　　　　　A^-：表 A 缸後退的條件；在第 II 組有電氣信號時，A 缸即後退。

$B^+ = R1 \cdot \overline{R2} \cdot a_1 \cdot \overline{K} \cdot c_0 + R2 \cdot a_0$　　B^+：表 B 缸前進的條件；在第 I 組有電氣信號，a_1、c_0 極限開關被碰觸且計數器計數次數未達或第 II 組有電氣信號 A 缸後退碰觸 a_0 極限開關時，B 缸即前進。

$B^- = c_1$　　　　　　　B^-：表 B 缸後退的條件；C 缸前進碰觸極 c_1 極限開關時，B 缸即後退。

$C^+ = R1 \cdot \overline{R2} \cdot b_1$　　　C^+：表 C 缸前進的條件；在第 I 組有電氣信號，B 缸前進碰觸 b_1 極限開關時，C 缸即前進。

$C^- = R1 \cdot \overline{R2} \cdot b_0$　　　C^-：表 C 缸後退的條件；在第 I 組有電氣信號，B 缸後退碰觸 b_0 極限開關時，C 缸即後退。

$$C_C = c_1$$

C_C：表計數器的計數條件；在第 I 組有電氣信號且 c_1 極限開關被碰觸時，計數器即計數一次。

$$C_R = R2$$

C_R：表計數器的復歸條件；在第 II 組有電氣信號時，計數器即復歸。

(二) 繪製電路圖和氣壓迴路圖

1.　先繪製控制電路圖

　　逐一把經公式轉換爲單穩態之邏輯控制式 (控制繼電器用) 及每個雙穩態邏輯控制式 (驅動氣壓缸用) 轉化爲電路圖，如圖 5-12。

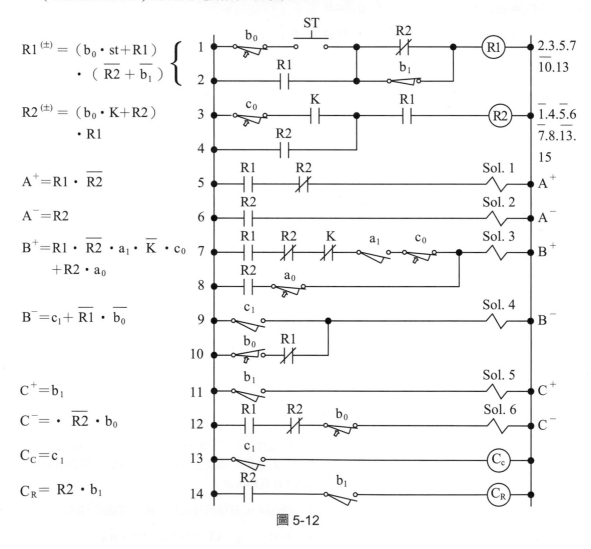

$$R1^{(\pm)} = (b_0 \cdot st + R1) \cdot (\overline{R2} + \overline{b_1})$$

$$R2^{(\pm)} = (b_0 \cdot K + R2) \cdot R1$$

$$A^+ = R1 \cdot \overline{R2}$$

$$A^- = R2$$

$$B^+ = R1 \cdot \overline{R2} \cdot a_1 \cdot \overline{K} \cdot c_0 + R2 \cdot a_0$$

$$B^- = c_1 + \overline{R1} \cdot \overline{b_0}$$

$$C^+ = b_1$$

$$C^- = \cdot \overline{R2} \cdot b_0$$

$$C_C = c_1$$

$$C_R = R2 \cdot b_1$$

圖 5-12

在圖 5-12 中 R1、R2 兩個繼電器的接點都超過，需加以合併，如圖 5-13(機械式計數器)。

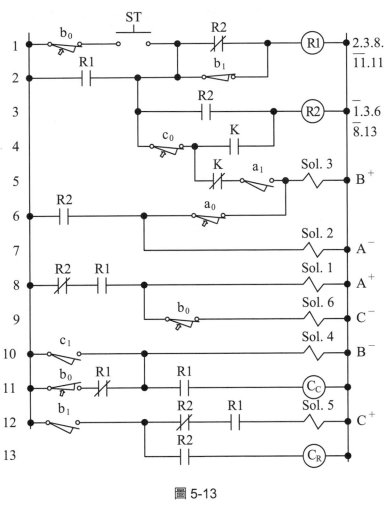

圖 5-13

但在圖 5-13 中之計數器是機械式的，若爲電子式的計數器其計數輸入 C_C 及復歸 C_R 均需乾接點；在第 11 線原機械式計數器計數輸入 C_C 處改接一個繼電器 R-c_1，再把 R-c_1 "a" 接點接到電子式的計數器之計數輸入 C_C 處，復歸點 C_R 用 R2 "a" 接點，如圖 5-14。

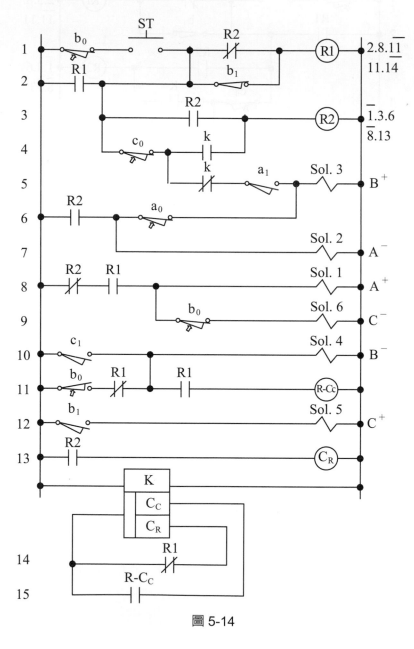

圖 5-14

2. 繪製氣壓迴路圖

氣壓迴路圖如圖 5-15，A、B、C 三支氣壓缸皆為雙穩態雙頭電磁閥。

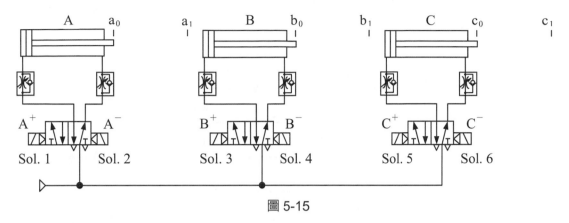

圖 5-15

把圖 5-13 或 5-14 和圖 5-15 結合起來，即可 $A^+〔B^+C^+B^-C^-〕nA^-B^+B^-$ 計數迴路動作。

參、電氣－氣壓單穩態迴路設計

(一) 判別需做自保迴路的氣壓缸

分組用繼電器及各組的控制條件和本題前面雙穩態電氣迴路皆相同，可參考前面。各氣壓缸前進、後退的邏輯控制式亦需要轉換為單穩態電磁閥可使用之邏輯控制式。而在轉換的過程中有一些要領可判別出某幾支氣壓缸需做自保迴路，有些就不用做。

不需做自保迴路的判斷原則如前面各節所述；本題原則上 A 缸改為單穩態電磁閥控制不需要做自保持迴路，但是 B、C 兩缸前進、後退的動作均列在同一組中，就需要各增加一個 RB、RC 自保用繼電器來處理，其控制式分別為：

$A^{(\pm)} = R1 \cdot \overline{R2}$ $A^{(\pm)}$：表 A 缸電磁閥的控制條件；在第 I 組有信號 A 缸即前進，進入第 II 組 A 缸就後退。

$RB^{(\pm)} = (c_0 \cdot \overline{k} + RB) \cdot \overline{c_1} \cdot a_1$ $RB^{(\pm)}$：表 B 缸自保用繼電器的控制條件；啟動條件在第 I 組 A 缸前進至前限碰觸 a_1 極限開關、計數次數未到且 C 缸碰觸後限 c_0，RC 繼電器就激磁。

$B^{(\pm)} = RB$ $B^{(\pm)}$：表 B 缸電磁閥的控制條件；在 RB 繼電器激磁時，B 缸前進；RB 繼電器消磁，B 缸即後退。

$RC^{(\pm)} = (b_1 + RC) \cdot \overline{b_0}$ $RC^{(\pm)}$：表 C 缸自保用繼電器的控制條件；啟動條件在 B 缸前進至前限碰觸 b_1 極限開關，RC 繼電器就激磁；當 B 缸後退至後限碰觸 b_0 極限開關就切斷 RC 繼電器的激磁狀態。

$C^{(\pm)} = RC$ $C^{(\pm)}$：表 C 缸電磁閥的控制條件；在 RC 繼電器激磁時，C 缸前進；RC 繼電器消磁，C 缸即後退

(二) 繪製電路圖及氣壓迴路圖

1. 先繪製控制電路圖

   逐一把經公式轉換爲單穩態之邏輯控制式 (控制繼電器用) 及每個單穩態邏輯控制式 (驅動氣壓缸用) 轉化爲電路圖 (機械式計數器)，如圖 5-16。

$$RB^{(\pm)} = (c_0 \cdot \bar{k} + RB) \cdot \bar{c_1} \cdot a_1$$

$$A^{(\pm)} = R1 \cdot \overline{R2}$$

$$RC^{(\pm)} = (b_1 + RC) \cdot R1 \cdot \overline{R2} \cdot \bar{b_0}$$

$$C^{(\pm)} = RC$$

$$B^{(\pm)} = RB$$

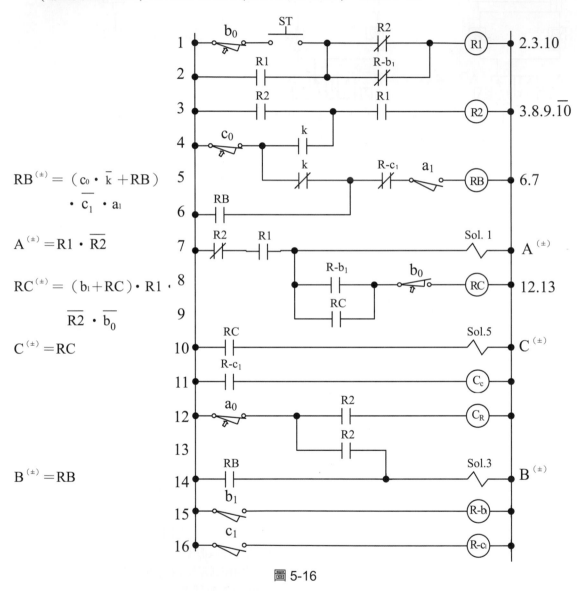

圖 5-16

若計數器為電子式須把計數器的計數輸入及復歸部分另外處理，其餘的皆相同，如圖 5-17。

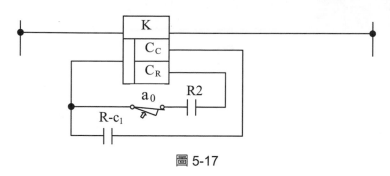

圖 5-17

2.　繪製氣壓迴路圖

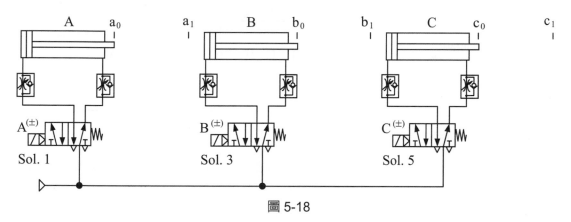

圖 5-18

把圖 5-16 和圖 5-18 結合起來，即可執行 $A^+ \left(B^+ C^+ B^- C^- \right) n A^- B^+ B^-$ 電氣－氣壓單穩態迴路 A、B、C 三支氣壓缸計數迴路的動作。

例題 5-3　$A^+ A^- \left(\begin{smallmatrix} B \\ C \end{smallmatrix}^+ T C^- B^-\right)_n A^+ A^-$

壹、機械－氣壓迴路設計

(一) 分析研判動作類型

為 A、B、C 三支缸且 B、C 兩支缸具反覆執行之複雜動作的計數迴路。

(二) 分組

$$A^+ A^- \left(\begin{smallmatrix} B \\ C \end{smallmatrix}^+ T C^- B^-\right)_n A^+ A^-$$

(三) 列出邏輯控制式 (僅適用於雙穩態迴路)

$e_I = IV \cdot a_0 \cdot st$　e_I：表要切換至第 I 組的條件；當在 IV 組 A 缸退回後限碰觸 a_0 極限閥且壓下 st 啟動閥時，系統信號就切換至第 I 組。

$e_{II} = I \cdot a_1$　e_{II}：表要切換至第 II 組的條件；當第 I 組有氣壓信號且 A 缸前進至第 I 組有氣壓信號且前限碰觸 a_1 極限閥時，系統信號就切換至第 II 組。

$e_{III} = II \cdot b_0 \cdot k$　e_{III}：表要切換至第 III 組的條件；當在 II 組計數器計數次數已到且 B 缸退回後限碰觸 b_0 極限閥時，系統信號就切換至第 III 組。

$e_{IV} = III \cdot a_1$　e_{IV}：表要切換至第 IV 組的條件；當第 III 組有氣壓信號且 A 缸前進至前限碰觸 a_1 極限閥時，系統信號就切換至第 IV 組。

$A^+ = I + III$　A^+：表 A 缸前進的條件；在第 I 或第 III 組有氣壓信號時，A 缸即前進。

$A^- = II + IV$　A^-：表 A 缸後退的條件；在第 II 或第 IV 組有氣壓信號時，A 缸即後退。

$\begin{smallmatrix} B \\ C \end{smallmatrix}^+ = II \cdot a_0 \cdot b_0 \cdot \bar{k}$　$\begin{smallmatrix} B \\ C \end{smallmatrix}^+$：表 B、C 兩缸前進的條件；在第 II 組有氣壓信號，a_0 極限閥被碰觸、計數器計數次數未到且 B 缸在後限碰觸 b_0 極限閥時，B、C 兩缸即前進。

$B^- = b_1 \cdot c_0$　B^-：表 B 缸後退的條件；在第 II 組有氣壓信號、B 缸前進至前限碰觸 b_1 極限閥、C 缸退至後限碰觸 c_0 極限閥時，B 缸即後退。

$C^- = t$　A^-：表 A 缸後退的條件；在第 II 組有氣壓信號且計時器計時已達時 C 缸即後退。

$$C_Z = b_1 \cdot c_1$$
C_Z：表計數器計數的條件；B、C 兩缸都前進至前限碰觸到 b_1 極限閥、c_1 極限閥時，即計數一次。

$$C_Y = \text{III}$$
C_Y：表計數器復歸的條件；在第III組有氣壓信號時，計數器就被復歸。

$$T_Z = b_1 \cdot c_1$$
T_Z：表延時閥計時的條件；B、C 兩缸都前進至前限碰觸到 b_1 極限閥、c_1 極限閥時，即延時閥開始計時。

(四) 繪製機械－氣壓迴路。

1. 先繪製氣壓缸、主氣閥、組線及換組用回動閥、氣源供應部份，如圖 5-19。

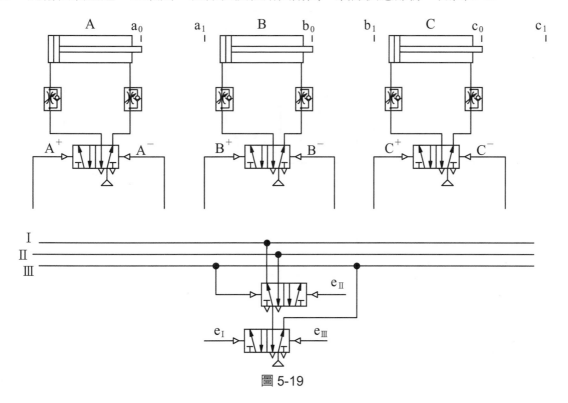

圖 5-19

2.　再把邏輯控制式的信號元件繪入並連接線路，如圖 5-20。

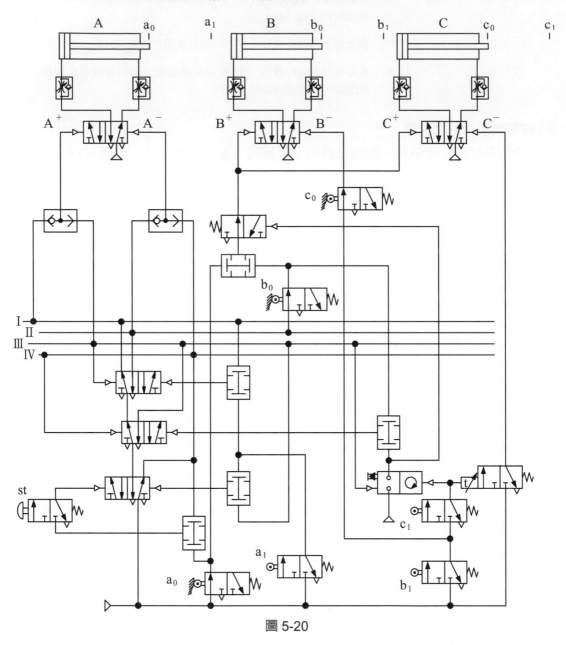

圖 5-20

以上圖 5-20 是 $A^+A^-〔B^+C^+TC^-B^-〕nA^+A^-$ 計數迴路的機械－氣壓迴路圖。

貳、電氣－氣壓迴路設計

(一) 列出邏輯控制式 (參考前面機械－氣壓迴路即可，適用於雙穩態迴路)

$$e_I = IV \cdot a_0 \cdot st \qquad\qquad e_{II} = I \cdot a_1$$

$$e_{III} = II \cdot b_0 \cdot k \qquad\qquad e_{IV} = III \cdot a_1$$

$$A^+ = I + III \qquad\qquad A^- = II + IV$$

$$\begin{matrix}B^+\\C^+\end{matrix} = II \cdot a_0 \cdot b_0 \cdot \bar{k} \qquad\qquad B^- = b_1 \cdot c_0$$

$$C^- = t \qquad\qquad C_Z = b_1 \cdot c_1$$

$$C_Y = III \qquad\qquad T_Z = b_1 \cdot c_1$$

本題共分為四組，故分組用繼電器需使用三個，而各繼電器的啟動、切斷時間分別為如下說明：上列之 e_I、e_{II}、e_{III} 和 e_{IV} 分別由 R1、R2、R3 繼電器取代，規劃 R1 激磁的時間為 I ＋ II ＋ III 組，R2 激磁的時間為 II ＋ III 組，R3 激磁的時間為III組，其邏輯控制式如下：

$$A^+\!/A^-\;\bigl[\begin{matrix}B^+\\C^+\end{matrix}\;T\;C^-\;B^-\bigr]\,n\,B^-\!/A^+\;/A^-$$

$$R3^{(\pm)} = (b_0 \cdot k + R3) - \cdot R2$$

$$R2^{(\pm)} = (a_1 + R2) \cdot R1$$

$$R1^{(\pm)} = (a_0 \cdot st + R1) \cdot (\overline{R3 \cdot a_1})$$

$$= (a_0 \cdot st + R1) \cdot (\overline{R3} + \overline{a_1})$$

因分組用繼電器如上圖方式規劃，各組通電的條件則分別如下：

I ＝ R1 · $\overline{R2}$ (第 I 組的信號)

II ＝ R2 · $\overline{R3}$ (第 II 組的信號)

III ＝ R3 (第III組的信號)

IV ＝ $\overline{R1}$ (第IV組的信號)

A$^+$ ＝ R1 · $\overline{R2}$ ＋ R3 　　　　A$^+$：表 A 缸前進的條件；在第 I 或第III組有電氣信號時，A 缸即前進。

A$^-$ ＝ R2 · $\overline{R3}$ ＋ $\overline{R1}$ 　　　　A$^-$：表 A 缸後退的條件；在第 II 或第IV組有電氣信號時，A 缸即後退。

$$\begin{matrix} B^+ \\ C^+ \end{matrix} = R2 \cdot \overline{R3} \cdot a_0 \cdot \overline{k} \cdot b_0$$

$\begin{matrix} B^+ \\ C^+ \end{matrix}$：表 B、C 缸前進的條件；在第 II 組有電氣信號，a_0、b_0 極限開關被碰觸且計數器計數次數未達時，B、C 缸即前進。

$$B^- = b_1 \cdot c_0$$

B^-：表 B 缸後退的條件；在第 II 組有電氣信號，B 缸前進碰觸 b_1 極限開關且 C 缸後退碰觸 c_0 極限開關時，B 缸即後退。

$$C^- = t$$

C^-：表 C 缸後退的條件；在第 II 組有電氣信號，計時器計時已到，C 缸即後退。

$$C_C = b_1 \cdot c_1$$

C_C：表計數器的計數條件；在第 II 組有電氣信號且 b_1、c_1 極限開關被碰觸時，計數器即計數一次。

$$C_R = R3$$

C_R：表計數器的復歸條件；在第 III 組有電氣信號時，計數器即復歸。

$$T = b_1 \cdot c_1$$

T：表計時器的計時條件；在第 II 組有電氣信號且 b_1、c_1 極限開關被碰觸時，計時器開始計時。

(二) 繪製電路圖和氣壓迴路圖

1. 先繪製控制電路圖

　　逐一把經公式轉換為單穩態之邏輯控制式 (控制繼電器用) 及每個雙穩態邏輯控制式 (驅動氣壓缸用) 轉化為電路圖，因迴路之複雜度較高，故逐一來處理，如圖 5-21 至圖 5-29。上列三個分組繼電器之邏輯控制式所轉化成的電路圖如圖 5-21。

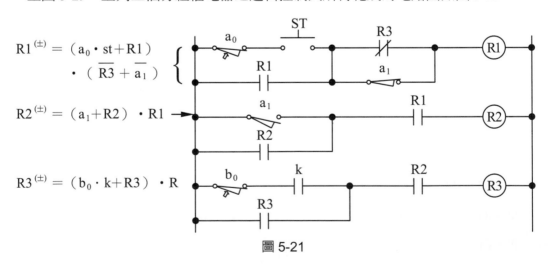

圖 5-21

其他各氣壓缸前進、後退的邏輯控制式及計數器的計數輸入、復歸等所轉化成的電路圖如圖 5-22 至 5-28。

$$A^+ = I + III = R1 \cdot \overline{R2} + R3 \begin{cases} \end{cases}$$

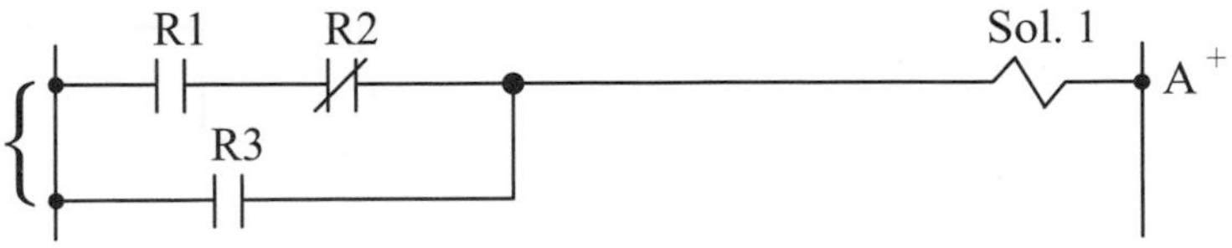

圖 5-22

$$A^- = II + IV = R2 \cdot \overline{R3} \\ + \overline{R1} \cdot \overline{a_0} \begin{cases} \end{cases}$$

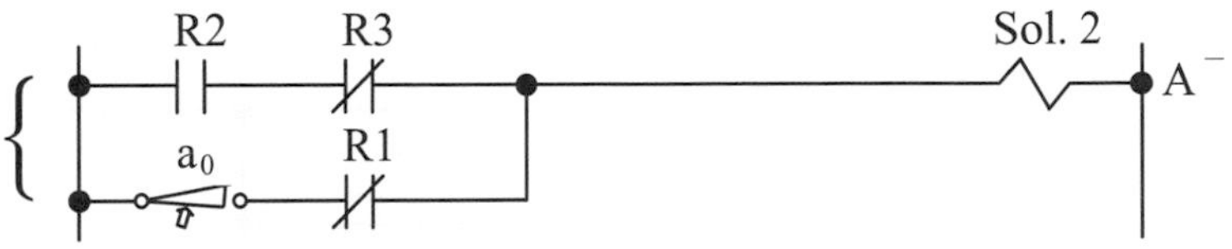

圖 5-23

$$\begin{matrix} B^+ \\ C^+ \end{matrix} = R2 \cdot \overline{R3} \cdot a_0 \cdot b_0 \cdot k$$

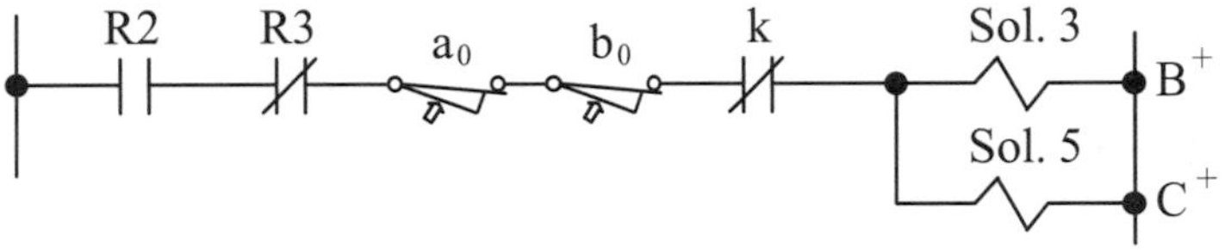

圖 5-24

$$B^- = b_1 \cdot c_0$$

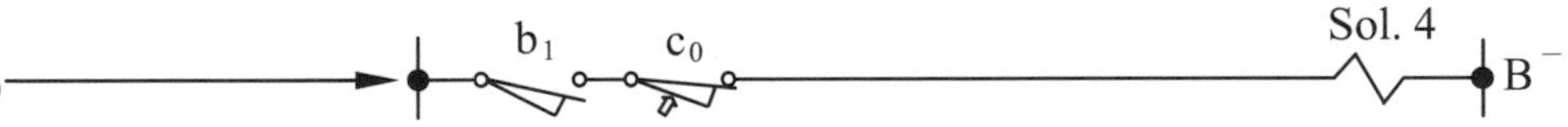

圖 5-25

$$C_Z = b_1 \cdot c_0$$

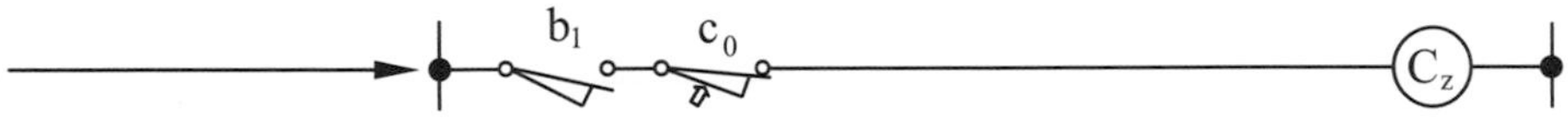

圖 5-26

$$C_Y = R3$$

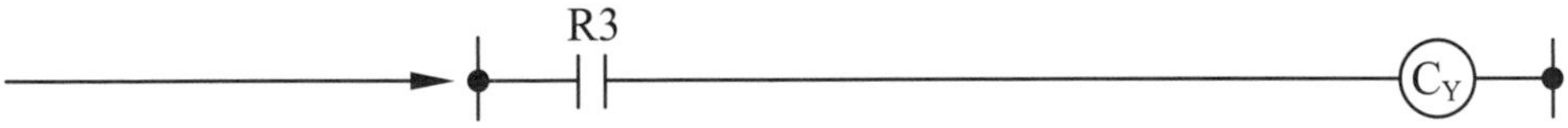

圖 5-27

$$T = b_1 \cdot c_0$$

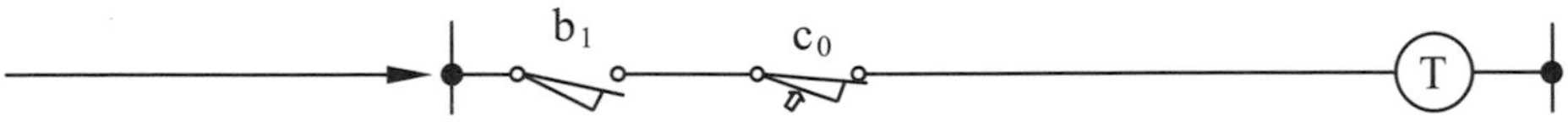

圖 5-28

接下來把圖 5-21 至圖 5-28 之各零散電路圖組合起來，如圖 5-29。

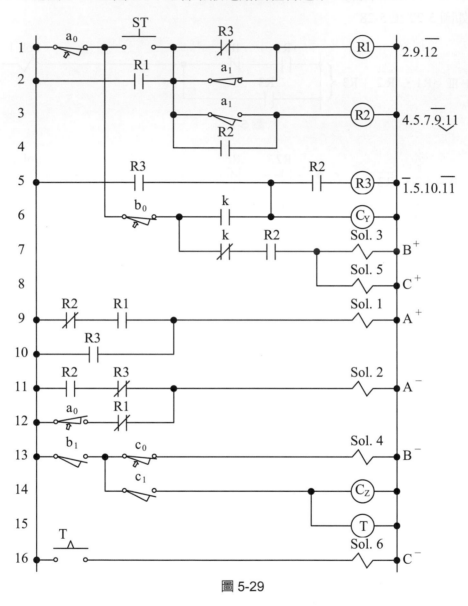

圖 5-29

在圖 5-29 中 b_0 極限開關之共同點，是從第 1 線 a_0 極限開關跨過多線到第 6 線來連接，在閱讀上有不便之處。另 R2、R3 的接點也超出容量，針對 R2 需把第 9、11 線的 "b"、"a" 接點合併成 "c" 接點；針對 R3 把原第 7 線的 $\overline{R3}$ 刪除，因 B 缸、C 缸在第III組沒有任何動作，刪除 $\overline{R3}$ 接點不影響，如此可將 R3 繼電器的接點數量減少至 4 "c" 接點以內，這樣才能順利接線，如圖 5-30。

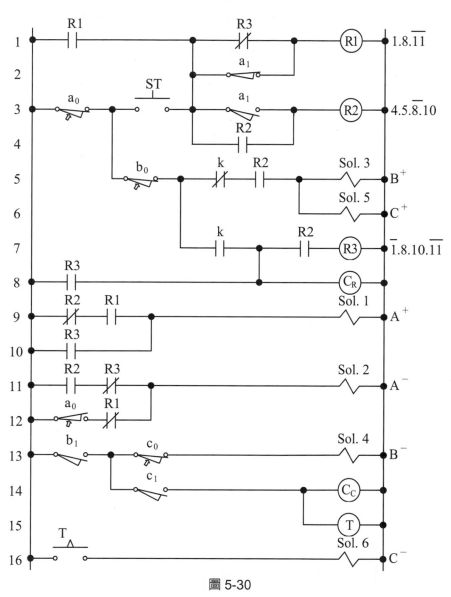

圖 5-30

但在圖 5-30 中之計數器是電磁式的，若爲電子式的計數器其計數輸入 C_C 及復歸 C_R 均需乾接點；在第 13 線原機械式計數器計數輸入 C_C 處改接一個繼電器 R-bc，再把 R-bc "a" 接點接到電子式的計數器之計數輸入 C_C 處，復歸點 C_R 用 R3 "a" 接點，如圖 5-31。

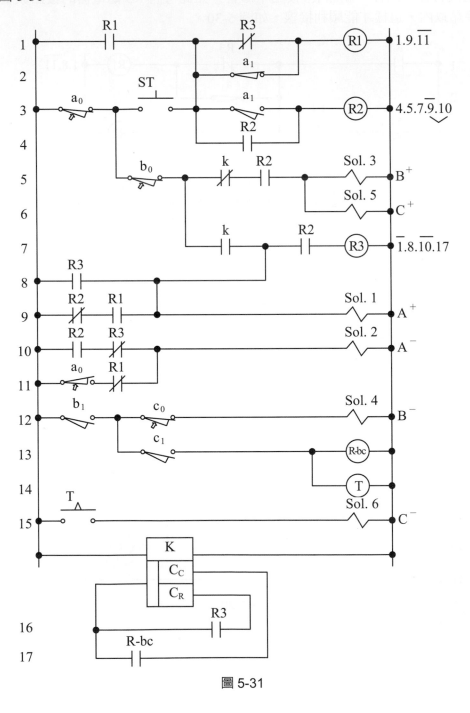

圖 5-31

2. 繪製氣壓迴路圖

氣壓迴路圖如圖 5-32，A、B、C 三支氣壓缸皆為雙穩態雙頭電磁閥。

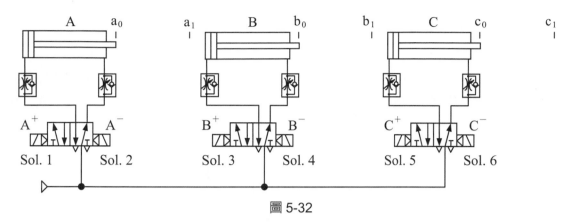

圖 5-32

把圖 5-30 或 5-31 和圖 5-32 結合起來，即可 $A^+ A^- \left[\begin{matrix} B^+ \\ C^+ \end{matrix} \; T C^- B^- \right]_n \cdot A^+ A^-$ 計數迴路動作。

參、電氣 − 氣壓單穩態迴路設計

(一) 判別需做自保迴路的氣壓缸

分組用繼電器及各組的控制條件和本題前面雙穩態電氣迴路皆相同，可參考前面。各氣壓缸前進、後退的邏輯控制式亦需要轉換為單穩態電磁閥可使用之邏輯控制式。而在轉換的過程中有一些要領可判別出某幾支氣壓缸需做自保迴路，有些就不用做。

不需做自保迴路的判斷原則如前面各節所述；本題原則上 A 缸改為單穩態電磁閥控制不需要做自保持迴路，但是 B、C 兩缸前進、後退的動作均列在同一組中，就需增加自保用繼電器來處理，原來需要增加兩個，但利用 c_0 極限開關可減少一個，僅使用一個繼電器 (RC) 即可，RC 繼電器及 A、B、C 缸的控制式分別為：

$A^{(\pm)} = R1 \cdot \overline{R2} + R3$ 　　　　$A^{(\pm)}$：表 A 缸電磁閥的控制條件；在第 I 或 III 組有信號 A 缸即前進，進入第 II 或 IV 組 A 缸就後退。

$B^{(\pm)} = RC + \overline{c_0}$ 　　　　$B^{(\pm)}$：表 B 缸電磁閥的控制條件；在 RC 繼電器激磁時，B 缸前進；RC 繼電器消磁且 C 缸即後退至後限碰觸 c_0，B 缸才後退。

$RC^{(\pm)} = (a_0 \cdot b_0 \cdot \overline{k} \cdot R2 + RC) \cdot \overline{t}$ 　　　　$RC^{(\pm)}$：表 C 缸自保用繼電器的控制條件；啟動條件在第 II 組 A 缸後退至後限碰觸 a_0、B 缸往復次數未到且碰觸後限 b_0，RC 繼電器就激磁；當 B、C 兩缸前進至前限碰觸 b_1、c_1 計時器開始計時，計時到達就切斷 RC 繼電器的激磁狀態。

$$C^{(\pm)} = RC$$

$C^{(\pm)}$：表 C 缸電磁閥的控制條件；在 RC 繼電器激磁時，
C 缸前進；RC 繼電器消磁，C 缸即後退

(二) 繪製電路圖及氣壓迴路圖

1. 先繪製控制電路圖

逐一把經公式轉換為單穩態之邏輯控制式 (控制繼電器用) 及每個單穩態邏輯控制式
(驅動氣壓缸用) 轉化為電路圖，如圖 5-33(機械式計數器)；若計數器為電子式，如
圖 5-34。

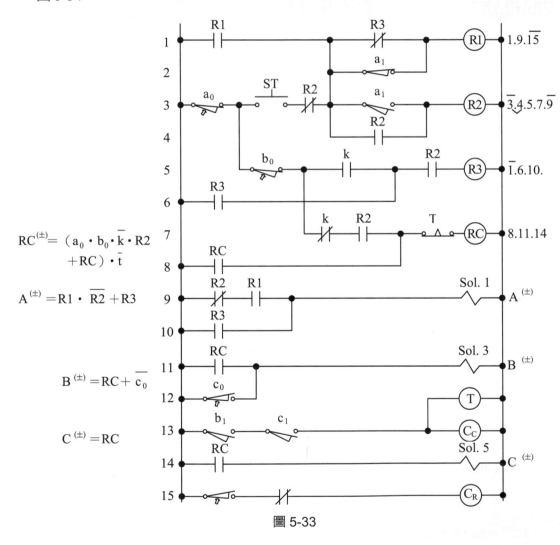

$$RC^{(\pm)} = (a_0 \cdot b_0 \cdot \overline{k} \cdot R2 + RC) \cdot \overline{t}$$

$$A^{(\pm)} = R1 \cdot \overline{R2} + R3$$

$$B^{(\pm)} = RC + \overline{c_0}$$

$$C^{(\pm)} = RC$$

圖 5-33

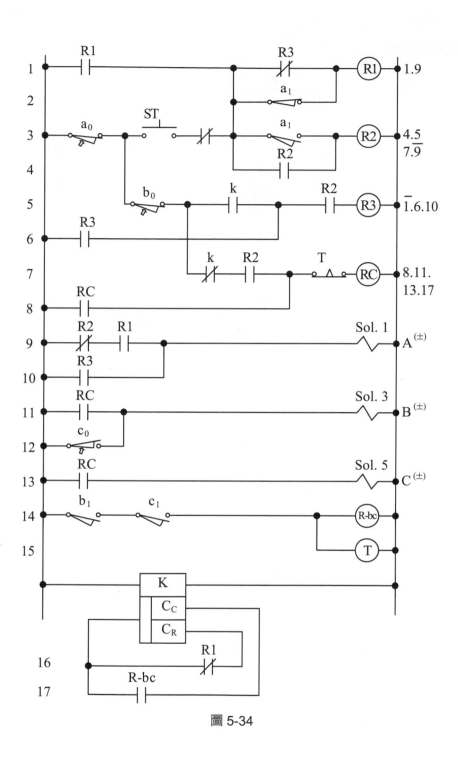

圖 5-34

2.　繪製氣壓迴路圖

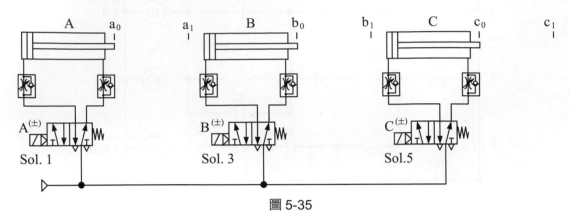

圖 5-35

把圖 5-33 或圖 5-34 和圖 5-35 結合起來，可執行 A^+A^-〔$\begin{matrix}B^+\\C^+\end{matrix}$ TC^-B^-〕nA^+A^-電氣－氣壓單穩態迴路 A、B、C 三支氣壓缸計數迴路的動作。

計數迴路綜合設計能力測驗

練習1 以前面各例題所介紹之方法，設計 A^+〔B^+B^-〕$nA^-B^+B^-$兩支氣壓缸反覆
計數動作之
(1) 機械－氣壓迴路。
(2) 電氣－氣壓雙穩態迴路。
(3) 電氣－氣壓單穩態迴路。

練習2 以前面各例題所介紹之方法，設計 A^+〔B^+B^-〕nC^+〔B^+B^-〕nC^-A^-三
支氣壓缸反覆計數動作之
(1) 機械－氣壓迴路。
(2) 電氣－氣壓雙穩態迴路。
(3) 電氣－氣壓單穩態迴路。

NOTE

6 快慢速、高低壓迴路

氣壓缸的移動速度，必須配合機械動作的實際需求來做適度的調整。有時候甚至對某支氣壓缸在做複雜動作時，要有快、慢不同速度需求，此時氣壓缸就需要在動力線路上裝置有快慢速的控制迴路，其迴路的裝置方式如圖 6-1。

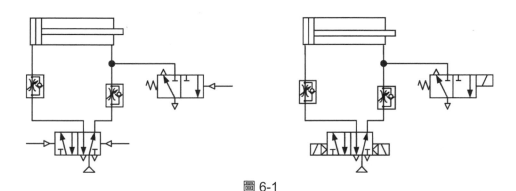

圖 6-1

在圖 6-1 中是以排氣節流控制 (meter-out) 的方式來控制氣壓缸的移動速度 (慢速)，當氣壓缸要變為快速移動時，在排氣側加裝一個旁通用之 3/2 常閉型直動式閥件，將排氣側的空氣快速排放至大氣，即可獲得氣壓缸快速移動的效果。而此處所裝置之 3/2 常閉型閥件需使用直接作動式，以避免作動不穩定。

除了有移動速度不同外，另有出力大小不同要求。在氣壓缸的出力是由動力線路的氣體壓力來控制，根據 F ＝ P×A 的公式，即可了解氣體壓力的高低是決定出力的大小。而壓力高低控制的方式則是在氣壓動力線路上裝置有高、低壓切換裝置迴路，如圖 6-2。

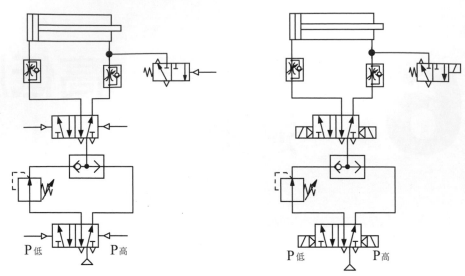

圖 6-2

現在選擇三個例題來說明快慢速及高低壓複雜動作迴路的設計要領：

（1）$\hat{A}^+B^+B^-A^-A^+A^-$ （2）$A^+B^+B^-C^+B^+B^-\begin{smallmatrix}A^-\\C^-\end{smallmatrix}$ （3）$A^+_{1/2}B^+TB^-A^-C^+A^{++}A^-C^-$

       └ 低壓　└ 高壓　 └ 慢速　 └ 快速
       　慢速　　快速

例題 6-1　$\hat{A}^+B^+B^-A^-A^+A^-$

（在 A^+ 上面有 "^" 記號者表示慢速）

壹、機械－氣壓迴路設計

（一）分析研判動作類型

  $\hat{A}^+B^+B^-A^-A^+A^-$ 為兩支氣壓缸具有快慢速之複雜動作迴路。

（二）分組

$$\hat{A}^+B^+B^-A^-A^+A^- \xrightarrow{\text{分為四組}}$$

$$\underset{\underset{\text{I}}{\underset{\searrow b_1}{}}}{\overset{\overset{}{\overset{a_1}{\nearrow}}}{A^+}}\ \underset{}{B^+}\Big/\underset{\underset{\text{II}}{\underset{\searrow a_0}{}}}{\overset{\overset{b_0}{\nearrow}}{B^-}}\ A^-\Big/\underset{\underset{\text{III}}{\underset{\searrow a_1}{}}}{A^+}\Big/\underset{\underset{\text{IV}}{\underset{\searrow a_0}{}}}{A^-}$$

$$a_0 \cdot st$$

(三) 列出邏輯方程式 (僅適用於雙穩態迴路)

$e_I = IV \cdot a_0 \cdot ST$　　　e_I：表要切換至第 I 組的條件；當在IV組有氣壓信號、A 缸退回後限碰觸 a_0 極限閥且壓下 ST 啓動閥時，系統信號就切換至第 I 組。

$e_{II} = b_1$　　　e_{II}：表要切換至第II組的條件；當 B 缸前進至前限碰觸 b_1 極限閥時，系統信號就切換至第II組。

$e_{III} = II \cdot a_0$　　　e_{III}：表要切換至第III組的條件；當在II組 A 缸退回後限碰觸 a_0 極限閥時，系統信號就切換至第III組。

$e_{IV} = III \cdot a_1$　　　e_{IV}：表要切換至第IV組的條件；當在第III組有氣壓信號且 A 缸前進至前限碰觸 a_1 極限閥時，系統信號就切換至第IV組。

$A^+ = I + III$　　　A^+：表 A 缸前進的條件；在第 I 或第III組有氣壓信號時，A 缸即前進。

$A^- = II \cdot b_0 + IV$　　　A^-：表 A 缸後退的條件；當在第II有氣壓信號且 B 缸退回後限碰觸 b_0 極限閥或第IV組有氣壓信號時，A 缸即後退。

$B^+ = I \cdot a_1$　　　B^+：表B缸前進的條件;在第 I 組有氣壓信號且A缸前進至前限 a_1 極限閥時，B 缸即前進。

$B^- = II$　　　B^-：表 B 缸後退的條件；在第II組有氣壓信號時，B 缸即後退。

$V^{(\pm)} = III$　　　V^+：表 A 缸快速前進的條件；在第III組有氣壓信號時，A 缸可快速前進。

(四) 繪製機械－氣壓迴路圖

1.　先繪製氣壓缸、主氣閥、組線及換組用回動閥、氣源供應部份，如圖 6-3

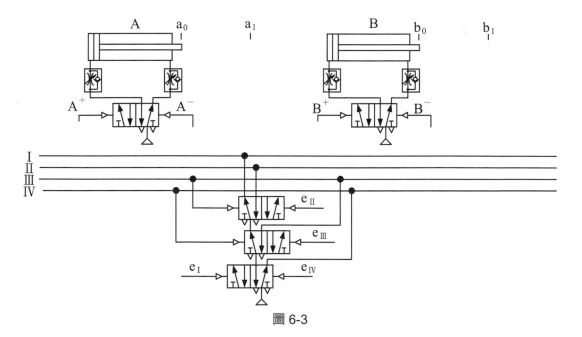

圖 6-3

2.　再把邏輯方程式的信號元件繪入並連接線路，如圖 6-4

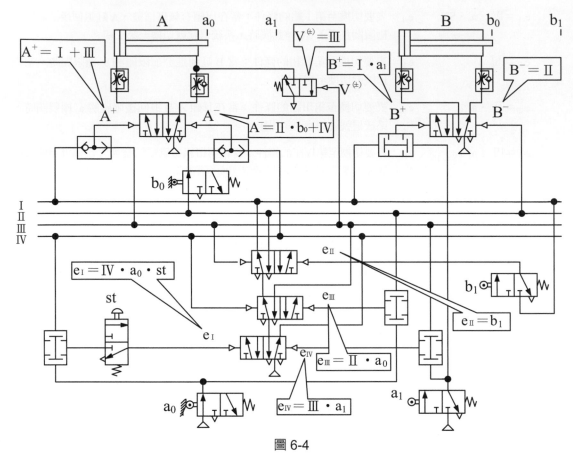

圖 6-4

上列之邏輯方程式中 a_0、a_1 都出現兩次，且每次所驅動的動作均不相同，因此有需要加以區分，一般的做法是串接該組的信號即可。

以上圖 6-4 是 $A^+B^+B^-A^-A^+A^-$ 兩支氣壓缸複雜動作又具快慢速的機械－氣壓迴路。

貳、電氣－氣壓迴路設計

(一) 列出邏輯方程式 (參考前面機械－氣壓迴路即可，適用於雙穩態迴路)

　　以上所列之邏輯方程式中 a_0、a_1 都出現兩次，且每次所驅動的動作均不相同，因此有需要加以區分，一般的做法是串接該組的信號即可。

　　本題共分為四組，故分組用繼電器需使用三個，而各繼電器的啟動、切斷時間分別為如下說明：上列之 e_I、e_{II}、e_{III} 和 e_{IV} 分別由 R1、R2、R3 繼電器取代，規劃 R1 激磁的時間為 I＋II＋III 組，R2 激磁的時間為 II＋III 組，R3 激磁的時間為III組。

$$A^+ B^+ / B^- A^- / A^+ / A^-$$

上列之 e_I、e_{II}、e_{III} 和 e_{IV} 分別由 R1、R2、R3 繼電器取代，其邏輯方程式如下：

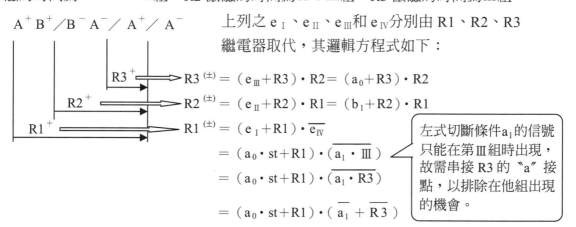

$$R3^{(\pm)} = (e_{III}+R3) \cdot R2 = (a_0+R3) \cdot R2$$

$$R2^{(\pm)} = (e_{II}+R2) \cdot R1 = (b_1+R2) \cdot R1$$

$$R1^{(\pm)} = (e_I+R1) \cdot \overline{e_{IV}}$$

$$= (a_0 \cdot st+R1) \cdot (\overline{a_1 \cdot III})$$

$$= (a_0 \cdot st+R1) \cdot (\overline{a_1 \cdot R3})$$

$$= (a_0 \cdot st+R1) \cdot (\overline{a_1} + \overline{R3})$$

> 左式切斷條件 a_1 的信號只能在第 III 組時出現，故需串接 R3 的〝a〞接點，以排除在他組出現的機會。

　　分組用繼電器如上圖方式規劃，各組通電條件及各氣壓缸的邏輯控制式則分別如下：

$$I = R1 \cdot \overline{R2} \quad (第 I 組的信號)$$

$$II = R2 \cdot \overline{R3} \quad (第 II 組的信號)$$

$$III = R3 \quad\quad (第 III 組的信號)$$

$$IV = \overline{R1} \quad\quad (第 IV 組的信號)$$

$$A^+ = R1 \cdot \overline{R2} + R3$$
A^+：表 A 缸前進的條件；在第 I 或III組有電氣信號時，A 缸即前進。

$$A^- = R2 \cdot \overline{R3} \cdot b_0 + \overline{R1} \cdot \overline{a_0}$$
A^-：表 A 缸後退的條件；在第 II 組有電氣信號且 B 缸後退至後限碰觸 b_0 極限開關或第IV有電氣信號時，A 缸即後退。

$$B^+ = R1 \cdot \overline{R2} \cdot a_1$$
B^+：表 B 缸前進的條件；在第 I 組有電氣信號且 A 缸前進至前限碰觸 a_1 極限開關時，B 缸即前進。

$$B^- = R2 \cdot \overline{R3}$$
B^-：表 B 缸後退的條件；在第 II 組有電氣信號時，B 缸即後退。

$$V^{(\pm)} = R3$$
$V^{(\pm)}$：表 A 缸快速前進的條件；在第III組有氣壓信號時，A 缸可快速前進。

(二) 繪製電路圖及氣壓迴路圖

1. 先繪製控制電路圖

逐一把經公式轉換為單穩態之邏輯方程式 (控制繼電器用) 及每個雙穩態邏輯控制式 (驅動氣壓缸用) 轉化為電路圖，如圖 6-5。

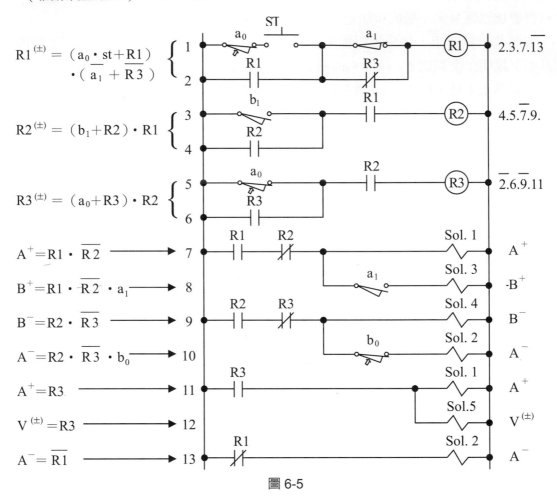

$$R1^{(\pm)} = (a_0 \cdot st + R1) \cdot (\overline{a_1} + \overline{R3})$$

$$R2^{(\pm)} = (b_1 + R2) \cdot R1$$

$$R3^{(\pm)} = (a_0 + R3) \cdot R2$$

$$A^+ = R1 \cdot \overline{R2}$$

$$B^+ = R1 \cdot \overline{R2} \cdot a_1$$

$$B^- = R2 \cdot \overline{R3}$$

$$A^- = R2 \cdot \overline{R3} \cdot b_0$$

$$A^+ = R3$$

$$V^{(\pm)} = R3$$

$$A^- = \overline{R1}$$

圖 6-5

但電路圖 6-5 實際配線時是無法接的，因 a_0、a_1、Sol.1、Sol.2 在該圖中皆使用兩次，所以電路圖必須修正，使 a_0、a_1、Sol.1、Sol.2 等元件在電路圖中僅使用一次時，才能實際配線。另外，亦會發現只要電源一接通，A^- 的電磁閥線圈馬上激磁 (機器尚未啟動)，這樣會使電磁閥的使用壽命縮短；此處可串接 a_0 的 "b" 接點將其現象排除，為能方便接線，電路需調整成一個 "c" 接點，如圖 6-6。

綜合以上各點修正之處，圖 6-6 電路圖合併調整的方法如下：

(1) a_0 極限開關：把第 1、5 線 "a" 接點往最左邊移動，另在第 13 線插入 "b" 接點以排除 A^- 的電磁閥線圈停機時激磁的問題，利用 "+" 這條線形成共同點，就可將 a_0 極限開關調整成一個 "c" 接點。因 "a" 接點使用兩次，為使共用同

一個 "a" 接點，需將第 5 線 "a" 接點往上移和第 1 線共用，而電路合併後未避免 R1 自保點影響 R3 激磁的時間，需互鎖 R2 的 "b" 接點將 R1 自保點的電阻擋住。

(2) a_1 極限開關：用 a_1 極限開關去驅動一個 R-a_1 繼電器，再將的 "a" 接點取代原 a_1 極限開關 "a" 接點的位置。

(3) R1 繼電器：在第 9 線加入 R1 "a" 接點，爲了避免 A 缸第 2 次後退時 B 缸後退線圈也跟著激磁；將第 9 和 10 線之 "a"、"b" 接點合成 "c" 接點。

(4) R2 繼電器：在第 2 線在加入一個 R2 "b" 接點，是在避免長時間按住啓動鈕 "st" 而使 R3 繼電器提早與 R2 繼電器同時間激磁；在第 8 線在加入一個 R2 "a" 接點，是在避免因 A 缸第 1 次前進時，速度控制之電磁閥線圈也激磁；可將第 2 和 3 線、第 6 和 8 線之 "b"、"a" 接點合成 "c" 接點。

(5) R3 繼電器：在第 7 線加入 R3 "b" 接點，是爲了避免因 A 缸第 2 次前進時，B 缸前進的線圈也跟著激磁。另把速度控制之電磁閥線圈上移至與 R3 繼電器的線圈並聯同步激磁，以獲得 A 缸第 2 次前進時之快速移動的效果；可將第 7 之 "a"、"b" 接點合成 "c" 接點。

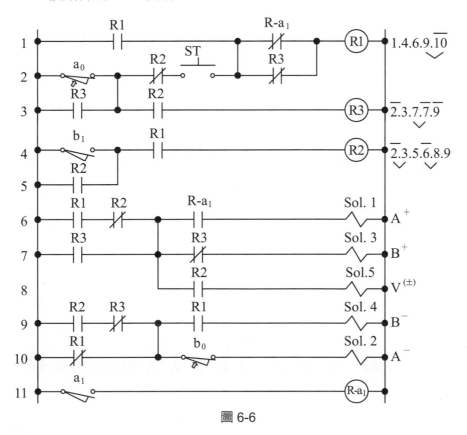

圖 6-6

　　另外亦可在 a_1 極限開關不追加繼電器的情況下，設計出控制電路圖，其方法如下說明：把第 1、8 線之"b"、"a"接點往最右邊移動，利用"－"這條線形成共同點，就可將 a_1 極限開關調整成一個"c"接點，如圖 6-7。

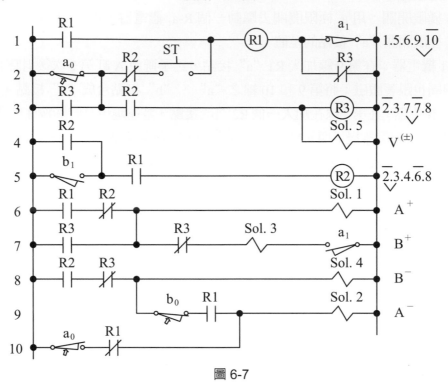

圖 6-7

2.　繪製氣壓迴路圖

　　氣壓迴路如圖 6-8，均為雙穩態雙頭電磁閥，而控制速度的為單雙態單頭電磁閥。

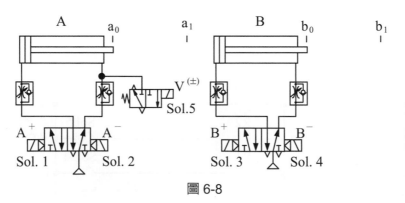

圖 6-8

把圖 6-7 圖 6-8 合起來，即可執行 $A^+B^+B^-A^-A^+A^-$ 雙穩態迴路的動作。

參、電氣－氣壓單穩態迴路設計

(一) 判別需做自保迴路的氣壓缸

　　分組用繼電器及各組的控制條件和本題前面雙穩態電氣迴路皆相同，參考前面即可。而各氣壓缸前進、後退的邏輯方程式需要轉換為單穩態電磁閥可適用之邏輯方程式。而在轉換的過程中有一些要領可判別出某幾支氣壓缸需做自保迴路，有些就不用做。

　　判斷雙穩態迴路改換為單穩態迴路且不需做自保迴路的原則，如下所述：

1. 當驅動氣壓缸第一個動作的訊號產生後，訊號需繼續保留住，直到氣壓缸要執行第二個反向動作時或以後才能中斷。
2. 且氣壓缸第二個反向動作在分組時，必須列為該組的第一個動作。

　　以前述兩個原則來判別 A、B 兩支缸，原則上 B 缸符合上述兩原則，不用做自保迴路；而 A 缸第一次前進、後退的動作雖符合上述 (一) 之原則、但不符 (二) 之原則，需追加一個 RA 繼電器作為 A 缸自保迴路之用，則其控制式為：

$$RA^{(\pm)} = (R1 + RA) \cdot (\overline{R2 \cdot b_0})$$
$$= (R1 + RA) \cdot (\overline{R2} + \overline{b_0})$$

$RA^{(\pm)}$：表 A 缸自保用繼電器的控制條件；啟動條件僅使用 R1，是因 $R2 \cdot b_0$ 之條件在第 II 組 B 缸後退至後限信號就一直存在，故不須再串 $\overline{R2}$。

$$A^{(\pm)} = RA + R3$$

$A^{(\pm)}$：表 A 缸電磁閥的控制條件；在第 I 組有信號 RA 繼電器激磁 A 缸第一次前進，進入第 II 組且 B 缸後退至後限碰觸 b_0 極限開關時，A 缸第一次後退；在第 III 組 A 缸第二次前進，進入第 IV 組 A 缸就第二次後退。

$$B^{(\pm)} = R1 \cdot \overline{R2} \cdot a_1$$

$B^{(\pm)}$：表 B 缸電磁閥的控制條件；在第 I 組有信號且 A 缸前進至前限碰觸 a_1 極限開關時，B 缸前進；進入第 II 組即 B 缸後退。

(二) 繪製電路圖及氣壓迴路圖

1. 先繪製控制電路圖

　　逐一把經公式轉換為單穩態之邏輯控制式 (控制繼電器用) 及每個單穩態邏輯控制式 (驅動氣壓缸用) 轉化為電路圖，如圖 6-9。

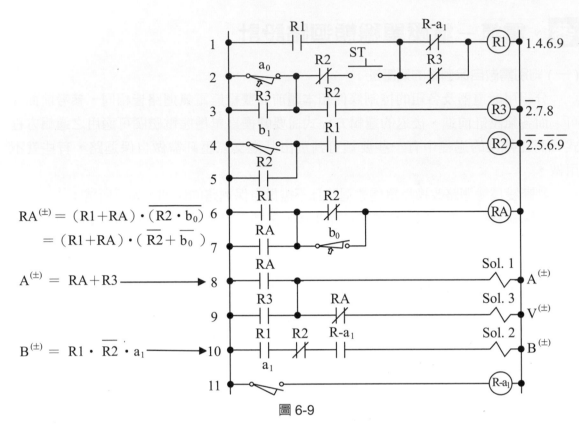

圖 6-9

$$RA^{(\pm)} = (R1+RA) \cdot \overline{(R2 \cdot b_0)}$$
$$= (R1+RA) \cdot (\overline{R2} + \overline{b_0})$$

$$A^{(\pm)} = RA + R3$$

$$B^{(\pm)} = R1 \cdot \overline{R2} \cdot a_1$$

　　另外針對 A 缸單穩態閥之控制，亦可不使用自保繼電器的方式來處理，a_1 極限開關
也不在驅動一個 R-a_1 繼電器，其方法如下，如圖 6-10：

$$A^{(\pm)} = R1 \cdot (\overline{R2} + \overline{b_0}) + R3$$

$A^{(\pm)}$：表 A 缸電磁閥的控制條件；在第 I 組有信號 RA 繼電器激
磁 A 缸第一次前進，進入第 II 組且 B 缸後退至後限碰觸 b_0
極限開關時，A 缸第一次後退；在第III組 A 缸第二次前進，
進入第IV組 A 缸第二次後退。因 R1 的信號已長過 A 缸第一
次前進、後退的動作所需的時間，多餘的信號再用 R2 · b_0
切斷即可，可少用一個繼電器。

$$B^{(\pm)} = R1 \cdot \overline{R2} \cdot a_1$$

$B^{(\pm)}$：表 B 缸電磁閥的控制條件；在第 I 組有信號且 A 缸前進至
前限碰觸 a_1 極限開關時，B 缸前進；進入第 II 組即 B 缸後退。

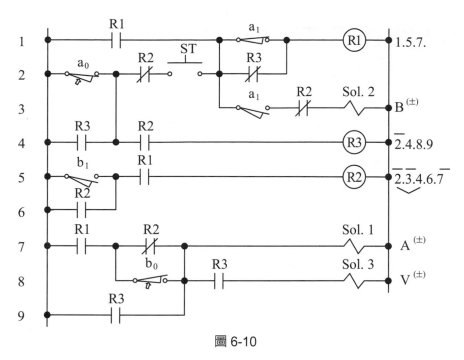

圖 6-10

圖 6-10 中第 8 線多串接一個 R3 接點是在避免因 A 缸第一次前進時，速度控制的電磁閥也會激磁之用。

2. 繪製氣壓迴路圖

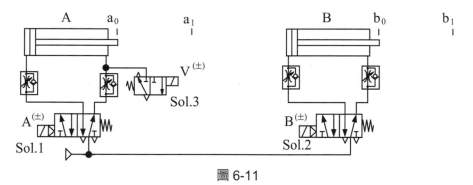

圖 6-11

把圖 6-10 和圖 6-11 結合起來，即可執行電氣－氣壓單穩態迴路 $\hat{A}^+B^+B^-A^-A^+A^-$ 的動作。

例題 6-2

$$A^+ \ B^+ \ B^- \ C^+ \ B^+ \ B^- \ {}^A_C{}^-$$
　　　└ 低壓　　└ 高壓
　　　　慢速　　　快速

壹、機械－氣壓迴路設計

(一) 分析研判動作類型

　　由動作順序中可得之，其中 B 缸有兩次前進、後退的動作，且第一次前進是以低壓慢速方式，第二次是以高壓快速方式，很明顯的這個迴路為三支氣壓缸含快慢速、高低壓的複雜動作迴路，其迴路設計要領，除了複雜動作迴路之設計方式外，尚需再加上圖 6-1、3-2 迴路來完成之。

(二) 分組

(三) 列出邏輯方程式：(適用於雙穩態迴路)

$e_I = a_0 \cdot c_0 \cdot st$　　　　e_I：表要切換至第 I 組的條件；當 A、C 缸後退至後限分別碰觸 a_0、c_0 極限閥且按下啟動紐 st 時，系統就切換至第 I 組。

$e_{II} = I \cdot b_1$　　　　e_{II}：表要切換至第 II 組的條件；當 I 組有信號且 B 缸前進至前限碰觸 b_1 極限閥時，系統就切換至第 II 組。

$e_{III} = c_1$　　　　e_{III}：表要切換至第 III 組的條件；當 C 缸前進至前限碰觸 c_1 極限閥時，系統就切換至第 III 組。

$e_{IV} = III \cdot b_1$　　　　e_{IV}：表要切換至第 IV 組的條件；當 III 組有信號且 B 缸前進至前限碰觸 b_1 極限閥時，系統就切換至第 IV 組。

$A^+ = I$　　　　A^+：表 A 缸前進的條件；在第 I 組有氣壓信號時，A 缸就會前進。

${}^A_C{}^- = IV \cdot b_0$　　　${}^A_C{}^-$：表 A、C 兩缸後退的條件；在第 IV 組有氣壓信號且 B 缸後退至後限碰觸 b_0 極限閥時，A、C 兩缸就會後退。

$B^+ = I \cdot a_1 + III$　　B^+：表 B 缸前進的條件；在第 I 組有信號且 A 缸前進至前限碰觸 a_1 極限閥或第 III 組有氣壓信號時，B 缸就會前進。

$B^- = II + IV$　　　B^-：表 B 缸後退的條件；在第 II 或 IV 組有信號時，B 缸就會後退。

$C^+ = II \cdot b_0$　　　C^+：表 C 缸前進的條件；在第 II 組有氣壓信號且 B 缸後退至後限碰觸 b_0 極限閥時，C 缸就會前進。

$P_低 = I$　　　　　$P_低$：表供應較低壓力氣源的條件；在第 I 組有氣壓信號時，氣源壓力較低。

$P_高 = II$　　　　$P_高$：表供應較高壓力氣源的條件；在第 II 組有氣壓信號時，氣源恢復正常壓力。

$V_快 = III$　　　　$V_快$：表使氣壓缸移動速度變快的控制條件；在第 III 組有氣壓信號時，A 缸的移動速度變快。

(四) 繪製機械－氣壓迴路圖

1. 先繪製氣壓缸、主氣閥、組線及換組用回動閥、氣源供應部份，如圖 6-12。

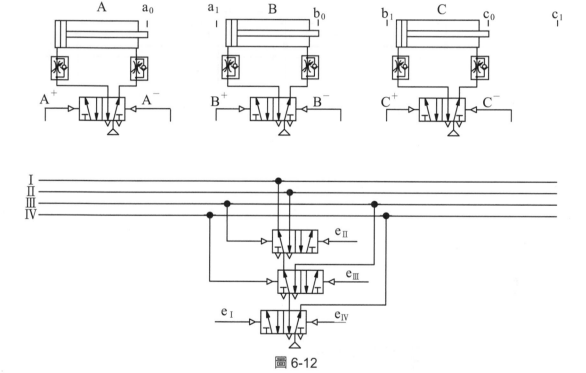

圖 6-12

2. 再把邏輯方程式的信號元件繪入並連接線路，如圖 6-13。

以上所列之邏輯方程式中 a_0、a_1 都出現兩次，且每次所驅動的動作均不相同，因此有需要加以區分，一般的做法是串接該組的信號即可。

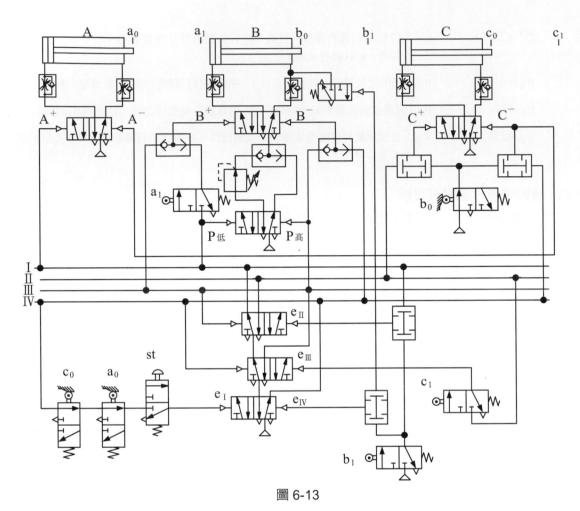

圖 6-13

以上圖 6-13 即是 $A^+B^+B^-C^+B^+B^-A^-C^-$ 三支氣壓缸複雜動作又具高低壓、快慢速的機械－氣壓迴路。

貳、電氣－氣壓迴路設計

(一) 列出邏輯方程式 (可參考前面機械－氣壓迴路，適用於雙穩態迴路)

　　以上所列之邏輯方程式中 b_0、b_1 都出現兩次，而每次所驅動的動作均不相同，因此需要加以區分，一般的做法是串接該組的信號即可。

　　本題共分為四組，故分組用繼電器需使用三個，而各繼電器的啓動、切斷時間分別為如下說明：上列之 e_I、e_{II}、e_{III} 和 e_{IV} 分別由 R1、R2、R3 繼電器取代，規劃 R1 激磁的時間為 I ＋ II ＋III組，R2 激磁的時間為 II ＋III組，R3 激磁的時間為III組。

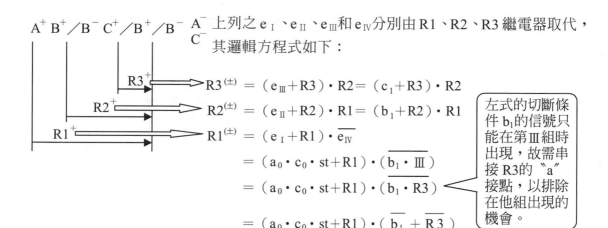

上列之 e_I、e_{II}、e_{III} 和 e_{IV} 分別由 R1、R2、R3 繼電器取代，其邏輯方程式如下：

$$R3^{(\pm)} = (e_{III}+R3)\cdot R2 = (c_1+R3)\cdot R2$$

$$R2^{(\pm)} = (e_{II}+R2)\cdot R1 = (b_1+R2)\cdot R1$$

$$R1^{(\pm)} = (e_I+R1)\cdot \overline{e_{IV}}$$

$$= (a_0\cdot c_0\cdot st+R1)\cdot \overline{(b_1\cdot III)}$$

$$= (a_0\cdot c_0\cdot st+R1)\cdot \overline{(b_1\cdot R3)}$$

$$= (a_0\cdot c_0\cdot st+R1)\cdot (\overline{b_1}+\overline{R3})$$

> 左式的切斷條件 b_1 的信號只能在第 III 組時出現，故需串接 R3 的〝a〞接點，以排除在他組出現的機會。

因分組用繼電器如上圖方式規劃，各組通電的條件則分別如下：

$I = R1\cdot \overline{R2}$ （第 I 組的信號）

$II = R2\cdot \overline{R3}$ （第 II 組的信號）

$III = R3$ （第 III 組的信號）

$IV = \overline{R1}$ （第 IV 組的信號）

$A^+ = R1\cdot \overline{R2}$　　A^+：表 A 缸前進的條件；在第 I 有信號時，A 缸即前進。

$\dfrac{A^-}{C^-} = IV\cdot b_0 = \overline{R1}\cdot b_0$　　$\dfrac{A^-}{C^-}$：表 A 缸、C 缸後退的條件；在第 IV 組有信號且 b_0 極限開關被 B 缸碰觸時，A 缸即後退。

$B^+ = I\cdot a_1 + III = R1\cdot \overline{R2}\cdot a_1 + R3$　　B^+：表 B 缸前進的條件；在第 I 組有信號且 a_1 極限開關被 A 缸碰觸或第 III 組有信號時，B 缸即前進。

$B^- = II + IV = R2\cdot \overline{R3} + \overline{R1}$　　B^-：表 B 缸後退的條件；在第 II 或 IV 組有信號時，B 缸即後退。

$C^+ = II\cdot b_0 = R2\cdot \overline{R3}\cdot b_0$　　C^+：表 C 缸前進的條件；在第 IV 組有信號且 b_0 極限開關被 B 缸碰觸時，C 缸即前進。

$P_{低} = I = R1\cdot \overline{R2}$　　$P_{低}$：表供應較低壓力氣源的條件；在第 I 組有信號時，氣源壓力較低。

$P_{高} = II = R2\cdot \overline{R3}$　　$P_{高}$：表供應較高壓力氣源的條件；在第 II 組有信號時，氣源恢復正常壓力。

$V_{快} = III = R3$　　$V_{快}$：表使氣壓缸移動速度變快的控制條件；在第 III 組有信號時，A 缸的移動速度變快。

逐一把經公式轉換爲單穩態之邏輯控制式 (控制繼電器用) 及每個雙穩態邏輯控制式 (驅動氣壓缸用) 轉化爲電路圖，如圖 6-14。

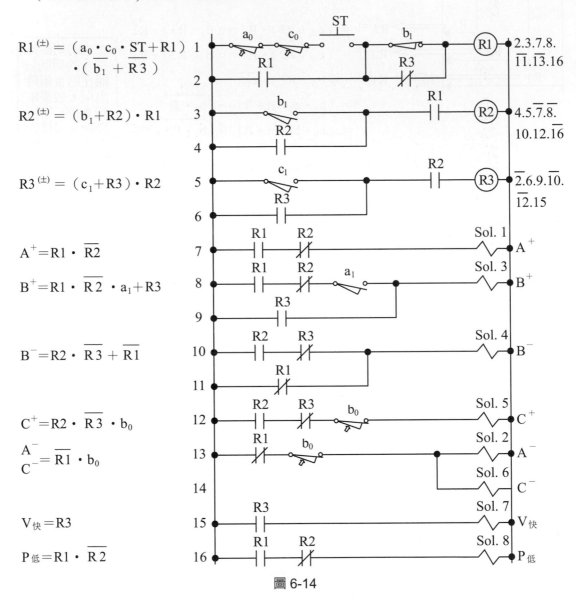

$$R1^{(\pm)} = (a_0 \cdot c_0 \cdot ST + R1) \cdot (\overline{b_1} + \overline{R3})$$

$$R2^{(\pm)} = (b_1 + R2) \cdot R1$$

$$R3^{(\pm)} = (c_1 + R3) \cdot R2$$

$$A^+ = R1 \cdot \overline{R2}$$

$$B^+ = R1 \cdot \overline{R2} \cdot a_1 + R3$$

$$B^- = R2 \cdot \overline{R3} + \overline{R1}$$

$$C^+ = R2 \cdot \overline{R3} \cdot b_0$$

$$A^- = \overline{R1} \cdot b_0$$
$$C^-$$

$$V_{快} = R3$$

$$P_{低} = R1 \cdot \overline{R2}$$

圖 6-14

　　但電路圖 6-14 要實際配線時是無法接的，因 b_1、R1、R2、R3 在該圖中使用次數皆已超出該元件的接點數量，所以電路圖必須再修正才能實際配線。另外，亦會發現只要電源一接通，A^+、C^- 的電磁閥線圈馬上激磁 (機器尚未啟動)，這樣會使電磁閥的使用壽命縮短；此處可串接 a_0 的 "b" 接點將其現象排除，針對以上問題將電路修改，在電路中為了能方便接線，電路中每個繼電器需調整成四個 "c" 接點以內，如圖 6-15。

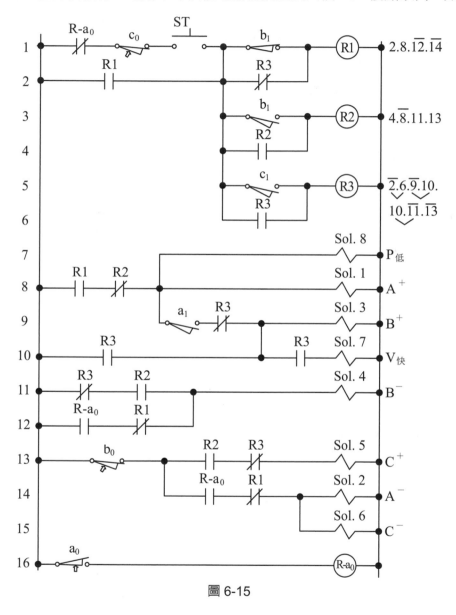

圖 6-15

在圖 6-15 中針對 a_0、b_1、R1、R2、R3 在圖 6-14 中使用次數皆已超出該元件的接點數量之問題加以解決，其做法如下：

1. a_0 極限開關：在第 12、14 線原來應該插入 a_0 極限開關 "b" 接點，以排除 B⁻、A⁻、C⁻ 三個電磁閥線圈停機激磁的問題，但因使用點數已超出，故須多加一個 R-a_0 繼電器以擴大點數符合需求；然而 a_0 極限開關停機時也被 A 缸壓住，改以 "b" 接點驅動 R-a_0 繼電器，原來使用 a_0 極限開關 "b" 接點的用 R-a_0 繼電器 "a" 接點取代，使用 a_0 極限開關 "a" 接點的用 R-a_0 繼電器 "b" 接點取代。

2. b_1 極限開關：將第 3 線 b_1 極限開關 "a" 接點右移，和第 1 線 b_1 極限開關 "b" 接點合成 "c" 接點。也可共用 R1 自保 "a" 接點作爲 R2 繼電器。

3. R1 繼電器：原第 3 線 R1 "a" 接點在 b_1 極限開關 "a" 接點右移後，可和 R1 自保 "a" 接點共用，省下 1 點；另將第 7、8、16 線的 R1 "a" 接點合併成第 8 線，省下 2 點，R1 繼電器使用點在 4 "c" 接點以內。

4. R2 繼電器：原第 5 線在 R3 繼電器的切斷條件爲 R2 "a" 接點，在考慮 R3 繼電器的啓動條件 c_1 至第 II 組才被碰觸，所以可以把 R3 繼電器的切斷條件改爲 R1 "a" 接點並和 R1 自保 "a" 接點共用；R2 "b" 接點就隨著 R1 "a" 接點調整合併，使 R2 繼電器使用點在 4 "c" 接點以內。

5. R3 繼電器：
   (1) 在第 9 線加入 R3 "b" 接點，是爲了避免 B 缸第 2 次前進時，A 缸前進的線圈及控制氣源之電磁閥線圈 Sol.8 也跟著激磁。
   (2) 在第 10 線後面加入 R3 "a" 接點，是避免 B 缸第 1 次前進時，控制速度的電磁閥線圈 Sol.7 也跟著激磁。及控制氣源之電磁閥線圈 Sol.8 也跟著激磁。
   (3) 配線時可將第 2 線之 "b" 與第 6 線 "a" 接點合成 "c" 接點；將第 9 線之 "b" 與第 10 線後面 "a" 接點合成 "c" 接點；將第 10 線之 "a" 與第 11 線後面 "b" 接點合成 "c" 接點，R3 繼電器使用點數在 4 "c" 接點以內。

另外一種電路設計是在 a_0 極限開關不帶繼電器的情況下來設計，如圖 6-16。

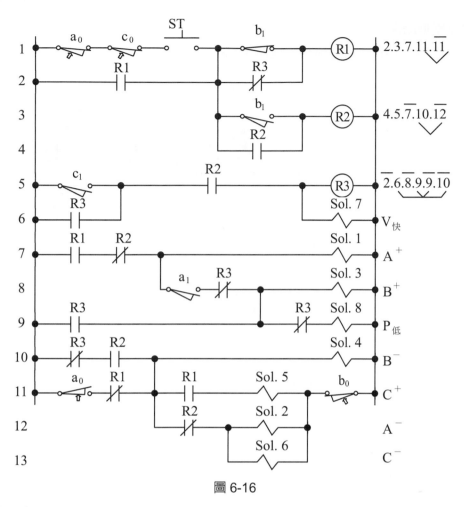

圖 6-16

　　以上圖 6-16 的電路圖中每個分組繼電器僅使用一個就夠，b_1 極限開關也不必使用繼電器擴大點數。其調整方法為：

(1)　將第 1.2 線前、後半段的電路互相對調，再把第 3.4 線前、後半段的電路互相對調，如此 b_1 極限開關 "b" 接點和 "a" 接點即可合併成 "c" 接點。

(2)　在第 8.9 線插入 R3 "b" 接點是避免 A^+、$P_{低}$ 兩個電磁閥進入第III組時二度激磁。

(3)　在第 11.12 分別插入 R1 "a" 接點、R2 "b" 接點以避免 C^+ 及 A^-、C^- 不當激磁。

2. 繪製氣壓迴路圖

　　氣壓迴路如圖 6-17，均爲雙穩態雙頭電磁閥。

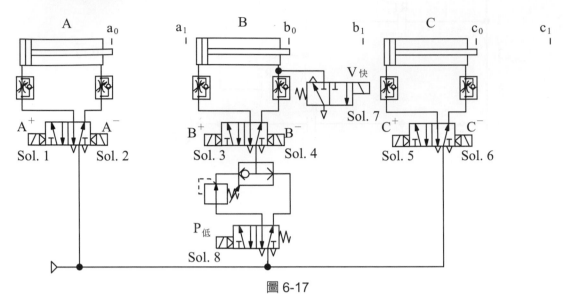

圖 6-17

　　把圖 6-16 和圖 6-17 結合起來，即可執行 $A^+B^+B^-C^+B^+B^-\genfrac{}{}{0pt}{}{A^-}{C^-}$ 雙穩態迴路的動作。

$$\begin{matrix} \downarrow & & \downarrow \\ 低壓 & & 低壓 \\ 慢速 & & 慢速 \end{matrix}$$

參、電氣－氣壓單穩態迴路設計

(一) 判別需做自保迴路的氣壓缸

　　分組用繼電器及各組的控制條件和本題前面雙穩態電氣迴路皆相同，參考前面即可。而各氣壓缸前進、後退的邏輯方程式需要轉換爲單穩態電磁閥可適用之邏輯方程式。而在轉換的過程中有一些要領可判別出某幾支氣壓缸需做自保迴路，有些就不用做。

　　判斷雙穩態迴路改換爲單穩態迴路且不需做自保迴路的原則，如下所述：

1. 當驅動氣壓缸第一個動作的訊號產生後，訊號需繼續保留住，直到氣壓缸要執行第二個反向動作時或以後才能中斷。

2. 且氣壓缸第二個反向動作在分組時，必須列爲該組的第一個動作。

　　以前述兩個原則來判別 A、B、C 三支缸，原則上 B 缸符合上述兩原則，不用做自保迴路；但 A、C 兩支缸就不符上述兩個原則，原來需追加兩個繼電器作爲 A、C 兩支缸自保迴路繼電器之用，但因 A、C 兩支缸在最後一個動作是同時動作的，故可僅增加一個繼電器 (RC) 即可，則其控制式爲：

$$RC^{(\pm)} = (R2 \cdot b_0 + RC) \cdot (\overline{R2} \cdot b_0)$$
$$= (R2 \cdot b_0 + RC)(R2 + \overline{b_0})$$
$$= (b_0 + RC)(R2 + \overline{b_0})$$

$RC^{(\pm)}$：表 C 缸自保繼電器的控制條件；在第 II 組 B 缸第一次後退至後限碰觸 b_0 極限開關時，RC 繼電器激磁並保持住；在第IV組B缸第二次後退至後限碰觸b_0極限開關時，RC 繼電器即消磁。

$$C^{(\pm)} = RC$$

$C^{(\pm)}$：表 C 缸電磁閥的控制條件；C 缸與 RC 繼電器同步動作，故用 RC 的 "a" 接點來驅動。

$$A^{(\pm)} = R1 + RC$$

$A^{(\pm)}$：表 A 缸電磁閥的控制條件；在第 I 組 R1 繼電器激磁時，A 缸就前進，一直維持至第III組結束；在進入第IV組由 RC 控制，與 C 缸同時後退。

$$B^{(\pm)} = R1 \cdot \overline{R2} \cdot a_1 + R3$$

$B^{(\pm)}$：表 B 缸電磁閥的控制條件；在第 I 組有信號且 A 缸前進至前限碰觸 a_1 極限開關時，B 缸第一次前進，進入第 II 組 B 缸第一次後退；第III組有信號，B 缸第二次前進，進入第IV組 B 缸第二次後退。

(二) 繪製電路圖及氣壓迴路圖

1. 先繪製控制電路圖

逐一把經公式轉換為單穩態之邏輯方程式 (控制繼電器用) 及每個單穩態邏輯方程式 (驅動氣壓缸用) 轉化為電路圖，如圖 6-18。

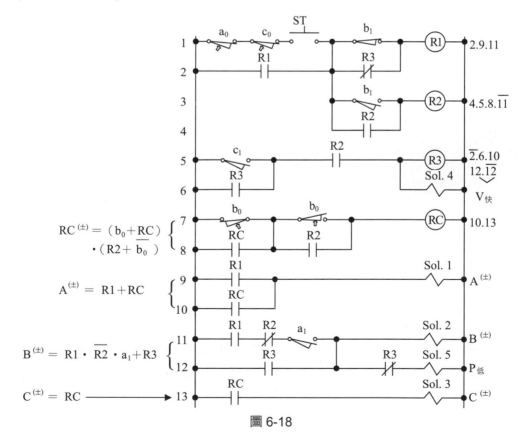

圖 6-18

2. 繪製氣壓迴路圖

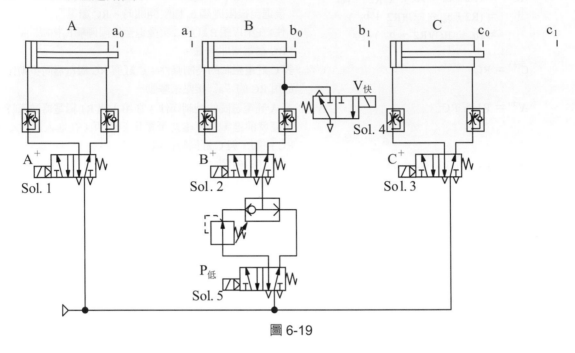

圖 6-19

　　把圖 6-18 和圖 6-19 結合起來，即可執行$A^+B^+B^-C^+B^+B^-\genfrac{}{}{0pt}{}{A^-}{C^-}$電氣－氣壓單穩態迴路

的動作。

例題 6-3

$$A^+_{1/2}B^+\ T\ B^-A^-C^+A^{++}A^{--}C^-$$
　　└慢速　　　　　　└快速

壹、機械－氣壓迴路設計

(一) 分析研判動作類型

　　由動作順序中可得之，其中 A 缸有兩次前進、後退的動作，且第一次前進是以慢
速方式移動一半行程，第二次是以快速方式移動全行程，很明顯的這個迴路為三支氣
壓缸含快慢速、中間停止的複雜動作迴路，其迴路設計要領，除了複雜動作迴路之設
計方式外，尚需再加上圖 6-1 迴路及前一章的迴路設計要領來完成之。

(二) 分組

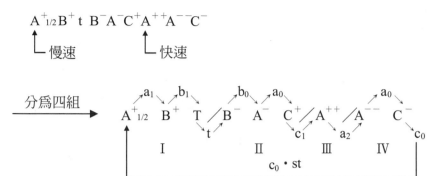

(三) 列出邏輯方程式：(適用於雙穩態迴路)

$e_I = c_0 \cdot st$　　e_I：表要切換至第 I 組的條件；當 C 缸後退至後限碰觸 c_0 極限開關且按下啓
　　　　　　　　　　動紐 st 時，系統就切換至第 I 組。

$e_{II} = I \cdot t$　　e_{II}：表要切換至第 II 組的條件；當 I 組有信號且計時器計時已到時，系統就切
　　　　　　　　　　換至第 II 組。

$e_{III} = c_1$　　e_{III}：表要切換至第 III 組的條件；當 C 缸前進至前限碰觸 c_1 極限開關時，系統
　　　　　　　　　　就切換至第 III 組。

$e_{IV} = a_2$　　e_{II}：表要切換至第 IV 組的條件；當 III 組有信號且 A 缸前進至前限碰觸 a_2 極限
　　　　　　　　　　開關時，系統就切換至第 IV 組。

$A^+ = I \cdot \overline{a_1} + III$　　A^+：表 A 缸前進的條件；在第 I 有氣壓信號或 III 組有氣壓信號時，A 缸就會
　　　　　　　　　　前進，但在第 I 組前進至中途要停止，故要串接 a_1 極限開關的 "b" 接點。

$A^- = II \cdot b_0 + IV$　　A^-：表 A 缸後退的條件；在第 II 組有氣壓信號且 B 缸後退至後限碰觸 b_0 極限
　　　　　　　　　　開關或 IV 組有氣壓信號時，A 缸就會後退。

$B^+ = I \cdot a_1$　　B^+：表 B 缸前進的條件；在第 I 組有信號且 A 缸前進至前限碰觸 a 極限開關時，
　　　　　　　　　　B 缸就會前進。

$B^- = II$　　B^-：表 B 缸後退的條件；在第 II 組有信號時，B 缸就會後退。

$C^+ = II \cdot a_0$　　C^+：表 C 缸前進的條件；在第 II 組有氣壓信號且 A 缸後退至後限碰觸 a_0 極限
　　　　　　　　　　開關時，C 缸就會前進。

$C^- = IV \cdot a_0$　　C^-：表 C 缸後退的條件；在第 IV 組有信號且 A 缸後退至後限碰觸 a_0 極限開關
　　　　　　　　　　時，C 缸就會後退。

$T = I \cdot b_1$　　T：表計時器計時的條件；在第 I 組有氣壓信號且 B 缸前進至前限碰觸 b_1 極限
　　　　　　　　　　開關時，計時器開始計時。

$V_{快} = III$　　$V_{快}$：表使氣壓缸移動速度變快的控制條件；在第 III 組有氣壓信號時，A 缸的
　　　　　　　　　　移動速度變快。

(四) 繪製機械－氣壓迴路圖

1. 先繪製氣壓缸、主氣閥、組線及換組用回動閥、氣源供應部份，如圖 6-20。

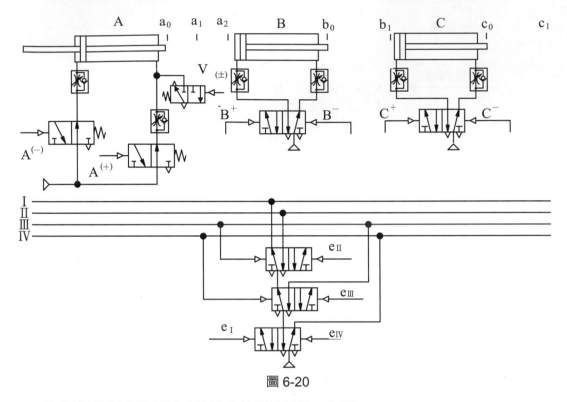

圖 6-20

2. 再把邏輯控制式的信號元件繪入並連接線路，如圖 6-21。

以上所列之邏輯控制式中 a_0 出現兩次，且每次所驅動的動作不同，有需要加以區分，一般的做法是串接該組的信號即可；另外在 A 缸第一次前進是一半的行程，中途要停止必須串接 $\overline{a_1}$ 使其驅動信號在碰觸 a_1 極限開關時能被切斷，A 缸才會停止於半途。

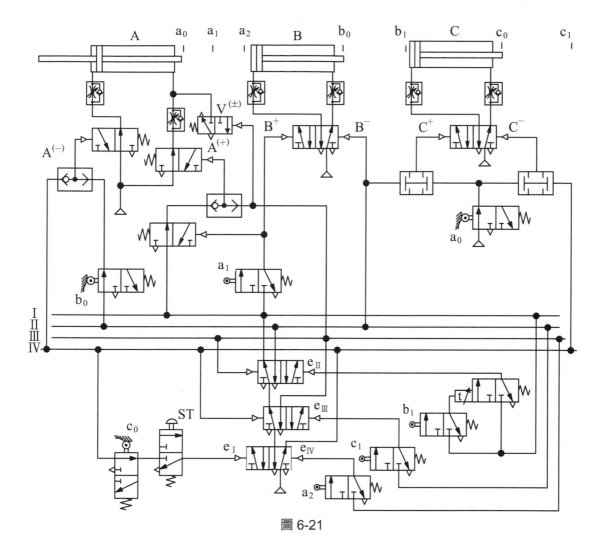

圖 6-21

以上圖 6-21 即是 $A^+_{1/2} B^+$ T $B^- A^- C^+ A^{++} A^- C^-$ 三支氣壓缸複雜動作又具高低壓、快

　　　　　　　└─慢速　　　　　└─快速

慢速的機械－氣壓迴路。

貳、電氣－氣壓迴路設計

(一) 列出邏輯控制式 (可參考前面機械－氣壓迴路，適用於雙穩態迴路)

　　以上所列之邏輯控制式中 a_0 出現兩次，且每次所驅動的動作不同，有需要加以區分，一般的做法是串接該組的信號即可；另外在 A 缸第一次前進是一半的行程，中途要停止必須串接 $\overline{a_1}$ 使其驅動信號在碰觸 a_1 時能被切斷，A 缸才會停止於半途。

　　本題共分為四組，故分組用繼電器需使用三個，而各繼電器的啟動、切斷時間分別為如下說明：上列之 e_I、e_{II}、e_{III} 和 e_{IV} 分別由 R1、R2、R3 繼電器取代，規劃 R1 激磁的時間為 I＋II＋III組，R2 激磁的時間為 II＋III組，R3 激磁的時間為III組。

　　上列之 e_I、e_{II}、e_{III} 和 e_{IV} 分別由 R1、R2、R3 繼電器取代，其邏輯控制式如下：

$$A^+{}_{1/2}B^+T \diagup B^-A^-C^+ \diagup A^{++} \diagup A^-C^-$$

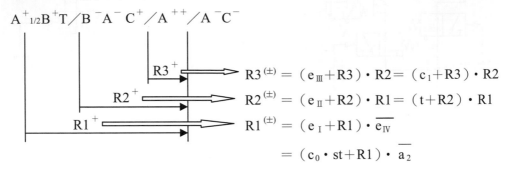

$$R3^{(\pm)} = (e_{III}+R3) \cdot R2 = (c_1+R3) \cdot R2$$

$$R2^{(\pm)} = (e_{II}+R2) \cdot R1 = (t+R2) \cdot R1$$

$$R1^{(\pm)} = (e_I+R1) \cdot \overline{e_{IV}}$$

$$= (c_0 \cdot st+R1) \cdot \overline{a_2}$$

　　因分組用繼電器如上圖方式規劃，各組通電的條件及各氣壓缸控制式則分別如下：

$$I = R1 \cdot \overline{R2} \quad (\text{第 I 組的信號})$$

$$II = R2 \cdot \overline{R3} \quad (\text{第 II 組的信號})$$

$$III = R3 \quad (\text{第III組的信號})$$

$$IV = \overline{R1} \quad (\text{第IV組的信號})$$

$A^{(+)} = R1 \cdot \overline{R2} \cdot \overline{a_1} + R3$ 　　$A^{(+)}$：表 A 缸前進的條件；在第 I 組有信號或III組有信號時，A 缸就會前進，但在第 I 組前進至中途要停止，故要串接 a_1 極限開關的 "b" 接點。

$A^{(-)} = R2 \cdot \overline{R3} \cdot b_0 + \overline{R1}$ 　　$A^{(-)}$：表 A 缸後退的條件；在第 II 組有信號且 b_0 極限開關被 B 缸碰觸或第IV組有信號時，A 缸即後退。

$B^+ = R1 \cdot \overline{R2} \cdot a_1$ 　　B^+：表 B 缸前進的條件；在第 I 組有信號且 a_1 極限開關被 A 缸碰觸時，B 缸即前進。

$B^- = R2 \cdot \overline{R3}$ 　　B^-：表 B 缸後退的條件；在第 II 組有信號時，B 缸即後退。

$C^+ = R2 \cdot \overline{R3} \cdot a_0$ 　　C^+：表 C 缸前進的條件；在第 II 組有信號且 a_0 極限開關被 A 缸碰觸時，C 缸即前進。

$C^- = \overline{R1} \cdot a_0$ 　　C^-：表 C 缸後退的條件；在第IV組有信號且 a_0 極限開關被 A 缸碰觸時，C 缸即後退。

$V_快 = R3$ 　　$V_快$：表使氣壓缸移動速度變快的控制條件；在第III組有信號時，A 缸第二次前進的移動速度變快。

(二) 繪製電路圖及氣壓迴路圖

1. 先繪製控制電路圖

逐一把經公式轉換為單穩態之邏輯方程式 (控制繼電器用) 及每個雙穩態邏輯方程式
(驅動氣壓缸用) 轉化為電路圖，如圖 6-22。

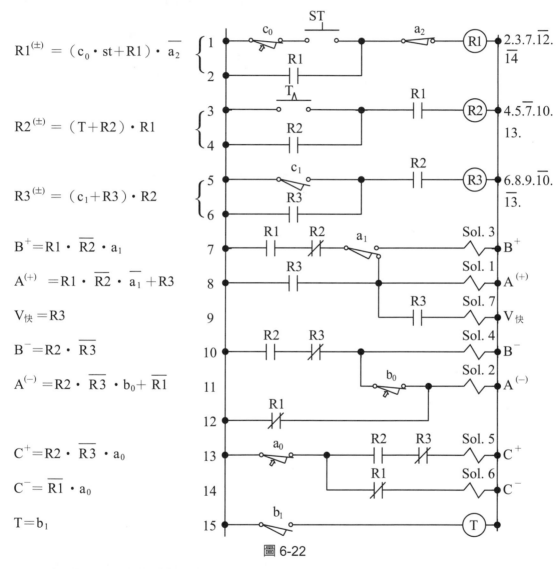

$R1^{(\pm)} = (c_0 \cdot st + R1) \cdot \overline{a_2}$

$R2^{(\pm)} = (T + R2) \cdot R1$

$R3^{(\pm)} = (c_1 + R3) \cdot R2$

$B^+ = R1 \cdot \overline{R2} \cdot a_1$

$A^{(+)} = R1 \cdot \overline{R2} \cdot \overline{a_1} + R3$

$V_快 = R3$

$B^- = R2 \cdot \overline{R3}$

$A^{(-)} = R2 \cdot \overline{R3} \cdot b_0 + \overline{R1}$

$C^+ = R2 \cdot \overline{R3} \cdot a_0$

$C^- = \overline{R1} \cdot a_0$

$T = b_1$

圖 6-22

但電路圖 6-22 要實際配線時是有問題的，因 R1、R2、R3 在該圖中使用次數皆已
超出該元件的接點數量，所以電路圖必須再修正才能實際配線。另外，亦會發現只要
電源一接通， $A^{(-)}$、C^- 的電磁閥線圈馬上激磁 (機器尚未啟動)，這樣會使電磁閥的
使用壽命縮短；此處可串接 c_0 的 "b" 接點將其現象排除，針對以上問題將電路修改，
在電路中為了能方便接線，電路中每個繼電器需調整成四個 "c" 接點以內，如圖 6-23。

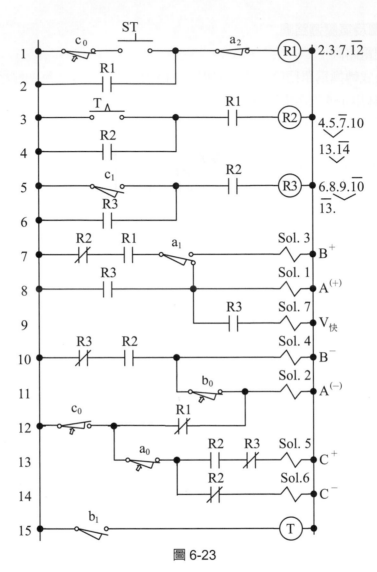

圖 6-23

在圖 6-23 中針對 R1、R2、R3 在圖 6-22 中使用次數皆已超出該元件的接點數量之問題加以解決，其做法如下：

(1) R1 繼電器：原第 14 線 R1 "b" 接點改換為 R2 "b" 接點，即可將 R1 繼電器使用點數控制在 4 "c" 接點以內。

(2) R2 繼電器：將第 7 線的 R2 "b" 接點調至前面並和第 4 線 "a" 接點合成 "c" 接點；第 13、14 "a" "b" 接點合成 "c" 接點，使 R2 繼電器使用點在 4 "c" 接點以內。

(3) R3 繼電器：

　① 在第 9 線加入 R3 "a" 接點，是為了避免 A 缸第 1 次前進時控制速度的電磁閥線圈 Sol.7 也跟著激磁。

　② 在第 10 線後面加入 R3 "b" 接點調制前面，與第 8 線 "a" 接點合成 "c" 接點，R3 繼電器使用點數在 4 "c" 接點以內。

2. 繪製氣壓迴路圖

氣壓迴路如圖 6-24，均爲雙穩態雙頭電磁閥。

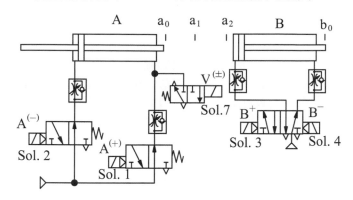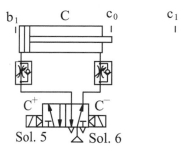

圖 6-24

把圖 6-23 和圖 6-24 結合起來，即可執行 $A^+_{1/2}B^+\ TB^-A^-C^+A^{++}A^{--}C^-$ 雙穩態迴路的動作。

　　　　　　　　　　　　　　　　　　　└ 慢速　　　└ 快速

參、電氣－氣壓單穩態迴路設計

(一) 判別需做自保迴路的氣壓缸

　　分組用繼電器及各組的控制條件和本題前面雙穩態電氣迴路皆相同，參考前面即可。而各氣壓缸前進、後退的邏輯控制式需要轉換爲單穩態電磁閥可適用之邏輯控制式。而在轉換的過程中有一些要領可判別出某幾支氣壓缸需做自保迴路，有些就不用做。

　　判斷雙穩態迴路改換爲單穩態迴路且不需做自保迴路的原則，如下所述：

1. 當驅動氣壓缸第一個動作的訊號產生後，訊號需繼續保留住，直到氣壓缸要執行第二個反向動作時或以後才能中斷。

2. 且氣壓缸第二個反向動作在分組時，必須列爲該組的第一個動作。

　　以前述兩個原則來判別 A、B、C 三支缸，原則上 B 缸符合上述兩原則，不用做自保迴路，而 A 缸本來就是單穩態閥也不用做自保，僅剩 C 缸不符上述兩個原則，需增加一個繼電器 (RC)，則其控制式爲：

$$RC^{(\pm)} = (R2 \cdot a_0 + RC) \cdot (\overline{R2} \cdot a_0)$$
$$= (R2 \cdot a_0 + RC)(R2 + \overline{a_0})$$
$$= (a_0 + RC)(R2 + \overline{a_0})$$

$RC^{(\pm)}$：表 C 缸自保繼電器的控制條件；在第 II 組 A 缸第一次後退至後限碰觸 a_0 極限開關時，RC 繼電器激磁並保持住；在第 IV 組 A 缸第二次後退至後限碰觸 a_0 極限開關時，RC 繼電器即消磁。

$$C^{(\pm)} = RC$$

$C^{(\pm)}$：表 C 缸電磁閥的控制條件；C 缸與 RC 繼電器同步動作，故用 RC 的 "a" 接點來驅動。

$$A^{(+)} = R1 \cdot \overline{R2} \cdot \overline{a_1} + R3$$

$A^{(\pm)}$：表 A 缸前進的條件；在第 I 組有信號或 III 組有信號時，A 缸就會前進，但在第 I 組前進至中途要停止，故要串接 a_1 極限開關的 "b" 接點。

而 B 缸為 $B^{(\pm)} = R1 \cdot \overline{R2} \cdot a_1$

$B^{(\pm)}$：表 B 缸電磁閥的控制條件；在第 I 組有信號且 A 缸前進至前限碰觸 a_1 極限開關時，B 缸前進，進入第 II 組因 R2 繼電器激磁，使 B 缸後退。

(二) 繪製電路圖及氣壓迴路圖

1. 先繪製控制電路圖

逐一把經公式轉換為單穩態之邏輯方程式 (控制繼電器用) 及每個單穩態邏輯方程式 (驅動氣壓缸用) 轉化為電路圖，如圖 6-25。

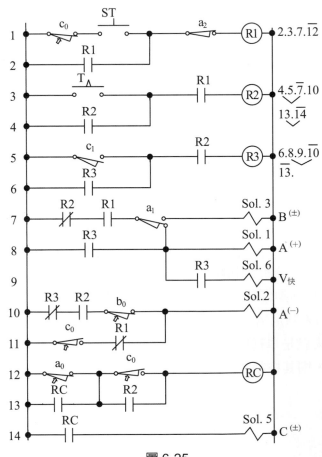

圖 6-25

2. 繪製氣壓迴路圖

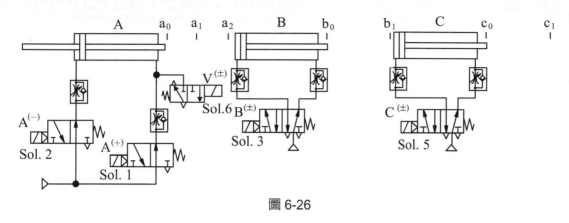

圖 6-26

把圖 6-25 和圖 6-26 結合起來，即可執行 $A^+_{1/2}B^+$ T $B^-A^-C^+A^{++}A^-C^-$ 電氣－氣壓單穩

態迴路的動作。
慢速　　　　　快速

練習 1 以前面各例題所介紹之方法，設計$\widehat{A^+}$ B^+ $\begin{matrix}A^-\\B^-\end{matrix}$ $\begin{matrix}A^+\\B^+\end{matrix}B^-A^-$兩支氣壓缸快慢速之

$\underset{\text{慢速}}{\llcorner}$　$\underset{\text{快速}}{\llcorner}$

(1) 機械－氣壓迴路。

(2) 電氣－氣壓雙穩態迴路。

(3) 電氣－氣壓單穩態迴路。

練習 2 以前面各例題所介紹之方法，設計$A^+{}_{1/2}／A^-$ $B^+／A^+／A^{++}／\begin{matrix}A^-\\B^-\end{matrix}$兩支氣壓缸快慢

$\underset{\substack{\text{中速}\\\text{低壓}}}{\llcorner}$ $\underset{\substack{\text{快速}\\\text{常壓}}}{\lrcorner}$　$\underset{\substack{\text{慢速}\\\text{常壓}}}{\llcorner}$

速、高低壓之

(1) 機械－氣壓迴路。

(2) 電氣－氣壓雙穩態迴路。

(3) 電氣－氣壓單穩態迴路。

7 行程中間位置停止迴路

在產業界的生產過程中，對自動化機械致動器 (氣壓缸為主) 的動作要求是千變萬化，有時候也會需要某一支氣壓缸在行程中途的某個位置 (非前、後端點) 做停止的動作。若氣壓缸有此需求時，其主氣閥或電磁閥就需要用三位置的方向閥或兩個常開型三口二位閥來控制，才能達到行程中途停止的要求。

至於氣壓缸在行程中途停止時，其定位精度準確與否，就和使用閥位、氣壓缸結構有密切的關係。一般來說三位置方向閥使用 "中位閉氣"、"中位加壓" 型兩種及中位排氣＋兩顆引導止回閥，就能達到行程中途停止的要求，但是定位精度不會很準。若要有較高之定位精度，需採用剎車型氣壓缸。

本類型迴路舉三個例題：(1)$A^+_{1/2} T A^- B^+ A^{++} A^{--} B^-$ (2)$A^+_{1/2} B^+ B^- A^{++} A^-$ (3)$A^+_{1/2} B^+ B^- A^{++} A^-_{1/2} B^+ B^- A^{--}$ 加以說明，以明確了解本類型迴路的設計要領。

例題 7-1

有 A、B 兩支氣壓缸，其動作順序如圖 7-1，本例題動作順序 A 缸較為特別，第一次僅前進二分之一行程、停於中途、後退，第二次才是全行程的前進、後退。

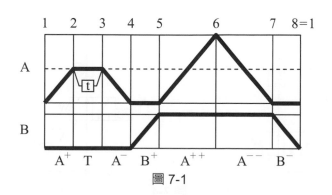

圖 7-1

壹、機械－氣壓迴路設計

(一) 分析研判動作類型：

　　由圖 7-1 之位移步驟圖可以得知，A 缸第一次前進時，僅移動二分之一行程，且有中途停留一段時間，第二次才是全行程的前進、後退。這種動作順序是屬『具有行程中間位置停止之複雜動作迴路』。針對 A 缸動作，其主氣閥、電磁閥要用三位置型式或常開型三口二位閥，如圖 7-2、7-3，才能使 A 缸在行程中間位置有停止的功能，並且在行程中間位置也要多加裝一個極限開關。另外為使氣壓缸停止的定位精度較高，亦可選用雙桿式雙動缸配合中位進氣型五口三位閥或常開型三口二位閥。

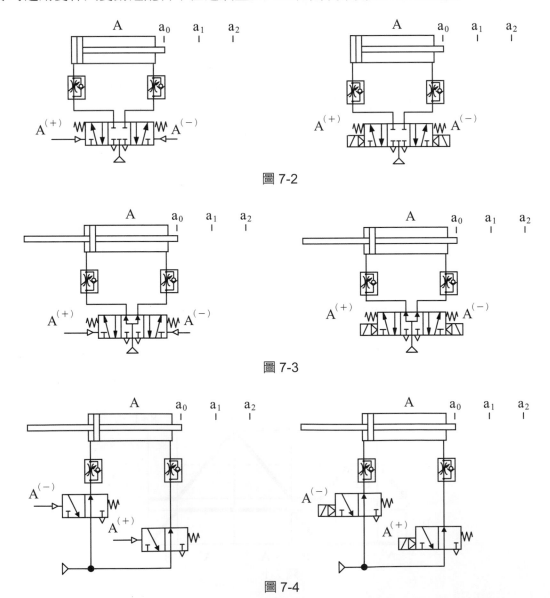

圖 7-2

圖 7-3

圖 7-4

　　雙邊氣壓作動之五口三位閥或雙線圈之五口三位電磁閥的控制方式，應視爲兩個單穩態閥加在一起，其控方式等同於單穩態閥的控制。

(二) 分組

$$A^+_{1/2}\,T\,A\,B^+A^{++}A^{--}B^- \xrightarrow{\text{分爲四組}}$$

$$\underset{\text{I}}{A^+}\overset{a_1}{\underset{t}{T/A}}\overset{a_0}{\underset{b_1}{B^+/A^{++}}}\overset{}{\underset{a_2}{/A^{--}}}\overset{a_0}{\underset{b_0}{B^-}}$$

（圖示分組 I　II　III　IV，$b_0 \cdot st$）

(三) 列出邏輯控制式 (僅適用於雙穩態迴路)

$e_I = b_0 \cdot st$ 　　　e_I：表要切換至第 I 組的條件；當 B 缸後退至後限碰觸 b_0 極限閥且按下 st 啓動閥時，系統就切換至第 I 組。

$e_{II} = T$ 　　　e_{II}：表要切換至第 II 組的條件；當計時器計時已達時，系統就切換至第 II 組。

$e_{III} = b_1$ 　　　e_{III}：表要切換至第 III 組的條件；當 B 缸前進至前限碰觸 b_1 極限閥時，系統就切換至第 III 組。

$e_{IV} = a_2$ 　　　e_{II}：表要切換至第 IV 組的條件；當 A 缸前進至前限碰觸 a_2 極限閥時，系統就切換至第 IV 組。

$A^{(+)} = I + III$ 　　　$A^{(+)}$：表 A 缸前進的條件；在第 I 或 III 組有氣壓信號時，A 缸就會前進。

$A^{(-)} = II + IV$ 　　　$A^{(-)}$：表 A 缸後退的條件；在第 II 或 IV 組有氣壓信號時，A 缸就會後退。

$B^+ = II \cdot a_0$ 　　　B^+：表 B 缸前進的條件；在第 II 組有信號且 A 缸後退至後限碰觸 a_0 極限閥時，B 缸就會前進。

$B^- = IV \cdot a_0$ 　　　B^-：表 B 缸後退的條件；在第 IV 組有信號且 A 缸後退至後限碰觸 a_0 極限閥時，B 缸就會後退。

$T = I \cdot a_1$ 　　　T：表計時器的控制條件；在第 I 組有氣壓信號且 A 缸前進至中間碰觸 a_1 極限閥時，計時器就會開始計時。

　　針對 A 缸之主氣閥控制信號的處理原則：是氣壓缸正在行走時，其控制信號要持續不能中斷，到達定點後就以該定點極限閥之 "b" 接點切掉控制信號，使主氣閥歸回中間位置。依此原則，上列 A^+、A^- 的邏輯方程式必須做修正，才能適用於五口三位閥或三口二位閥的控制。A^+、A^- 的邏輯控制式修正如下：

$A^{(+)} = I \cdot \overline{a_1} + III$ 　　　$A^{(+)}$：表 A 缸前進的條件；在第 I 或 III 組有氣壓信號時，A 缸就會前進。但在第一次前進至中途有一段等待時間，故需串接 $\overline{a_1}$ 將前進的信號切斷，才能使 A 缸第一次前進至中途停止。

$A^{(-)} = II \cdot \overline{a_0} + IV \cdot \overline{a_0}$
$\quad\;\; = (II + IV) \cdot \overline{a_0}$ 　　　$A^{(-)}$：表 A 缸後退的條件；在第 II 或 IV 組有氣壓信號時，A 缸就會後退，當退至後限時需將控制信號切斷，以使主氣閥歸位。

　　a_1 極限閥在第III、IV組 A 缸第二次前進、後退的行程中途都會被碰觸，但真正要用到 a_1 信號，卻是在第 I 組那一次，所以只要把 a_1 和第 I 組的條件串接，即可排除掉不需要的信號。另 $\overline{A}$ 驅動信號會串接 $\overline{a_0}$ 是在避免主氣閥在 A 缸已到位仍被作動，無法歸位。

(四) 繪製機械－氣壓迴路圖

1.　先繪製氣壓缸 (單桿式、圖 7-5，雙桿式、圖 7-6)、主氣閥、組線及換組用回動閥、氣源供應部份。

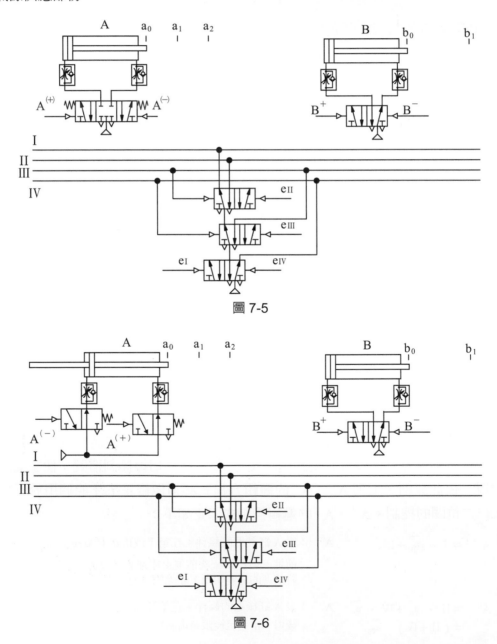

圖 7-5

圖 7-6

2.　再把邏輯控制式的信號元件繪入並連接線路。

　　(1)　A 缸的主氣閥爲五口三位中位全閉型，如圖 7-7。

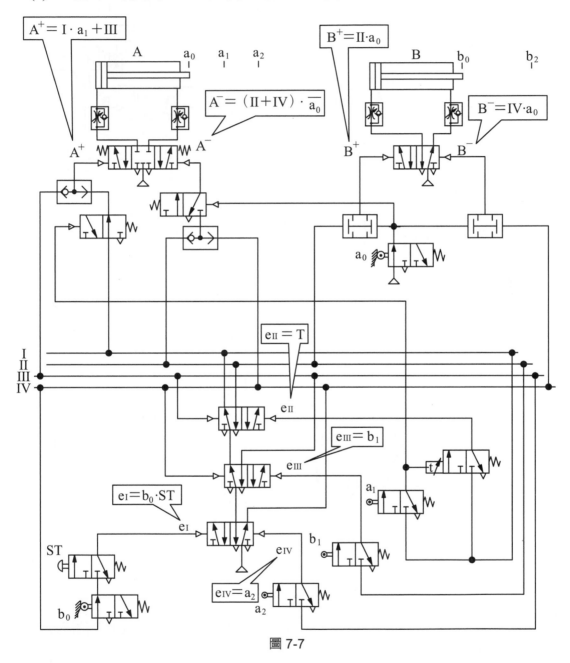

圖 7-7

(2)　A 缸的主氣閥為常開型三口二位閥，如圖 7-8。

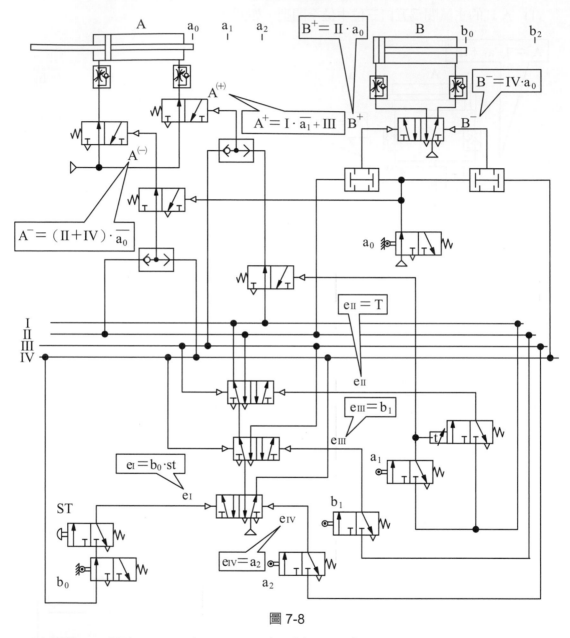

$$B^+ = II \cdot a_0$$

$$B^- = IV \cdot a_0$$

$$A^+ = I \cdot \overline{a_1} + III$$

$$A^- = (II+IV) \cdot \overline{a_0}$$

$$e_{II} = T$$

$$e_{III} = b_1$$

$$e_I = b_0 \cdot st$$

$$e_{IV} = a_2$$

圖 7-8

以上圖 7-7 或圖 7-8 是 $A^+_{1/2} \, T \, A^- \, B^+ \, A^{++} \, A^{--} \, B^-$ 兩支氣壓缸具中間位置停止之複雜動作的機械 - 氣壓迴路。

貳、電氣－氣壓迴路設計

(一) 列出邏輯控制式 (可參考前面機械－氣壓迴路，適用於雙穩態迴路)

　　以上所列之邏輯方程式中 a_0、a_1 都出現兩次或更多，A 缸每次碰觸 a_0 極限開關後所驅動的動作均不相同，因此有需要加以區分，一般的做法是串接該組的信號即可。a_1 極限開關也被碰觸三次之多，但以第一次信號為有效，其餘的需排除掉，所以 a_1 信號需串接第 I 組，以保留第一次碰觸的信號。另外有關 A 缸在行程中途停止其控制電路如何處理，與機械－氣壓迴路的處理方式雷同，A 缸前進至中途要停止時，仍是以串接 a_1 的 "b" 接點切掉控制信號之方式來處理。

　　本例題共分為四組，分組繼電器用三個，各繼電器的啟動、切斷時間分別為如下說明：

上列之 e_I、e_{II}、e_{III} 和 e_{IV} 分別由 R1、R2、R3 繼電器取代，其邏輯控制式如下：

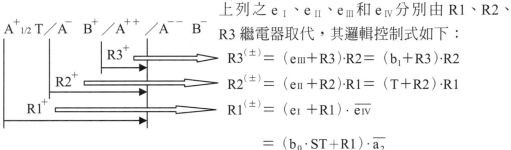

$$R3^{(\pm)} = (e_{III}+R3)\cdot R2 = (b_1+R3)\cdot R2$$
$$R2^{(\pm)} = (e_{II}+R2)\cdot R1 = (T+R2)\cdot R1$$
$$R1^{(\pm)} = (e_I+R1)\cdot \overline{e_{IV}}$$
$$= (b_0\cdot ST+R1)\cdot \overline{a_2}$$

　　分組用繼電器如上圖方式規劃，各組通電條件及各氣壓缸的邏輯方程式則分別如下：

I $= R1\cdot \overline{R2}$ (第 I 組的信號)

II $= R2\cdot \overline{R3}$ (第 II 組的信號)

III $= R3$ (第 III 組的信號)

IV $= \overline{R1}$ (第 IV 組的信號)

$A^{(+)} = R1\cdot \overline{R2}\cdot \overline{a_1} + R3$ 　$A^{(+)}$：表 A 缸前進的條件；在第 I 組或第 II 組有電氣信號時，A 缸即前進。

$A^{(-)} = R2\cdot \overline{R3} + \overline{R1}\cdot \overline{b_0}$ 　$A^{(-)}$：表 A 缸後退的條件；在第 II 組或第 IV 組有電氣信號且 B、C 兩缸退至後限分別碰觸 b_0、c_0 極限開關時，A 缸即後退。

$B^+ = R2\cdot \overline{R3}\cdot a_0$ 　B^+：表 B 缸前進的條件；在第 I 組有電氣信號，A 缸前進至前限碰觸 a_1 極限開關或第 III 組有電氣信號時，B 缸會前進。

$B^- = \overline{R1}\cdot a_0\cdot \overline{b_0}$ 　B^-：表 B 缸後退的條件；在 IV 組有電氣信號且 A 缸退至後限碰觸 a_0 時，第 B 缸前進至前限碰觸 b_1 極限開關時，B 缸即後退。

$T = R1\cdot \overline{R2}\cdot a_1$ 　T：表計時器的控制條件；在第 I 組有信號且 A 缸前進至中間碰觸極限開關 a_1 時，計時器就會開始計時。

(二) 繪製電路圖及氣壓迴路圖

1. 先繪製控制電路圖

逐一把經公式轉換為單穩態之邏輯方程式 (控制繼電器用) 及每個雙穩態邏輯方程式 (驅動氣壓缸用) 轉化為電路圖，如圖 7-9。

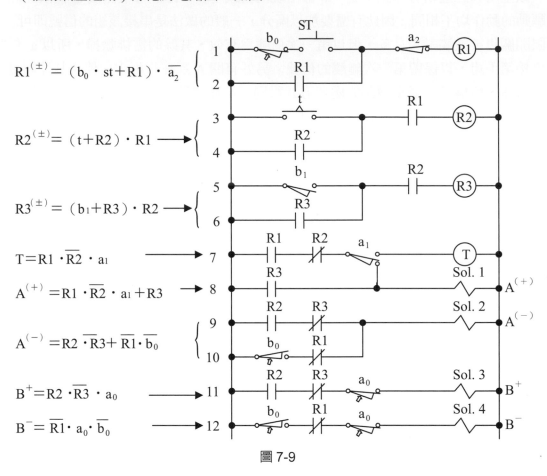

$R1^{(\pm)} = (b_0 \cdot st + R1) \cdot \overline{a_2}$

$R2^{(\pm)} = (t + R2) \cdot R1$

$R3^{(\pm)} = (b_1 + R3) \cdot R2$

$T = R1 \cdot \overline{R2} \cdot a_1$

$A^{(+)} = R1 \cdot \overline{R2} \cdot a_1 + R3$

$A^{(-)} = R2 \cdot \overline{R3} + \overline{R1} \cdot \overline{b_0}$

$B^{+} = R2 \cdot \overline{R3} \cdot a_0$

$B^{-} = \overline{R1} \cdot a_0 \cdot \overline{b_0}$

圖 7-9

以上圖 7-9 中為了排除最後一組 $A^{(-)}$、B^- 兩個線圈停機仍激磁的現象，特串接 b_0 極限開關之 "b" 接點；而在迴路圖中 a_0 及 b_0 兩個極限開關各使用兩次或更多次，在實際配線是無法連接的，電路須經調整才能實際配線，其調整後之電路圖如圖 7-10 所示。

其調整方式如下：

(1) 將電路圖 7-9 中第 9、10 線及 11、12 線合併，可節省 R2、R3 繼電器之接點。

(2) B^+ 線圈之前串接 R2 "a" 接點，是在排除第 4 組時線圈不當激磁。

(3) B^- 線圈之前串接 R2 "b" 接點，是在排除第 2 組時線圈不當激磁。

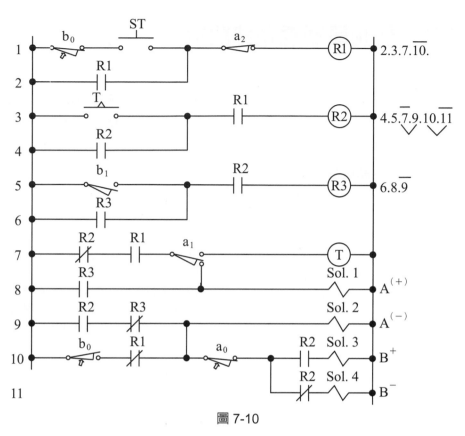

圖 7-10

2. 繪製氣壓迴路圖

氣壓迴路圖如 7-11，B 氣壓缸為雙穩態雙頭電磁閥，而 A 氣壓缸為五口三位中位閉氣型電磁閥 (應視為單穩態型電磁閥)。

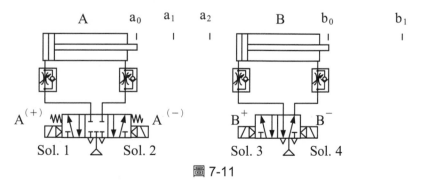

圖 7-11

把圖 7-10 和圖 7-11 合起來，即可執行 $A^+_{1/2} T A^- B^+ A^{++} A^{--} B^-$ 的動作。

參、電氣－氣壓單穩態迴路設計

(一) 判別需做自保迴路的氣壓缸

分組用繼電器及各組的控制條件和本題前面雙穩態電氣迴路皆相同，參考前面即可。而各氣壓缸前進、後退的邏輯方程式需要轉換為單穩態電磁閥可適用之邏輯方程式。而在轉換的過程中有一些要領可判別出某幾支氣壓缸需做自保迴路，有些就不用做。

判斷雙穩態迴路改換為單穩態迴路且不需做自保迴路的原則，如前所述：

原則上 A 缸本來就是單穩態的電磁閥，前面的邏輯方程式就可以使用，而 B 缸就不符上述兩個原則，需增加一個繼電器 (RB)，則其控制式為：

$$RB^{(\pm)} = (R2 \cdot a_0 + RB) \cdot (\overline{R2 \cdot a_0})$$
$$= (R2 \cdot a_0 + RB) \cdot (\overline{R2} + \overline{a_0})$$
$$= (a_0 + RB) \cdot (\overline{R2} + \overline{a_0})$$

$RB^{(\pm)}$：表 B 缸自保用繼電器的控制條件；在第 II 組有信號 A 缸第一次後退至後限碰觸極限開關 a_0 時，自保用繼電器激磁並自保住；進入第 IV 組且 A 缸第二次後退至後限碰觸 a_0 極限開關時，將 RB 激磁切斷；為了使式子好整理第 IV 組的條件使用 $\overline{R2}$ 可得最簡單的結果。

$$B^{(\pm)} = RB$$

$B^{(\pm)}$：表 B 缸電磁閥的控制條件；B 缸與 RB 繼電器同步動作，故用 RB 的 "a" 接點來驅動。

$$A^{(+)} = R1 \cdot \overline{R2} \cdot \overline{a_1} + R3$$

$A^{(+)}$：表 A 缸前進電磁閥的控制條件；在第 I 組有信號 A 缸第一次前進，至中途以 $\overline{a_1}$ 切斷信號，使 A 缸停於中途；第 III 組有信號 A 缸第二次前進全行程。

$$A^{(-)} = R2 \cdot \overline{R3} + \overline{R1} \cdot \overline{b_0}$$

$A^{(-)}$：表 A 缸後退電磁閥的控制條件；在第 II 組有信號 A 缸第一次後退；進入第 IV 組有信號時，A 缸第二次後退，串接 $\overline{b_0}$ 是為了切斷停機仍激磁的現象。

(二) 繪製電路圖及氣壓迴路圖

1. 先繪製控制電路圖

逐一把經公式轉換為單穩態之邏輯控制式 (控制繼電器用) 及每個單穩態邏輯控制式 (驅動氣壓缸用) 轉化為電路圖，如圖 7-12。

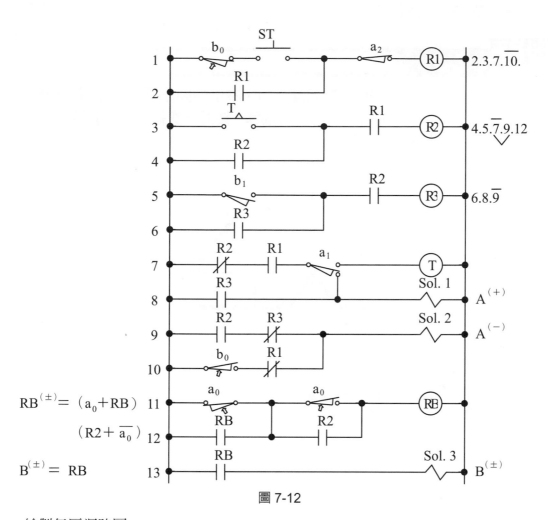

$$RB^{(\pm)}=(a_0+RB)$$
$$(R2+\overline{a_0})$$
$$B^{(\pm)}=RB$$

圖 7-12

2.　繪製氣壓迴路圖

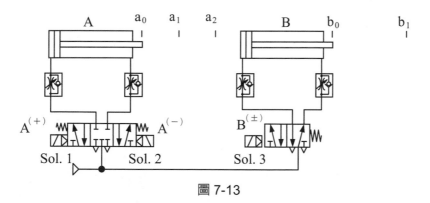

圖 7-13

把圖 7-12 和圖 7-13 結合起來，即可執行電氣－氣壓單穩態迴路 $A^+{}_{1/2}\,TA^-B^+A^{++}$ $A^{--}B^-$ 的動作。

例題 7-2

有 A、B 兩支氣壓缸,其動作順序如圖 7-14,本例題動作順序 A 缸較為特別,第一次先前進一半行程、停於中途,待 B 缸前進、後退一次後,再前進另一半行程,後退則是一次走完全行程,如圖 7-14。

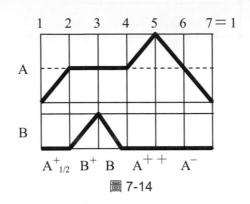

圖 7-14

壹、機械－氣壓迴路設計

(一) 分析研判動作類型

由圖 7-14 之位移步驟圖可以得知,A 缸前進的行程中途有暫停的動作,這種動作順序是屬『具有行程中間位置停止之複雜動作迴路』。針對 A 缸動作,其主氣閥或電磁閥要用三位置型式的,如前面圖 7-2,才會使 A 缸在行程中間位置有停止的功能,並且在行程中間位置也要多加裝一個極限開關。

(二) 分組

$$A^+_{1/2}\ T\ A\ B^+\ A^{++}\ A^-\ B^-\ \xrightarrow{\text{分為四組}}$$

$$A^+ \nearrow^{a_1} T / A \nearrow^{a_0} B^+ / A^{++} / A^- \nearrow^{a_0} B^- \searrow_{b_0}$$
$$\searrow_t \qquad \searrow_{b_1} \qquad \searrow_{a_2}$$
$$\text{I} \qquad \text{II} \qquad \text{III} \qquad \text{IV}$$
$$b_0 \cdot st$$

(三) 列出邏輯方程式 (僅適用於雙穩態迴路)

$e_I = a_0 \cdot st$　　　　e_I：表要切換至第 I 組的條件；當 A 缸後退至後限碰觸極限閥 a_0 且按下啟動閥 st 時，系統就切換至第 I 組。

$e_{II} = I \cdot b_1$　　　　e_{II}：表要切換至第 II 組的條件；當第 I 組有氣壓信號且 B 缸第一次前進至前限碰觸極限閥 b_1 時，系統就切換至第 II 組。

$e_{III} = a_2$　　　　e_{III}：表要切換至第 III 組的條件；當 A 缸前進至前限碰觸極限閥 a_2 時，系統就切換至第 III 組。

$A^{(+)} = I + II \cdot b_0$　　$A^{(+)}$：表 A 缸前進的條件；在第 I 組有氣壓信號或在第 II 組有氣壓信號且 B 缸後退至後限碰觸 b_0 極限閥時，A 缸就會前進。

$A^{(-)} = III \cdot \overline{a_0}$　　$A^{(-)}$：表 A 缸後退的條件；在第 III 組有氣壓信號時，A 缸就會後退。

$B^+ = I \cdot a_1$　　　B^+：表 B 缸前進的條件；在第 I 或 III 組有信號且 A 缸前進至前限碰觸 a_1 極限閥時，B 缸就會前進。

$B^- = II$　　　　B^-：表 B 缸後退的條件；在第 II 組有信號時，B 缸就會後退。

針對 A 缸之主氣閥控制信號的處理原則，是氣壓缸在行走中，其控制信號要持續不能中斷，到達定點後就以該定點極限閥之 "b" 接點切掉控制信號，使主氣閥歸回中間閉氣位置。依此原則，上列 A^+ 的邏輯方程式必須做修正，使其能適用於五口三位閥的控制。A^+ 的邏輯方程式修正如下：

$A^{(+)} = I \cdot \overline{a_1} + II \cdot b_0$　$A^{(+)}$：表 A 缸前進的條件；在第 I 組有氣壓信號時，A 缸就會前進。但在第一次前進至中途需就地停止，故需串接 $\overline{a_1}$ 將前進的信號切斷，才能使 A 缸第一次前進至中途停止；在第 II 組有氣壓信號且 B 缸第一次後退至後限碰觸 b_0 極限閥時，A 缸會再前進。

$A^{(-)} = III \cdot \overline{a_0}$　　$A^{(-)}$：表 A 缸後退的條件；在第 III 組有氣壓信號時，A 缸就會做後退，當退至後端點，以 $\overline{a_0}$ 來排除停機仍會激磁的現象。

A 缸第一次前進一半行程要在行程中途暫停，必須把前進信號切斷，使主氣閥歸回中間位置氣壓缸才能停住，所以用 $\overline{a_1}$ 來切斷第一次前進的信號，第二次再前進到最前端馬上就後退，由第 III 組信號將其切斷即可。

(四) 繪製機械－氣壓迴路圖

1. 先繪製氣壓缸、主氣閥、組線及換組用回動閥、氣源供應部份，如圖 7-15。

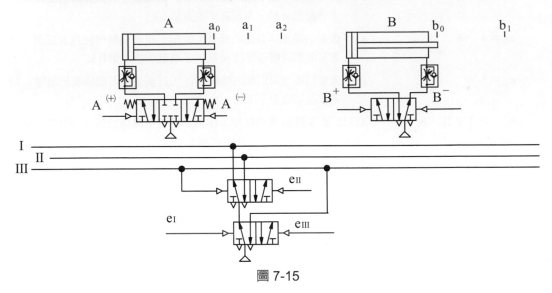

圖 7-15

2. 再把邏輯方程式的信號元件繪入並連接線路，如圖 7-16。

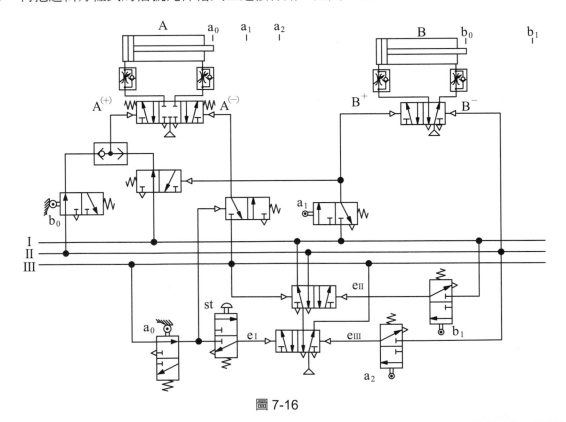

圖 7-16

　　圖 7-16 是 $A^+_{1/2}B^+B^-A^{++}A^-$ 兩支氣壓缸具中間位置停止複雜動作的機械－氣壓迴路。

貳、電氣－氣壓迴路設計

(一) 列出邏輯控制式

　　本題共分為四組，故分組用繼電器需使用三個，而各繼電器的啟動、切斷時間分別為如下說明：上列之 e_I、e_{II} 和 e_{III} 分別由 R1、R2 繼電器取代，規劃 R1 激磁的時間為 I＋II 組，R2 激磁的時間為 II 組，其邏輯控制式如下：

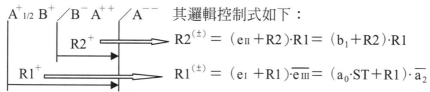

上列之 e_I、e_{II} 和 e_{III} 分別由 R1、R2、繼電器取代，其邏輯控制式如下：

$$R2^{(\pm)} = (e_{II}+R2)\cdot R1 = (b_1+R2)\cdot R1$$

$$R1^{(\pm)} = (e_I+R1)\cdot \overline{e_{III}} = (a_0\cdot ST+R1)\cdot \overline{a_2}$$

　　分組用繼電器如上圖方式規劃，各組通電條件及各氣壓缸的邏輯方程式則分別如下：

I＝R1・ $\overline{R2}$（第 I 組的信號）

II＝R2（第 II 組的信號）

III＝$\overline{R1}$（第 III 組的信號）

$A^{(+)} = R1\cdot \overline{R2}\cdot \overline{a_1} + R2\cdot b_0$　　　　$A^{(+)}$：表 A 缸前進的條件；在第 I 組有電氣信號或第 II 組有電氣信號且 B 缸後退制後限碰觸 b_0 極限開關時，A 缸即前進，但在第 I 組前進至中途要停止，故要串接 a_1 極限開關的 "b" 接點。

$A^{(-)} = \overline{R1}\cdot \overline{a_0}$　　　　$A^{(-)}$：表 A 缸後退的條件；在第 III 組有電氣信號時，A 缸即後退。但在第 III 組後退至後限要排除停機激磁的現象，故要串接 a_0 極限開關的 "b" 接點。

$B^+ = R1\cdot \overline{R2}\cdot a_1$　　　　B^+：表 B 缸前進的條件；在第 I 組有電氣信號，A 缸前進至中途碰觸 a_1 極限開關時，B 缸會前進。

$B^- = R2$　　　　B^-：表 B 缸後退的條件；在第 II 組有電氣信號時，B 缸即後退。

(二) 繪製電路圖及氣壓迴路圖

1. 先繪製控制電路圖

   逐一把經公式轉換為單穩態之邏輯控制式 (控制繼電器用) 及每個雙穩態邏輯控制式 (驅動氣壓缸用) 轉化為電路圖，如圖 7-17。

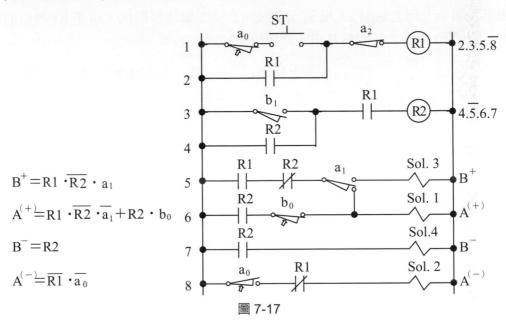

$$B^+ = R1 \cdot \overline{R2} \cdot a_1$$

$$A^{(+)} = R1 \cdot \overline{R2} \cdot \overline{a_1} + R2 \cdot b_0$$

$$B^- = R2$$

$$A^{(-)} = \overline{R1} \cdot \overline{a_0}$$

圖 7-17

2. 繪製氣壓迴路圖

   氣壓迴路圖如圖 7-18，B 氣壓缸為雙穩態雙頭電磁閥，而 A 氣壓缸為五口三位中位閉氣型電磁閥 (應視為單穩態型電磁閥)。

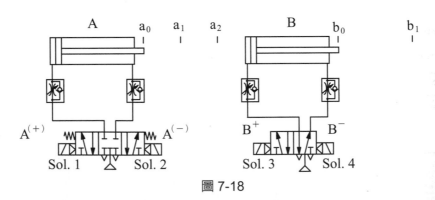

圖 7-18

把圖 7-17 和圖 7-18 合起來，即可執行 $A^+_{1/2} B^+ B^- A^{++} A^-$ 的動作。

參、電氣－氣壓單穩態迴路設計

(一) 判別需做自保迴路的氣壓缸

　　分組用繼電器及各組的控制條件和本題前面雙穩態電氣迴路皆相同，可參考前面。而各氣壓缸前進、後退的邏輯控制式需要轉換為單穩態電磁閥可適用之邏輯控制式。而在轉換的過程中有一些要領可判別出某幾支氣壓缸需做自保迴路，有些就不用做。

　　原則上 A 缸本來就是單穩態的電磁閥，前面的邏輯控制式就可以使用；而 B 缸依前面各章節敘述的兩個原則，可以不需要做自保電路。所以 A、B 兩缸單穩態電磁閥的邏輯控制式可沿用前面雙穩態的式子即可。

$$A^{(+)} = R1 \cdot \overline{R2} \cdot \overline{a_1} + R2 \cdot b_0$$

$A^{(+)}$：表 A 缸前進的條件；在第 I 組有電氣信號或第 II 組有電氣信號且 B 缸後退制後限碰觸 b_0 極限開關時，A 缸即前進，但在第 I 組前進至中途要停止，故要串接極限開關 a_1 的 "b" 接點。

$$A^{(-)} = \overline{R1} \cdot \overline{a_0}$$

$A^{(-)}$：表 A 缸後退的條件；在第 III 組有電氣信號或第 IV 組有電氣信號且 B 缸退至後限碰觸 b_0 極限開關時，A 缸即後退。但在第 III 組後退至中途要停止，故要串接極限開關 a_1 的 "b" 接點。

$$B^{(\pm)} = R1 \cdot \overline{R2} \cdot a_1$$

$B^{(\pm)}$：表 B 缸前進的條件；在第 I 組有電氣信號，A 缸前進至中途碰觸 a_1 極限開關或第 III 組有電氣信號，A 缸後退至中途碰觸 a_1 極限開關時，B 缸會前進。

(二) 繪製電路圖及氣壓迴路圖

1. 先繪製控制電路圖

逐一把經公式轉換爲單穩態之邏輯控制式 (控制繼電器用) 及每個單穩態邏輯控制式 (驅動氣壓缸用) 轉化爲電路圖，如圖 7-19。

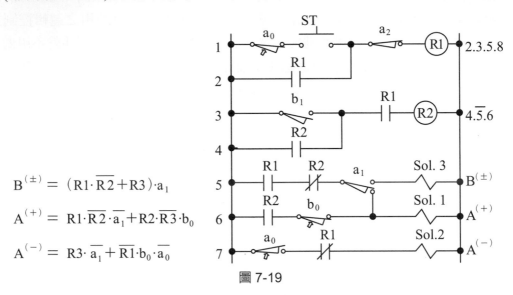

$$B^{(\pm)} = (R1 \cdot \overline{R2} + R3) \cdot a_1$$

$$A^{(+)} = R1 \cdot \overline{R2} \cdot \overline{a_1} + R2 \cdot \overline{R3} \cdot b_0$$

$$A^{(-)} = R3 \cdot \overline{a_1} + \overline{R1} \cdot b_0 \cdot \overline{a_0}$$

圖 7-19

2. 繪製氣壓迴路圖

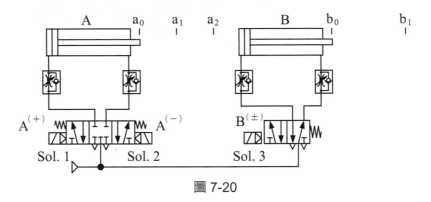

圖 7-20

把圖 7-19 和圖 7-20 結合，可執行電氣－氣壓單穩態迴路 $A^+_{1/2}B^+B^-A^{++}A^-$ 的動作。

例題 7-3

有 A、B 兩支氣壓缸，其動作順序如圖 7-21，本例題動作順序 A 缸較為特別，第一次僅前進一半行程、停於中途、再前進另一半行程，後退時也是先後退一半行程、停於中途、再後退另一半行程。

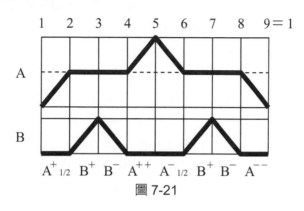

圖 7-21

壹、機械－氣壓迴路設計

(一) 分析研判動作類型

由圖 7-21 之位移步驟圖可以得知，A 缸前進、後退的行程中途都有暫停的動作，而 B 缸也有兩次前進、後退的動作，這種動作順序是屬『具有行程中間位置停止之複雜動作迴路』。針對 A 缸動作，其主氣閥或電磁閥要用三位置型式的，如前面圖 7-2，才會使 A 缸在行程中間位置有停止的功能，並且在行程中間位置也要加裝一個極限開關。

(二) 分組

$$A^+_{1/2} B^+ B^- A^{++} A^-_{1/2} B^+ B^- A^{--} \xrightarrow{\text{分為四組}}$$

$$
\begin{array}{ccccc}
& \nearrow a_1 \searrow & & \nearrow b_0 \searrow & & \nearrow a_1 \searrow & & \nearrow b_0 \searrow \\
A^+_{1/2}\ B^+ & / & B^- & A^{++} & / & A^-_{1/2}\ B^+ & / & B^- & A^{--} \\
& \searrow b_1 \nearrow & & \searrow a_2 \nearrow & & \searrow b_1 \nearrow & & \searrow a_0 \nearrow \\
& \text{I} & & \text{II} & \text{III} & & \text{IV}
\end{array}
$$

$$a_0 \cdot st$$

(三) 列出邏輯控制式 (僅適用於雙穩態迴路)

$e_I = a_0 \cdot st$ e_I：表要切換至第 I 組的條件；當 A 缸後退至後限碰觸 a_0 極限閥且按下 st 啟動閥時，系統就切換至第 I 組。

$e_{II} = I \cdot b_1$ e_{II}：表要切換至第 II 組的條件；當第 I 組有氣壓信號且 B 缸第一次前進至前限碰觸 b_1 極限閥時，系統就切換至第 II 組。

$e_{III} = a_2$ e_{III}：表要切換至第 III 組的條件；當 A 缸前進至前限碰觸 a_2 極限閥時，系統就切換至第 III 組。

$e_{IV} = III \cdot b_1$ e_{II}：表要切換至第 IV 組的條件；當第 III 組有氣壓信號且 B 缸第二次 B 缸前進至前限碰觸 b_1 極限閥時，系統就切換至第 IV 組。

$A^{(+)} = I + II \cdot b_0$ $A^{(+)}$：表 A 缸前進的條件；在第 I 組有氣壓信號或在第 II 組有氣壓信號且 B 缸第一次後退至後限碰觸 b_0 極限閥時，A 缸就會前進。

$A^{(-)} = III + IV \cdot b_0$ $A^{(-)}$：表 A 缸後退的條件；在第 III 組有氣壓信號或在第 IV 組有氣壓信號且 B 缸第二次後退至後限碰觸 b_0 極限閥時，A 缸就會後退。

$B^+ = (I + III) \cdot a_1$ B^+：表 B 缸前進的條件；在第 I 或 III 組有信號且 A 缸前進至前限碰觸 a_1 極限閥時，B 缸就會前進。

$B^- = II + IV$ B^-：表 B 缸後退的條件；在第 II 或 IV 組有信號時，B 缸就會後退。

針對 A 缸之主氣閥控制信號的處理原則，是氣壓缸正在行走中，其控制信號要持續不能中斷，到達定點後就以該定點極限閥之 "b" 接點切掉控制信號，使主氣閥歸回中間閉氣位置。依此原則，上列 A^+、A^- 的邏輯控制式必須做修正，使其能適用於五口三位閥的控制。A^+、A^- 的邏輯控制式修正如下：

$A^{(+)} = I \cdot \overline{a_1} + II \cdot b_0$ $A^{(+)}$：表 A 缸前進的條件；在第 I 組有氣壓信號時，A 缸就會前進。但在第一次前進至中途需就地停止，故需串接 $\overline{a_1}$ 將前進的信號切斷，才能使 A 缸第一次前進至中途停止；在第 II 組有氣壓信號且 B 缸第一次後退至後限碰觸 b_0 極限閥時，A 缸會再前進。

$A^{(-)} = III \cdot \overline{a_0} + IV \cdot b_0 \cdot \overline{a_0}$ $A^{(-)}$：表 A 缸後退的條件；在第 III 組有氣壓信號時，A 缸就會做第一次後退，當退至中途時碰觸 a_1 極限閥需將控制信號切斷，以使主氣閥歸回中間位置，A 缸就會就地停止；在第 IV 組有氣壓信號且 B 缸第二次後退至後限碰觸 b_0 極限閥時，A 缸就會再後退，當退至後端點，以 a_0 來排除停機仍會作動的現象。

A 缸第一次前進一半行程要在行程中途暫停，必須把前進信號切斷，使主氣閥歸回中間位置氣壓缸才能停住，所以用 $\overline{a_1}$ 來切斷第一次前進的信號，第二次再前進到最前端馬上就後退，由第 III 組信號將其切斷即可。兩次後退動作亦是相同的處理方式，

(四) 繪製機械－氣壓迴路圖

1. 先繪製氣壓缸、主氣閥、組線及換組用回動閥、氣源供應部份，如圖 7-22。

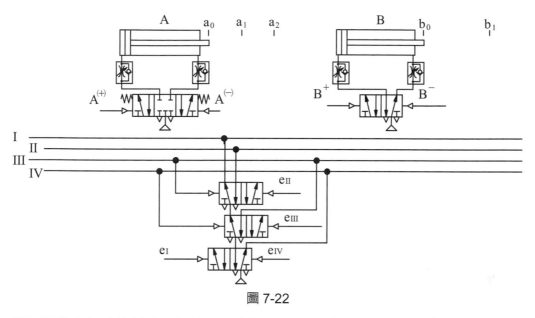

圖 7-22

2. 再把邏輯方程式的信號元件繪入並連接線路，如圖 7-23。

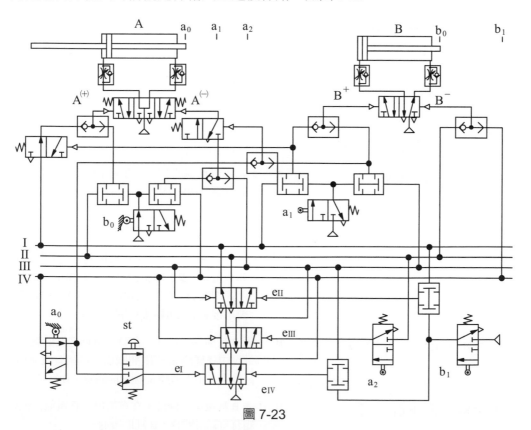

圖 7-23

　　以上圖 7-23 是 $A^+{}_{1/2}B^+B^-A^{++}A^-{}_{1/2}B^+B^-A^{--}$ 兩支氣壓缸具中間位置停止複雜動作的機械－氣壓迴路。

貳、電氣－氣壓迴路設計

(一) 列出邏輯方程式

　　本題共分為四組，故分組用繼電器需使用三個，而各繼電器的啟動、切斷時間分別為如下說明：上列之 e_I、e_{II}、e_{III} 和 e_{IV} 分別由 R1、R2、R3 繼電器取代，規劃 R1 激磁的時間為 I＋II＋III 組，R2 激磁的時間為 II＋III 組，R3 激磁的時間為 III 組，其邏輯方程式如下：

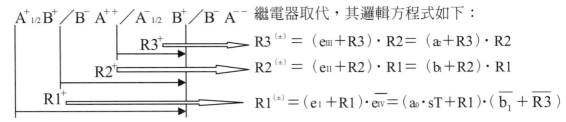

上列之 e_I、e_{II}、e_{III} 和 e_{IV} 分別由 R1、R2、R3 繼電器取代，其邏輯方程式如下：

$$R3^{(\pm)} = (e_{III} + R3) \cdot R2 = (a_2 + R3) \cdot R2$$

$$R2^{(\pm)} = (e_{II} + R2) \cdot R1 = (b_1 + R2) \cdot R1$$

$$R1^{(\pm)} = (e_I + R1) \cdot \overline{e_{IV}} = (a_0 \cdot sT + R1) \cdot (\overline{b_1} + \overline{R3})$$

　　分組用繼電器如上圖方式規劃，各組通電條件及各氣壓缸的邏輯方程式則分別如下：

　　　I＝R1・$\overline{R2}$（第 I 組的信號）

　　　II＝R2・$\overline{R3}$（第 II 組的信號）

　　　III＝R3(第 III 組的信號)

　　　IV＝$\overline{R1}$（第 IV 組的信號）

　　　$A^{(+)}$＝R1・$\overline{R2}$・$\overline{a_1}$＋R2・$\overline{R3}$・b_0

$A^{(+)}$：表 A 缸前進的條件；在第 I 組有電氣信號或第 II 組有電氣信號且 B 缸後退制後限碰觸 b_0 極限開關時，A 缸即前進，但在第 I 組前進至中途要停止，故要串接 a_1 極限開關的"b"接點。

　　　$A^{(-)}$＝R3・$\overline{a_1}$＋$\overline{R1}$・b_0・$\overline{a_0}$

$A^{(-)}$：表 A 缸後退的條件；在第 III 組有電氣信號或第 IV 組有電氣信號且 B 缸退至後限碰觸 b_0 極限開關時，A 缸即後退。但在第 III 組後退至中途要停止，故要串接 a_1 極限開關的"b"接點。

　　　B^+＝R1・$\overline{R2}$・a_1＋R3・a_1

B^+：表 B 缸前進的條件；在第 I 組有電氣信號，A 缸前進至中途碰觸 a_1 極限開關或第 III 組有電氣信號，A 缸後退至中途碰觸 a_1 極限開關時，B 缸會前進。

　　　B^-＝R2・$\overline{R3}$＋$\overline{R1}$・$\overline{a_0}$

B^-：表 B 缸後退的條件；在在第 III 組有電氣信號或第 IV 組有電氣信號時，B 缸即後退。

(二) 繪製電路圖及氣壓迴路圖

1. 先繪製控制電路圖

　　逐一把經公式轉換為單穩態之邏輯方程式 (控制繼電器用) 及每個雙穩態邏輯方程式 (驅動氣壓缸用) 轉化為電路圖，如圖 7-24。

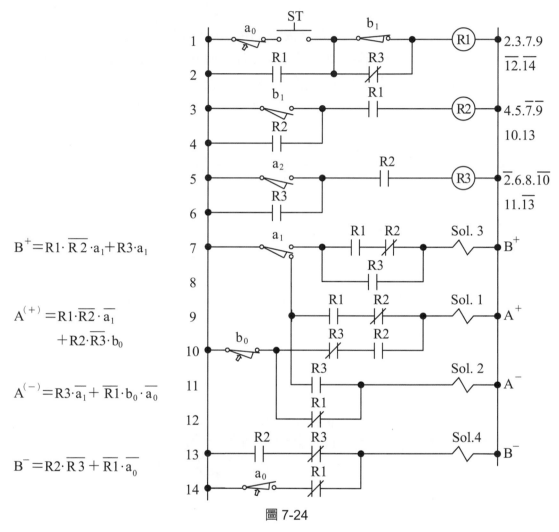

$$B^+ = R1 \cdot \overline{R2} \cdot a_1 + R3 \cdot a_1$$

$$A^{(+)} = R1 \cdot \overline{R2} \cdot \overline{a_1} + R2 \cdot \overline{R3} \cdot b_0$$

$$A^{(-)} = R3 \cdot \overline{a_1} + \overline{R1} \cdot b_0 \cdot \overline{a_0}$$

$$B^- = R2 \cdot \overline{R3} + \overline{R1} \cdot \overline{a_0}$$

圖 7-24

　　以上圖 7-24 中 a_0 及 b_1 兩個極限開關各使用兩次，而每個分組繼電器的使用點數也都超過容量數，在實際配線是無法連接的，電路須經調整才能實際配線，其調整後之電路圖如圖 7-25 所示。

圖 7-25 電路圖合併調整的方法如下：

(1) R1 繼電器：把 R1 繼電器之切斷條件的接點及 R2 繼電器之啟動條件的接點調至最右側可將 b_1 極限開關調整為一組 "c" 接點，亦可把 R1 的自保點和 R2 切斷點共用；另第一組中 $A^{(+)}$ 和 B^+ 的第一組接點 (R1‧$\overline{R2}$) 也共用，這樣 R1 的接點數可減少至 4 點 (含) 以內。

(2) R2、R3 繼電器：盡量把同一組之接點共用合併，若有電亂竄造成不當激磁時，可用互鎖點的方式來排除。如在第 9 線多加一個 R3 "b" 接點 (靠右邊的) 是排除進入第Ⅲ組時，該線電路的電對在 $A^{(+)}$ 不當激磁，A 缸無法後退；在第 10 線插入 R3 "a" 接點在使 $A^{(-)}$ 於第Ⅲ組時激磁，排除第Ⅱ組的信號。

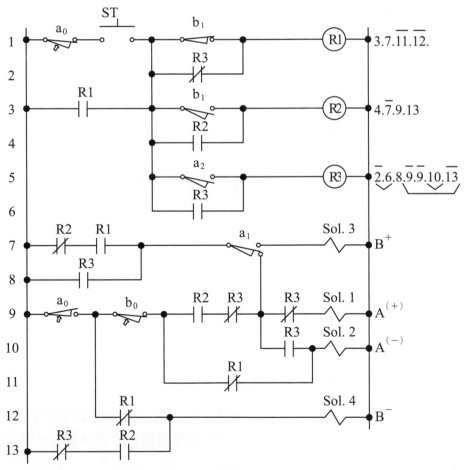

圖 7-25

2.　繪製氣壓迴路圖

氣壓迴路圖如 7-26，B 氣壓缸爲雙穩態雙頭電磁閥，而 A 氣壓缸爲五口三位中位閉氣型電磁閥 (應視爲單穩態型電磁閥)。

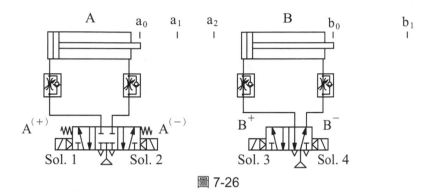

圖 7-26

把圖 7-25 和圖 7-26 合起來，即可執行 $A^+{}_{1/2}B^+B^-A^{++}A^-{}_{1/2}B^+B^-A^{--}$ 的動作。

參、電氣－氣壓單穩態迴路設計

(一) 判別需做自保迴路的氣壓缸

　　分組用繼電器及各組的控制條件和本題前面雙穩態電氣迴路皆相同，可參考前面。而各氣壓缸前進、後退的邏輯方程式需要轉換爲單穩態電磁閥可適用之邏輯方程式。而在轉換的過程中有一些要領可判別出某幾支氣壓缸需做自保迴路，有些就不用做。

　　原則上 A 缸本來就是單穩態的電磁閥，前面的邏輯方程式就可以使用；而 B 缸依前面各章節敘述的兩個原則，可以不需要做自保電路。所以 A、B 兩缸單穩態電磁閥的邏輯控制方程式可沿用前面雙穩態的式子即可。

$$A^{(+)} = R1 \cdot \overline{R2} \cdot \overline{a_1} + R2 \cdot \overline{R3} \cdot b_0$$

$A^{(+)}$：表 A 缸前進的條件；在第 I 組有電氣信號或第 II 組有電氣信號且 B 缸後退制後限碰觸 b_0 極限開關時，A 缸即前進，但在第 I 組前進至中途要停止，故要串接 a_1 極限開關的 "b" 接點。

$$A^{(-)} = R3 \cdot \overline{a_1} + \overline{R1} \cdot b_0 \cdot \overline{a_0}$$

$A^{(-)}$：表 A 缸後退的條件；在第 III 組有電氣信號或第 IV 組有電氣信號且 B 缸退至後限碰觸 b_0 極限開關時，A 缸即後退。但在第 III 組後退至中途要停止，故要串接 a_1 極限開關的 "b" 接點。

$$B^{(\pm)} = (R1 \cdot \overline{R2} + R3) \cdot a_1$$

$B^{(\pm)}$：表 B 缸前進的條件；在第 I 組有電氣信號，A 缸前進至中途碰觸 a_1 極限開關或第 III 組有電氣信號，A 缸後退至中途碰觸 a_1 極限開關時，B 缸會前進。

(二) 繪製電路圖及氣壓迴路圖

1. 先繪製控制電路圖

　　逐一把經公式轉換為單穩態之邏輯方程式 (控制繼電器用) 及每個單穩態邏輯方程式 (驅動氣壓缸用) 轉化為電路圖，如圖 7-27。

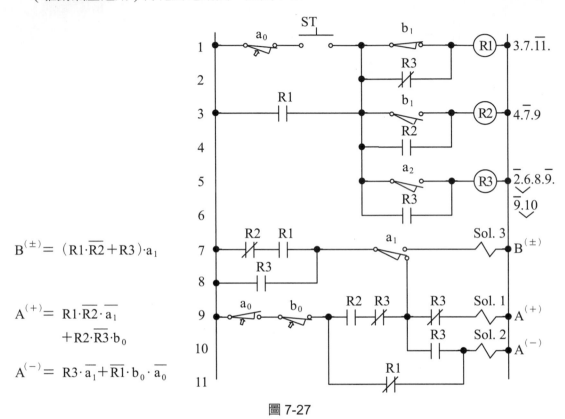

$$B^{(\pm)} = (R1 \cdot \overline{R2} + R3) \cdot a_1$$

$$A^{(+)} = R1 \cdot \overline{R2} \cdot \overline{a_1} + R2 \cdot \overline{R3} \cdot b_0$$

$$A^{(-)} = R3 \cdot \overline{a_1} + \overline{R1} \cdot b_0 \cdot \overline{a_0}$$

圖 7-27

2. 繪製氣壓迴路圖

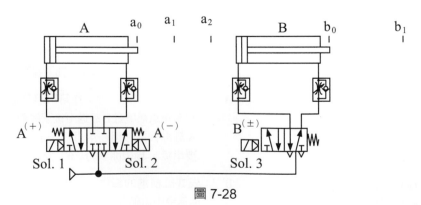

圖 7-28

　　把圖 7-27 和圖 7-28 結合，可執行電氣－氣壓單穩態迴路 $A^+_{1/2} B^+ B^- A^{++} A^-_{1/2} B^+ B^- A^{--}$ 的動作。

行程中間位置停止迴路綜合設計能力測驗

練習1 以前面各例題所介紹之方法，設計 $A^+{}_{1/2}B^+B^-B^+B^-A^{++}A^-$ 兩支氣壓缸行程中間位置停止之
(1) 機械－氣壓迴路。
(2) 電氣－氣壓雙穩態迴路。
(3) 電氣－氣壓單穩態迴路。

練習2 以前面各例題所介紹之方法，設計 $A^+{}_{1/2}C^+C^-A^{++}B^+{}_{1/2}C^+C^-B^{++}A^-B^-$ 三支氣壓缸行程中間位置停止之
(1) 機械－氣壓迴路。
(2) 電氣－氣壓雙穩態迴路。
(3) 電氣－氣壓單穩態迴路。

NOTE

8 真空迴路

所謂"真空迴路"是指在該迴路中，其氣體使用的壓力低於 1 大氣壓力 (1 atm＝1.033 kgf/cm²) 之下，利用其壓力與大氣壓力之間壓力差，搭配合適的吸盤面積，就能吸取相當重量的物件。然而，真空迴路中的氣體壓力是如何低於大氣壓力的，一般來說有下列兩種不同的產生方式：

(一) 如在超高度真空 (−95% atm 完全真空度以上) 或大量使用真空的場合，幾乎會使用真空泵浦 (Vacuum pump) 來抽取真空，使其使用壓力低於大氣壓力 (Pa：1.033 kgf/cm²)，再經由真空管線裝配至工作現場使用，其花費金額一開始會較為可觀，但是長時間使用就會覺得運轉成本符合經濟效益；而使用真空泵浦方式產生的真空，是可以獲得超高的真空度 (−99% atm)，對於要用超高度真空的場合 (如：電子業元組件製造的真空腔體，需達百分之九十九點多的真空度) 才能適用。

(二) 若只需較少量使用真空的地方，就以真空產生器產生，應用柏努力定理的方式，利用平常使用之壓縮空氣 (Pg：4~7 kgf/cm²) 來產生真空壓力 (Pg：0 ~ − 0.9 kgf/cm²)，供給真空迴路使用；但是，使用這種方式，無法獲得超高度真空 (− 95% atm 以上)，其效率也較差，在大量使用真空的場合不大適用，而且排氣噪音也很大；不過可以以較低廉的花費，以較少的使用設備，來達到有真空吸取東西的目的，本章節即是以此方式來產生真空壓力。

現在以三個例題來說明真空迴路的使用設計之要領：

$(1) V^+ (A^+ A^-) n V^-$ $(2) A^+ V^+ A^- (B^+ B^-) n V^-$ $(3) A^- B^+ V^+ B^- A^+ B^+ V^- B^-$。

例題 8-1　$V^+(A^+A^-)n\,V^-$

壹、機械－氣壓迴路設計

(一) 分析研判動作類型

$V^+(A^+A^-)n\,V^-$爲一支氣壓缸及一個眞空產生器計數動作的複雜迴路。

(二) 分組

$$V^+(A^+A^-)\,n\,V^- \xrightarrow{\;\text{分爲二組}\;}$$

(三) 列出邏輯方程式 (適用於雙穩態迴路)

$e_I = \overline{ps} \cdot st$　　　　e_I：表要切換至第 I 組的條件；當在第 II 組眞空壓力消失，眞空壓力開關復歸且壓下 st 啓動閥時，系統信號就切換至第 I 組。

$e_{II} = a_0 \cdot k$　　　　e_{II}：表要切換至第 II 組的條件；當 A 缸反覆動作次數已到達 (k)，且後退碰觸 a_0 極限閥時，系統信號就切換至第 II 組。

$V^+ = I$　　　　V^+：表眞空產生器啓動的條件；在第 I 組有氣壓信號時，產生器即啓動。

$V^- = II$　　　　V^-：表眞空產生器復歸的條件；在第 II 組有氣壓信號時，產生器即復歸。

$A^+ = I \cdot ps \cdot a_0 \cdot \overline{k}$　　　　A^+：表 A 缸前進的條件；在第 I 組有氣壓信號、眞空產生器已啓動、a_0 極限閥被碰觸且反覆動作次數未到達次數 ($\overline{k}$) 時，A 缸即前進。

$A^- = I \cdot a_1$　　　　A^-：表 A 缸後退的條件；在第 I 組有氣壓信號且 a_1 極限閥被碰觸時，A 缸即後退。

$C_z = I \cdot a_1$　　　　C_z：表計數器計數的條件；在第 I 組有氣壓信號且 a_1 極限閥被碰觸時，計數器就會計數一次。

$C_Y = II \cdot ps$　　　　C_Y：表計數器復歸的條件；在進入第 II 組有氣壓信號且眞空產生器啓動尚未復歸時，計數器就會被復歸。

(四) 繪製機械－氣壓迴路圖

1. 先繪製氣壓缸、真空產生器、主氣閥、組線及換組用回動閥、氣源供應部份，如圖 8-1。

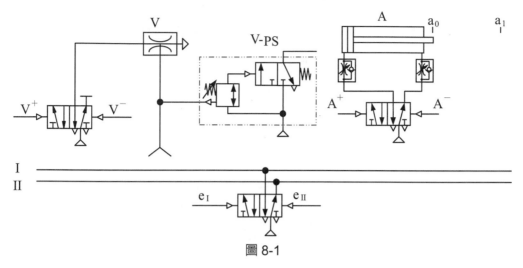

圖 8-1

2. 再把邏輯方程式的信號元件繪入並連接線路，如圖 8-2。

以上所列之邏輯方程式中 a_0、a_1 都使用兩次，且每次所驅動的動作均不相同，因此有需要加以區分，在串級法的做法是串接該組的信號即可。

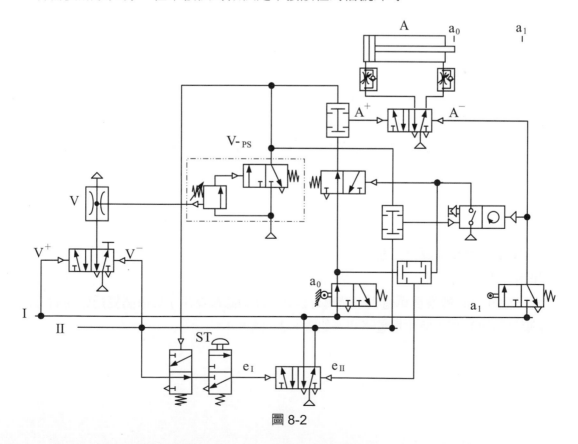

圖 8-2

以上圖 8-2，即是眞空迴路 $V^+(A^+A^-)n\,V^-$ 動作的機械－氣壓迴路圖。

貳、電氣－氣壓迴路設計

(一) 列出邏輯方程式 (可參考前面機械－氣壓迴路，適用於雙穩態迴路)

$$e_I = \overline{ps} \cdot st \qquad\qquad e_{II} = k \cdot a_0$$

$$A^+ = I \cdot a_0 \cdot ps \cdot \bar{k} \qquad\qquad A^- = I \cdot a_1$$

$$C_Z = I \cdot a_1 \qquad\qquad C_Y = II \cdot ps$$

本題共分爲二組，分組用繼電器只需使用一個，而繼電器的啓動、切斷時間分別爲如下說明：上列之 e_I 和 e_{II} 由 R1 繼電器取代，規劃 R1 激磁的時間爲 I 組，消磁的時間爲 II 組，其邏輯方程式如下：

因分組用繼電器如上圖方式規劃，各組通電的條件則分別如下：

$$I = R1$$

$$II = \overline{R1}$$

$V^+ = R1$ ｜ V^+：表眞空產生器啓動的條件；在第 I 組有電氣信號時，產生器即啓動。

$V^- = \overline{R1} \cdot ps$ ｜ V^-：表眞空產生器復歸的條件；在第 II 組有電氣信號時，產生器即復歸。

$A^+ = R1 \cdot a_0 \cdot ps \cdot \bar{k}$ ｜ A^+：表 A 缸前進的條件；在第 I 組有電氣信號、眞空產生器已啓動、a_0 極限開關被碰觸且反覆動作次數未到達次數 ($\bar{k}$) 時，A 缸即前進。

$A^- = R1 \cdot a_1$ ｜ A^-：表 A 缸後退的條件；在第 I 組有電氣信號且 a_1 極限開關被碰觸時，A 缸即後退。

$C_C = R1 \cdot a_1$ ｜ C_C：表計數器計數的條件；在第 I 組有電氣信號且 a_1 極限開關被碰觸時，計數器就會計數一次。

$C_R = \overline{R1} \cdot ps$ ｜ C_R：表計數器復歸的條件；在進入第 II 組有電氣信號且眞空產生器啓動尙未復歸時，計數器就會被復歸。

(二) 繪製電路圖及氣壓迴路圖

1. 先繪製控制電路圖

逐一把經公式轉換爲單穩態之邏輯方程式 (控制繼電器用) 及每個雙穩態邏輯方程式 (驅動氣壓缸用) 轉化爲電路圖，如圖 8-3、圖 8-4。

$R1^{(\pm)} = (ps \cdot ST + R1)$
$\cdot (\overline{a_0} + \overline{k})$

$V^+ = R1$

$A^+ = ps \cdot R1 \cdot a_0 \cdot \overline{k}$

$V^- = ps \cdot \overline{R1}$

$C_R = ps \cdot \overline{R1}$

$A^- = R1 \cdot a_1$

$C_C = R1 \cdot a_1$

$R_k = k$

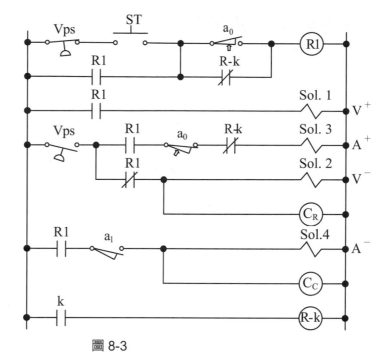

圖 8-3

$R1^{(\pm)} = (ps \cdot ST + R1)$
$\cdot (\overline{a_0} + \overline{k})$

$V^+ = R1$

$A^+ = ps \cdot R1 \cdot a_0 \cdot \overline{k}$

$V^- = ps \cdot \overline{R1}$

$R\text{-}k = k$

$R\text{-}a_1 = a_1$

$A^- = R1 \cdot a_1$

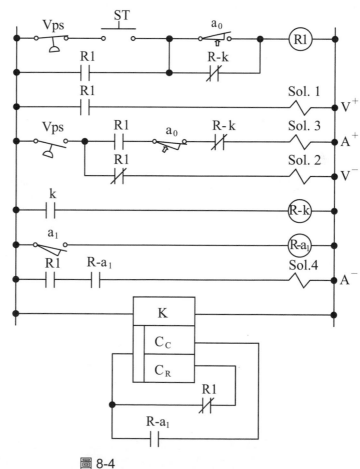

$C_R = \overline{R1}$

$C_C = R\text{-}a_1$

圖 8-4

在電路圖 8-3 中計數器為機械式的，因計數器 k 使用兩次，需經 R-k 繼電器擴大其接點，才能實際進行配線。另外計數器亦可為電子式的，將電路修改為如圖 8-4 所示。

2.　繪製氣壓迴路圖

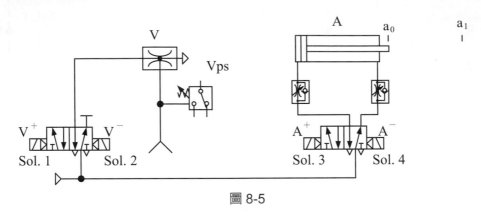

圖 8-5

把圖 8-3 或圖 8-4 和圖 8-5 結合起來，即可執行 $V^+(A^+A^-)n\ V^-$ 雙穩態迴路的動作。

參、電氣－氣壓單穩態迴路設計

(一) 判別需做自保迴路的氣壓缸

　　分組用繼電器及各組的控制條件和本題前面雙穩態電氣迴路皆相同，可參考前面。各氣壓缸前進、後退的邏輯方程式亦需要轉換為單穩態電磁閥可使用之邏輯方程式。而在轉換的過程中有一些要領可判別出某幾支氣壓缸需做自保迴路，有些就不用做。

　　不需做自保迴路的判斷原則如前面各節所述；本題原則上真空產生器驅動電磁閥，若改為單穩態電磁閥控制不需要做自保持迴路，但是 A 缸前進、後退的動作均列在同一組中，就需增加一個繼電器 (RA) 來處理，則 V、A 兩電磁閥的控制式分別為：

$V^{(\pm)} = R1$ 　　　　　　　　　$V^{(\pm)}$：表真空產生器電磁閥的控制條件；在第 I 組有電氣信號真空產生器即作動，進入第 II 組就復歸。

$RA^{(\pm)} = (ps \cdot R1 \cdot a_0 \cdot \overline{k} + RA) \cdot \overline{a_1}$ 　　$RA^{(\pm)}$：表 A 缸自保用繼電器的控制條件；啟動條件在真空產生器啟動達到一定真空度 (ps)、A 缸往復次數未到且碰觸後限 a_0，RA 繼電器就激磁；當 A 缸前進至前限碰觸 a_1，就切斷 RA 繼電器的激磁狀態。

$A^{(\pm)} = RA$ 　　　　　　　　　$A^{(\pm)}$：表 A 缸電磁閥的控制條件；在 RA 繼電器激磁時，A 缸前進；RA 繼電器消磁，A 缸即後退。

(二)繪製電路圖及氣壓迴路圖

1. 先繪製控制電路圖

逐一把經公式轉換為單穩態之邏輯方程式 (控制繼電器用) 及每個單穩態邏輯方程式 (驅動電磁閥用) 轉化為電路圖,如圖 8-6(機械式計數器)。

$$R1^{(\pm)} = (\overline{ps} \cdot ST + R1)$$
$$\cdot (\overline{a_0} + \overline{k})$$

$$V^{(\pm)} = R1$$

$$RA^{(\pm)} = (ps \cdot R1 \cdot a_0 \cdot$$
$$\overline{k} + RA) \cdot \overline{a_1}$$

$$C_R = ps \cdot \overline{R1}$$

$$A^{(\pm)} = RA$$

$$C_C = R1 \cdot a_1$$

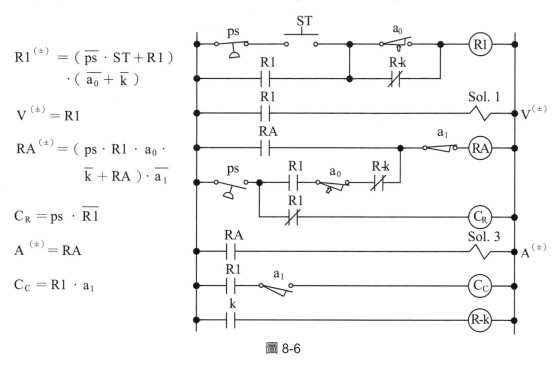

圖 8-6

或如圖 8-7(電子式計數器)。

$$R1^{(\pm)} = (\overline{ps} \cdot ST + R1) \cdot (\overline{a_0} + \overline{k})$$

$$V^{(\pm)} = R1$$

$$RA^{(\pm)} = (ps \cdot R1 \cdot a0 \cdot \overline{k} + RA) \cdot \overline{a_1}$$

$$A^{(\pm)} = RA$$

$$R\text{-}k = k$$

$$C_R = \overline{R1}$$

$$C_C = a_1$$

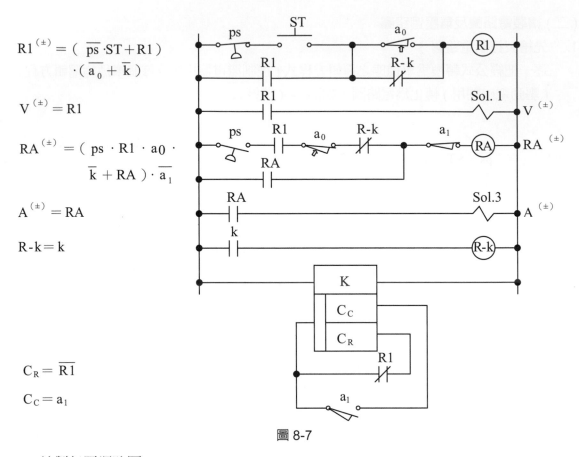

圖 8-7

2. 繪製氣壓迴路圖

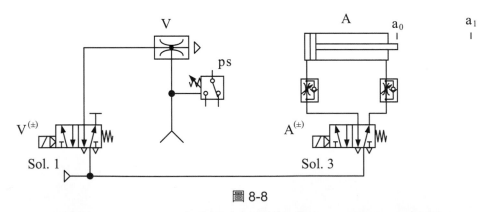

圖 8-8

把圖 8-6 或圖 8-7 和圖 8-8 結合起來，即可執行電氣－氣壓單穩態迴路 $V^+(A^+A^-)$ nV^-的動作。

例題 8-2　$A^+V^+A^-(B^+B^-)n\,V^-$

壹、機械－氣壓迴路設計

(一) 分析研判動作類型

　　$A^+V^+A^-(B^+B^-)n\,V^-$ 為兩支氣壓缸及一個眞空產生器反覆動作的複雜迴路。

(二) 分組

$$A^+V^+A^-(B^+B^-)\,n\,V^- \xrightarrow{\text{分為二組}} \underset{\text{II}}{A^+}\Big/\ V^+\ \underset{\text{I}}{A^-}\ (\underset{}{B^+}\ \underset{\text{II}}{B^-})\,n\Big/\ \underset{}{V^-}$$

（圖中標註：$\overline{ps}\cdot st$、$a_0\cdot b_0\cdot \bar{t}$、$\overline{ps}$、$ps$、$a_0$、$a_1$、$b_0\cdot t$）

(三) 列出邏輯方程式 (適用於雙穩態迴路)

$e_I = a_1$	e_I：表要切換至第 I 組的條件；當在第 II 組有氣壓信號且 a_1 極限閥被碰觸時，系統信號就切換至第 I 組。
$e_{II} = b_0 \cdot T$	e_{II}：表要切換至第 II 組的條件；當第 I 組有氣壓信號、延時閥計時已到達 (T)，且 B 缸即後退碰觸 b_0 極限閥時，系統信號就切換至第 II 組。
$V^+ = I$	V^+：表眞空產生器啓動的條件；在第 I 組有氣壓信號時，產生器即啓動。
$V^- = II$	V^-：表眞空產生器復歸的條件；在第 II 組有氣壓信號時，產生器即復歸。
$A^+ = II \cdot \overline{ps} \cdot ST$	A^+：表 A 缸前進的條件；在第 II 組有氣壓信號、眞空產生器已復歸 ($\overline{ps}$)、且啓動閥 ST 被按下時，A 缸即前進。
$A^- = I \cdot ps$	A^-：表 A 缸後退的條件；在第 I 組有氣壓信號時，眞空產生器已啓動且眞空順序閥 (ps) 被作動，A 缸即會後退。
$B^+ = I \cdot a_0 \cdot b_0 \cdot \overline{T}$	B^+：表的條件；在第 I 組有氣壓信號、A 缸後退碰觸 a_0 極限閥、氣壓延時閥計時未到 ($\overline{T}$)，且 B 缸後退碰觸 b_0 極限閥時，B 缸即前進。
$B^- = I \cdot b_1$	B^-：表 B 缸後退的條件；在第 I 組有氣壓信號且 B 缸前進至前限碰觸 b_1 極限閥時，B 缸即後退。
$T_z = I \cdot a_0$	T_z：表延時閥要開始計時的條件；當在第 I 組有氣壓信號且 a_0 極限閥被碰觸時，延時閥就開始計時。

(四) 繪製機械-氣壓迴路圖

1. 先繪製氣壓缸、真空產生器、主氣閥、組線及換組用回動閥、氣源供應部份，如圖 8-9。

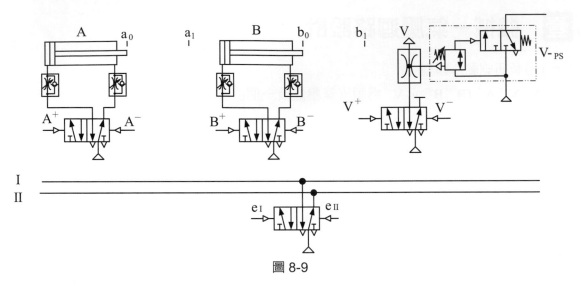

圖 8-9

2. 再把邏輯方程式的信號元件繪入並連接線路，如圖 8-10。

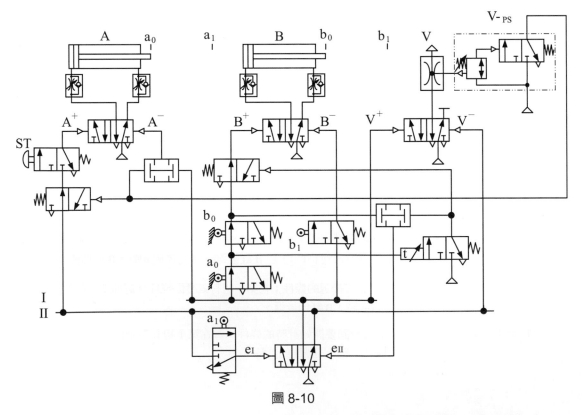

圖 8-10

以上圖 8-10 即是真空迴路 $A^+ V^+ A^- (B^+ B^-) n V^-$ 動作的機械-氣壓迴路。

貳、電氣－氣壓迴路設計

(一) 列出邏輯方程式 (可參考前面機械－氣壓迴路，適用於雙穩態迴路)

$e_I = a_1$　　　　　　　　　　　$e_{II} = b_0 \cdot T$

$V^+ = I$　　　　　　　　　　　$V^- = II$

$A^+ = II \cdot \overline{ps} \cdot ST$　　　　　$A^- = I \cdot ps$

$B^+ = I \cdot a_0 \cdot b_0 \cdot \overline{T}$　　　$B^- = I \cdot b_1$

$T_Z = I \cdot a_0$

　　本題共分為二組，故分組用繼電器只需使用一個，而繼電器的啟動、切斷時間分別為如下說明：上列之 e_I 和 e_{II} 由 R1 繼電器取代，規劃 R1 激磁的時間為 I 組，消磁的時間為 II 組，其邏輯方程式如下：

$$A^+ / V^+ A^- (B^+ B^-)n / V^-$$

$$
\begin{aligned}
R1^{(\pm)} &= (e_I + R1) \cdot \overline{e_{II}} \\
&= (a_1 + R1) \cdot (\overline{b_0 \cdot T}) \\
&= (a_1 + R1) \cdot (\overline{b_0} + \overline{T})
\end{aligned}
$$

　　因分組用繼電器如上圖方式規劃，各組通電的條件則分別如下：

I = R1

II = $\overline{R1}$

$V^+ = R1$　　　　　　　V^+：表真空產生器啟動的條件；在第 I 組有電氣信號時，產生器即啟動。

$V^- = \overline{R1} \cdot ps$　　　　　V^-：表真空產生器復歸的條件；在第 II 組有電氣信號時，產生器即復歸。

$A^+ = \overline{R1} \cdot \overline{ps} \cdot ST$　　A^+：表 A 缸前進的條件；在第 II 組有電氣信號、真空產生器已復歸，且啟動閥 ST 被按下時，A 缸即前進。

$A^- = R1 \cdot ps$　　　　A^-：表 A 缸後退的條件；在第 I 組有電氣信號時，真空產生器已啟動且真空順序閥 (ps) 被作動，A 缸即會後退。

$B^+ = R1 \cdot a_0 \cdot b_0 \cdot \overline{T}$　　B^+：表 B 缸前進的條件；在第 I 組有電氣信號、A 缸後退碰觸 a_0 極限開關、電氣計時器計時未到 ($\overline{T}$)，且 B 缸後退碰觸 b_0 極限閥時，B 缸即前進。

$B^- = R1 \cdot b_1$　　　　B^-：表 B 缸後退的條件；在第 I 組有電氣信號且 B 缸前進至前限碰觸 b_1 極限開關時，B 缸即後退。

$T_Z = R1 \cdot a_0$　　　　T_Z：表計時器要開始計時的條件；當在第 I 組有電氣信號且 a_0 極限閥被碰觸時，計時器就開始計時。

(二) 繪製電路圖及氣壓迴路圖

1. 先繪製控制電路圖

逐一把經公式轉換為單穩態之邏輯方程式 (控制繼電器用) 及每個雙穩態邏輯方程式 (驅動氣壓缸用) 轉化為電路圖，如圖 8-11。

$$R1^{(\pm)} = (a_1 + R1) \cdot (\overline{b_0} + \overline{T})$$

$$V^+ = R1$$

$$B^+ = R1 \cdot a_0 \cdot b_0 \cdot \overline{T}$$

$$B^- = R1 \cdot b_1$$

$$A^- = R1 \cdot ps$$

$$V^- = \overline{ps} \cdot \overline{R1}$$

$$A^+ = \overline{ps} \cdot \overline{R1} \cdot ST$$

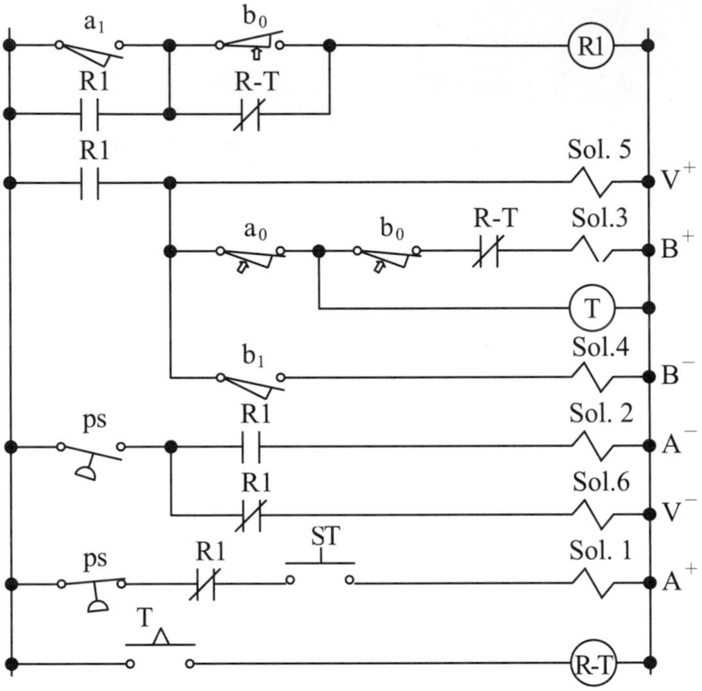

圖 8-11

在電路圖 8-11 中計時器 (T) 的輸出 b 接點使用兩次，需經繼電器擴大其接點，在配線時才能實際進行配線。

2. 繪製氣壓迴路圖

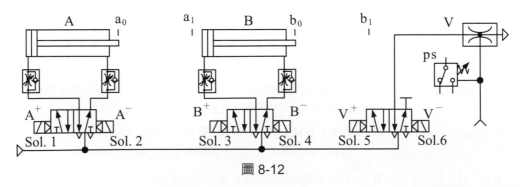

圖 8-12

把圖 8-11 和圖 8-12 結合起來，即可執行 $A^+V^+A^-(B^+B^-)n\ V^-$ 雙穩態迴路的動作。

參、電氣－氣壓單穩態迴路設計

(一) 判別需做自保迴路的氣壓缸

　　分組用繼電器及各組的控制條件和本題前面雙穩態電氣迴路皆相同，可參考前面。各氣壓缸前進、後退的邏輯方程式亦需要轉換為單穩態電磁閥可使用之邏輯方程式。而在轉換的過程中有一些要領可判別出某幾支氣壓缸需做自保迴路，有些就不用做。

　　不需做自保迴路的判斷原則如前面各節所述；本題原則上真空產生器驅動電磁閥，若改為單穩態電磁閥控制不需要做自保持迴路；但是 A 缸前進、後退的動作分別在不同一組，且 A⁻ 動作為該組第 2 個動作，另 B 缸前進、後退的動作均列在同一組中，就需分別各增加一個繼電器(RA)、(RB) 來處理，則 V、A 及 B 三個電磁閥的控制式分別為：

$V^{(\pm)} = R1$

　　$V^{(\pm)}$：表真空產生器作動的條件；在第 I 組有電氣信號時，真空產生器的電磁閥即作動。

$RA^{(\pm)} = (ST + RA) \cdot \overline{ps}$

　　$RA^{(\pm)}$：表 A 缸自保用繼電器的控制條件；啟動條件在按下啟動鈕，RA 繼電器就激磁；當真空消失時，就切斷 RA 繼電器的激磁狀態。

$A^{(\pm)} = RA$

　　$A^{(\pm)}$：表 A 缸電磁閥的控制條件；在 RA 繼電器激磁時，A 缸前進；RA 繼電器消磁，A 缸即後退。

$RB^{(\pm)} = (R1 \cdot a_0 \cdot b_0 \cdot \overline{t} + RB) \cdot \overline{b_1}$

　　$RB^{(\pm)}$：表 B 缸自保用繼電器的控制條件；，在第 I 組有電氣信號，且 A 缸退回後限、B 缸也壓住後限、計時器計時未到，RB 繼電器就激磁；在 B 缸至前限碰觸 b_1 時，就切斷 RB 繼電器的激磁狀態。

$B^{(\pm)} = RB$

　　$B^{(\pm)}$：表 B 缸電磁閥的控制條件；在 RB 繼電器激磁時，B 缸前進；RB 繼電器消磁，B 缸即後退。

(二) 繪製電路圖及氣壓迴路圖

1. 先繪製控制電路圖

　　逐一把經公式轉換為單穩態之邏輯方程式 (控制繼電器用) 及每個單穩態邏輯方程式 (驅動電磁閥用) 轉化為電路圖，如圖 8-13。

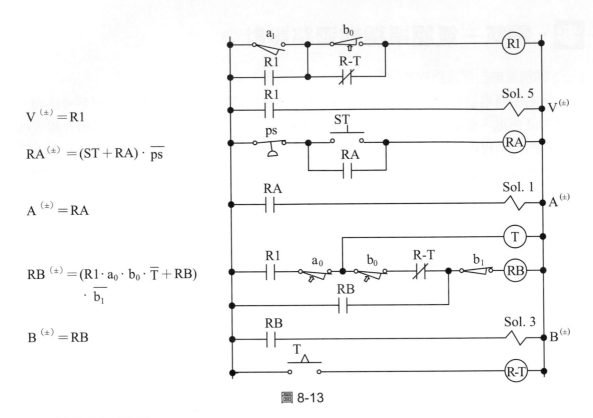

$$V^{(\pm)} = R1$$

$$RA^{(\pm)} = (ST + RA) \cdot \overline{ps}$$

$$A^{(\pm)} = RA$$

$$RB^{(\pm)} = (R1 \cdot a_0 \cdot b_0 \cdot \overline{T} + RB) \cdot \overline{b_1}$$

$$B^{(\pm)} = RB$$

圖 8-13

2. 繪製氣壓迴路圖

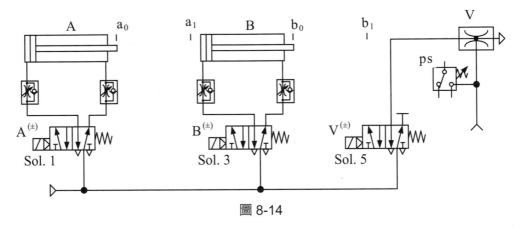

圖 8-14

　　把圖 8-13 和圖 8-14 結合起來，即可執行電氣－氣壓單穩態迴路 $A^+V^+A^-(B^+B^-)$ n V^- 的動作。

例題 8-3　$A^-B^+V^+B^-A^+B^+V^-B^-$

壹、機械－氣壓迴路設計

(一) 分析研判動作類型

　　$A^-B^+V^+B^-A^+B^+V^-B^-$ 為兩支氣壓缸及一個真空產生器的複雜迴路。

(二) 分組

$$A^-B^+V^+B^-A^+B^+V^-B^- \xrightarrow{\text{分為四組}}$$

$$\underset{\text{I}}{A^- \overset{a_0}{\nearrow} B^+ \overset{}{\searrow}_{b_1}} \underset{\text{II}}{V^+ \overset{ps}{\nearrow} B^- \searrow_{b_0}} \underset{b_0 \cdot ST}{\underset{\text{III}}{A^+ \overset{a_1}{\nearrow} B^+ \searrow_{b_1}}} \underset{\text{IV}}{V^- \overset{\overline{ps}}{\nearrow} B^- \searrow_{b_0}}$$

(三) 列出邏輯方程式 (適用於雙穩態迴路)

$e_{\text{I}} = \text{IV} \cdot b_0 \cdot ST$　　　　e_{I}：表要切換至第 I 組的條件；當在第 IV 組有氣壓信號、b_0 極限閥被碰觸且啓動閥 ST 被按下時，系統信號就切換至第 I 組。

$e_{\text{II}} = \text{I} \cdot b_1$　　　　　　e_{II}：表要切換至第 II 組的條件；當第 I 組有氣壓信號，B 缸至前限碰觸 b_1 極限閥時，系統信號就切換至第 II 組。

$e_{\text{III}} = \text{II} \cdot b_0$　　　　　e_{III}：表要切換至第 III 組的條件；當在第 II 組有氣壓信號，B 缸至後限碰觸 b_0 極限閥時，系統信號就切換至第 III 組。

$e_{\text{IV}} = \text{III} \cdot b_1$　　　　　e_{IV}：表要切換至第 IV 組的條件；當第 III 組有氣壓信號，B 缸至前限碰觸 b_1 極限閥時，系統信號就切換至第 IV 組。

$A^+ = \text{III}$　　　　　　A^+：表 A 缸前進的條件；在第 III 組有氣壓信號時，A 缸即會前進。

$A^- = \text{I}$　　　　　　　A^-：表 A 缸後退的條件；在第 I 組有氣壓信號時，A 缸即會後退。

$B^+ = \text{I} \cdot a_0 + \text{III} \cdot a_1$　　B^+：表的條件；在第 I 組有氣壓信號、A 缸後退碰觸 a_0 極限閥，或第 III 組有氣壓信號、A 缸前進碰觸 a_1 極限閥時，B 缸即前進。

$B^- = \text{II} \cdot ps + \text{IV} \cdot \overline{ps}$　　B^-：表 B 缸後退的條件；在第 II 組有氣壓信號、真空產生器作動真空壓力元件 (ps)，或第 III 組有氣壓信號、真空產生器消除真空壓力元件復歸 ($\overline{ps}$) 時，B 缸即後退。

$V^+ = \text{II}$　　　　　　V^+：表真空產生器啓動的條件；在第 II 組有氣壓信號時，產生器即啓動。

$V^- = \text{IV}$　　　　　　V^-：表真空產生器復歸的條件；在第 IV 組有氣壓信號時，產生器即復歸。

(四) 繪製機械－氣壓迴路圖

1. 先繪製氣壓缸、真空產生器、主氣閥、組線及換組用回動閥、氣源供應部份，如圖 8-15。

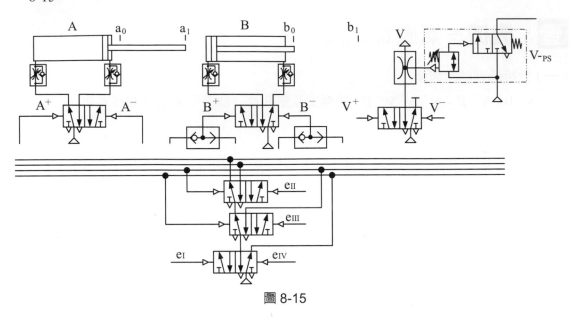

圖 8-15

2. 再把邏輯方程式的信號元件繪入並連接線路，如圖 8-16。

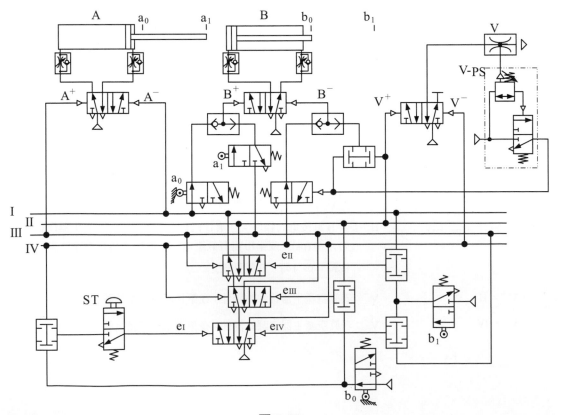

圖 8-16

以上圖 8-16 即是真空迴路動作 $A^-B^+V^+B^-A^+B^+V^-B^-$ 的機械－氣壓迴路。

貳、電氣－氣壓迴路設計

(一) 列出邏輯控制式 (可參考前面機械－氣壓迴路，適用於雙穩態迴路)

$e_I = IV \cdot b_0 \cdot ST$ $\qquad$ $e_{II} = I \cdot b_1$

$e_{III} = II \cdot b_0$ $\qquad$ $e_{IV} = III \cdot b_1$

$A^+ = III$ $\qquad$ $A^- = I$

$B^+ = I \cdot a_0 + III \cdot a_1$ $\qquad$ $B^- = II \cdot ps + IV \cdot \overline{ps}$

$V^+ = I$ $\qquad$ $V^- = II$

　　本題共分為四組，故分組用繼電器需使用三個，而各繼電器的啟動、切斷時間分別為如下說明：上列之 e_I、e_{II}、e_{III} 和 e_{IV} 分別由 R1、R2、R3 繼電器取代，規劃 R1 激磁的時間為Ⅰ＋Ⅱ＋Ⅲ組，R2 激磁的時間為Ⅱ＋Ⅲ組，R3 激磁的時間為Ⅲ組，其邏輯控制式如下：

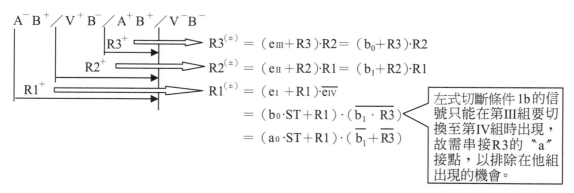

$$R3^{(\pm)} = (e_{III} + R3) \cdot R2 = (b_0 + R3) \cdot R2$$

$$R2^{(\pm)} = (e_{II} + R2) \cdot R1 = (b_1 + R2) \cdot R1$$

$$R1^{(\pm)} = (e_I + R1) \cdot \overline{e_{IV}}$$

$$= (b_0 \cdot ST + R1) \cdot (\overline{b_1 \cdot R3})$$

$$= (a_0 \cdot ST + R1) \cdot (\overline{b_1} + \overline{R3})$$

> 左式切斷條件 1b 的信號只能在第Ⅲ組要切換至第Ⅳ組時出現，故需串接R3的〝a〞接點，以排除在他組出現的機會。

　　因分組用繼電器如上圖方式規劃，各組通電的條件及各氣壓缸的驅動條件，則分別如下：

$I = R1 \cdot \overline{R2}$

$II = R2 \cdot \overline{R3}$

$III = R3$

$IV = \overline{R1}$

$A^+ = R3$ $\qquad$ A^+：表 A 缸前進的條件；在第Ⅲ組有電氣信號，A 缸即前進。

$A^- = R1 \cdot \overline{R2}$ $\qquad$ A^-：表 A 缸後退的條件；在第Ⅰ組有電氣信號時，A 缸即會後退。

$B^+ = R1 \cdot \overline{R2} \cdot a_0 + R3 \cdot a_1$ $\qquad$ B^+：表 B 缸前進的條件；在第Ⅰ組有電氣信號、A 缸後退碰觸 a_0 極限開關，或在第Ⅲ組有電氣信號，A 缸前進碰觸 a_1 極限閥時，B 缸即可前進。

$$B^- = R2 \cdot \overline{R3} \cdot ps +$$
$$\overline{R1} \cdot ps \cdot b_0$$

B^-：表 B 缸後退的條件；在第 II 組有電氣信號且真空壓力開關 (ps) 被作動，或在第 IV 組有電氣信號且真空壓力開關 (ps) 復歸時，B 缸即可後退。

$$V^+ = R2 \cdot \overline{R3}$$

V^+：表真空產生器啟動的條件；在第 I 組有電氣信號時，真空產生器即可啟動。

$$V^- = \overline{R1} \cdot b_0$$

V^-：表真空產生器復歸的條件；在第 II 組有電氣信號時，真空產生器即可復歸。

(二) 繪製電路圖及氣壓迴路圖

1. 先繪製控制電路圖

逐一把經公式轉換為單穩態之邏輯控制式 (控制繼電器用) 及每個雙穩態邏輯控制式 (驅動氣壓缸用) 轉化為電路圖，如圖 8-17。

$$R1^{(\pm)} = (b_0 \cdot ST + R1)$$
$$\cdot (\overline{R3} + \overline{b_1})$$

$$R2^{(\pm)} = (b_1 + R2) \cdot R1$$

$$R3^{(\pm)} = (b_0 + R3) \cdot R2$$

$$A^+ = R3$$

$$A^- = R1 \cdot \overline{R2}$$

$$B^+ = R1 \cdot \overline{R2} \cdot a_0$$
$$+ R3 \cdot a_1$$

$$B^- = R2 \cdot \overline{R3} \cdot ps$$
$$+ \overline{R1} \cdot \overline{ps} \cdot b_0$$

$$V^- = \overline{R1} \cdot b_0$$

$$V^+ = R2 \cdot \overline{R3}$$

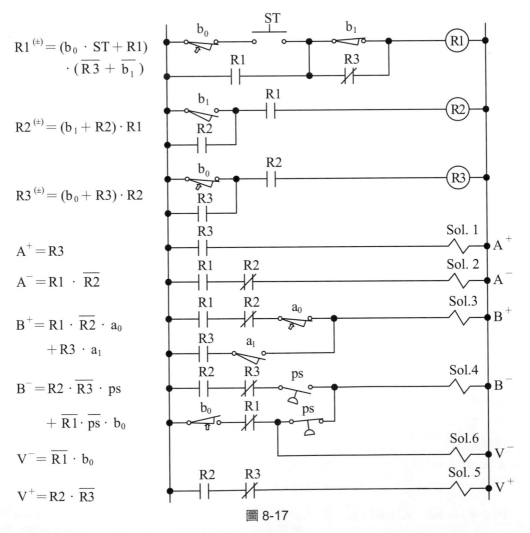

圖 8-17

在電路圖 8-17 中 b_0、b_1、R2、R3 的使用次數，都已超過該電氣元件的使用數量，電路圖需要調整，才能在實際配線時進行配線。調整後之電路圖，如圖 8-18。

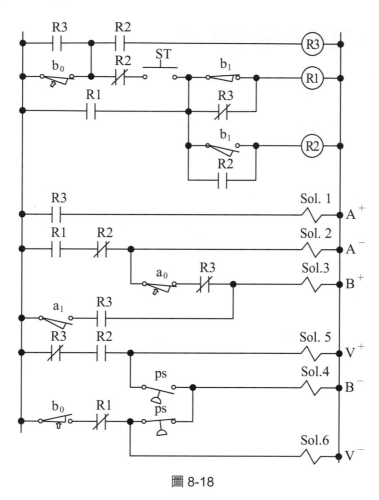

圖 8-18

2.　繪製氣壓迴路圖

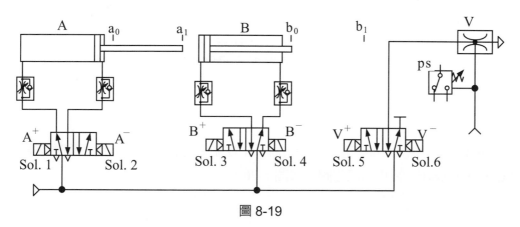

圖 8-19

把圖 8-18 和圖 8-19 結合起來，即可執行 $A^-B^+V^+B^-A^+B^+V^-B^-$ 雙穩態迴路的動作。

參、電氣－氣壓單穩態迴路設計

(一) 判別需做自保迴路的氣壓缸

分組用繼電器及各組的控制條件和本題前面雙穩態電氣迴路皆相同，可參考前面。各氣壓缸前進、後退及驅動真空產生器的邏輯方程式，亦需要轉換為單穩態電磁閥可使用之邏輯方程式。而在轉換的過程中有一些要領可判別出某幾支氣壓缸需做自保迴路，有些就不用做。

不需做自保迴路的判斷原則如前面各節所述；本題原則上 A 缸及真空產生器驅動電磁閥，若改為單穩態電磁閥控制不需要做自保持迴路；但是 B 缸前進、後退的動作有 2 次，且 B⁻ 2 次動作均為該組第 2 個動作，本來應追加 2 個繼電器來處理 B 缸前進、後退的動作，但因本題驅動 B 缸第 1 次前進的信號足夠長，故可以僅針對第 2 次前進、後退的動作追加 1 個繼電器即可處理，三個單穩態電磁閥的控制式分別為：

$A^{(干)} = R1 \cdot \overline{R3}$ $A^{(干)}$：表 A 缸電磁閥的控制條件；當第 I 組 R1 繼電器激磁時，使 Sol.2 線圈激磁，A 缸就後退；在進入第III組 R3 繼電器激磁時，切斷 Sol.2 線圈的激磁，A 缸就前進。

$RB^{(土)} = (a_1 + RB) \cdot (R3 + ps)$ $RB^{(土)}$：表 B 缸自保用繼電器的控制條件；在第III組有電氣信號，且 A 缸伸出至前限，碰觸 a_1 開關時，使 B 缸會第二次前進；進入第IV組且真空產生器復歸時，B 缸就後退。

$B^{(土)} = R1 \cdot \overline{R2} \cdot a_0 + RB$ $B^{(土)}$：表 B 缸電磁閥的控制條件；第 1 次前進，在第 I 組有電氣信號，且 A 缸退回後限時；第 2 次前進是在 RB 繼電器激磁時，都會使 B 缸前進；當進入第 II 組或進入第IV組且真空產生器復歸時，RB 消磁，B 缸即後退。

$V^{(土)} = R2$ $V^{(土)}$：表真空產生器作動的條件；在第 II 組有電氣信號時，使 Sol.5 線圈激磁，真空產生器即作動，產生真空狀態；進入第IV組時，切斷 Sol.5 線圈的激磁狀態，真空現象隨即消失。

(二) 繪製電路圖及氣壓迴路圖

1. 先繪製控制電路圖

   逐一把經公式轉換為單穩態之邏輯方程式 (控制繼電器用) 及每個單穩態邏輯方程式 (驅動電磁閥用) 轉化為電路圖，如圖 8-20。

$R3^{(\pm)} = (b_0 + R3) \cdot R2$

$R1^{(\pm)} = (b_0 \cdot ST + R1)$
$\qquad \cdot (\overline{R3} + \overline{b_1})$

$R2^{(\pm)} = (b_1 + R2) \cdot R1$

$A^{(\mp)} = R1 \cdot \overline{R3}$

$RB^{(\pm)} = (a_1 + RB) \cdot (R3 + ps)$

$B^{(\pm)} = R1 \cdot \overline{R2} \cdot a_0 + RB$

$V^{(\pm)} = R2$

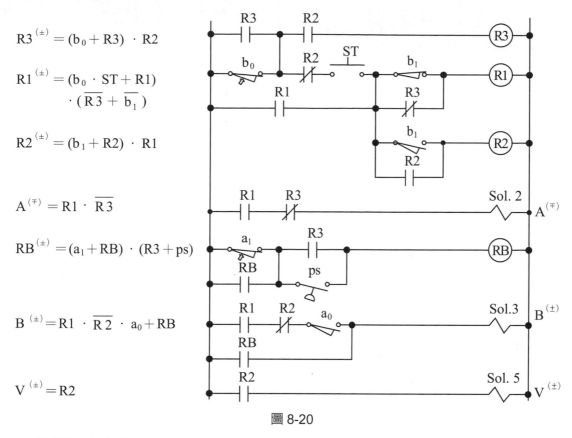

圖 8-20

2. 繪製氣壓迴路圖

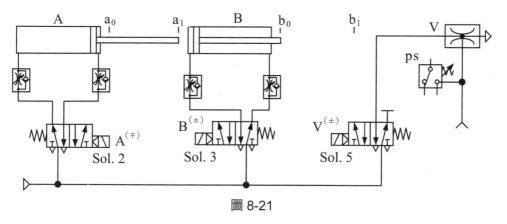

圖 8-21

把圖 8-20 和圖 8-21 結合起來，即可執行 $A^- B^+ V^+ B^- A^+ B^+ V^- B^-$ 電氣－氣壓單穩態迴路的動作。

真空迴路綜合設計能力測驗

練習 1 以前面各例題所介紹之方法，設計 $A_{1/2}{}^+V^+A^{++}V^-A^-$ 含有真空動作之

(1) 機械－氣壓迴路。

(2) 電氣－氣壓雙穩態迴路。

(3) 電氣－氣壓單穩態迴路。

練習 2 以前面各例題所介紹之方法，設計 $B^+V^+B^-A^+B^+V^-B^-A^-$ 含有真空動作之

(1) 機械－氣壓迴路。

(2) 電氣－氣壓雙穩態迴路。

(3) 電氣－氣壓單穩態迴路。

9 氣壓閥件型態的選用

　　"氣體閥件型態的選用"是指氣壓缸在動力管線上之主氣閥或電磁閥，於緊急停止時，應該使用何種型態的閥件來控制致動器(一般以氣壓缸為主)，才能獲得最安全、最有效的緊急停止效果。

　　自動化機械在處理緊急停止的原則，基本上是把控制訊號全切斷，而使閥體回復到常態的狀態下控制氣壓缸的動作為主；甚少需要再有用引導壓或激磁某個線圈等，來使某幾個閥件作動，達到安全要求的目的。那麼為何會以緊急停止狀態做為判斷主氣閥或電磁閥需使用何種型態的閥件為主呢？主要原因是當自動化機械在執行緊急停止時，希望能獲得萬全的安全動作，所以不宜有過多的操作步驟，只需按下緊急停止鈕(一般用"b"接點)將控制訊號切斷，所有閥件都沒有控制訊號，單穩態恢復到常態位置、雙穩態繼續保持原來位置、三位置的回到中立位置，而利用動力管線的氣源將各氣壓缸，以最安全的方式做最妥善的處置，之後以人工方式故障排除，最後再將機械復歸回機械原點。

　　氣壓缸在緊急停止時，依現場的要求需產生三種不同動作來符合實際需求，這三種不同動作分別為：1. 要立即有反向動作者、2. 需繼續保持原動作者、3. 必須立即就地停止者。以上三種不同動作就需有不同型態的閥件來控制之，其控制方式如下所述：

1.　要立即有反向動作者，需使用 5/2 單穩態(電磁)閥件，如圖 9-1 之 A 缸，作為料件進料缸用；若在進料不順暢(如卡料)時，按下緊急停止鈕(開關)需立即反向後退，以保安全狀態。

2.　需繼續保持原動作者，就需用 5/2 雙穩態(電磁)閥件，如圖 9-1 之 B 缸，作為料件夾緊之夾料缸使用；在鑽孔不順鑽頭斷裂時，按下緊急停止鈕(開關)仍然需要繼續夾緊料件，以防止料件飛出傷人的狀況發生。

3.　必須立即就地停止者，僅只能使用 5/3 中位排氣型(電磁)閥件再搭配兩個引導止回閥控制，如圖 9-1 之 C 缸，作為鑽孔用途；在鑽孔不順鑽頭斷裂時，按下緊急停止鈕 (開關) 就要立即停止，不得再前進也不宜後退的狀態。

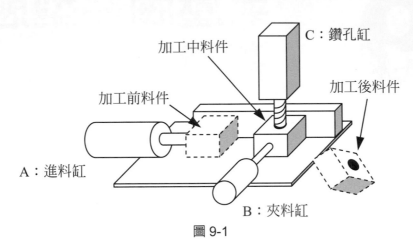

圖 9-1

現在逐一分析每支氣壓缸負責的工作任務的不同，當在緊急停止時，需要如何動作才能獲得最安全的情況。

首先 A 缸為推入加工前料件之進料缸，當正在進料時，有可能鑽孔加工之切屑跳入進料的導料槽內，而發生進料不順暢之卡料現象；此時在按下緊急停止鈕時，切斷控制訊號是希望氣壓缸能立即後退，可使操作人員能馬上處理卡住的料件；若沒有即刻後退，繼續僵持推著料件，除了操作人員無法即時處理卡住的料件外，甚至有可能會因機台後續的震動，而發生料件飛出傷人的情形，相當危險；因此，A 進料缸必需選用緊急停止時，需能使氣壓缸立即後退的單穩態 (電磁) 閥件控制，才能符合實際需求，如圖 9-2、圖 9-3。

其次 B 缸為夾緊加工中料件之夾料缸，是負責將加工中料件夾緊，直到鑽孔完畢，鑽孔缸退回安全位置，夾料缸才能後退；如果在鑽孔時，因切削不當或進給力道過猛造成鑽頭斷裂，此刻按下緊急停止鈕時，切斷控制訊號，氣壓缸必須用力繼續夾住料件，防止料件因鑽頭仍然繼續旋轉中而飛出的情形，絕不能就此放鬆或後退夾料缸，這樣加工中的料件會飛出來，很有可能會打傷人的；若要有用力繼續夾住料件的功能，就需使用雙穩態 (電磁) 閥件，因緊急停止切斷控制訊號後，雙穩態 (電磁) 閥件繼續保持於原來的閥位，即能使氣壓缸繼續用力夾持料件，如此就能符合夾料缸實際功能的需求，如圖 9-2、圖 9-3。

最後 C 缸為鑽孔缸，當鑽孔時因切削不當或進給力道過猛造成鑽頭斷裂，在這個時候按下緊急停止鈕時，切斷控制訊號鑽孔氣壓缸必須立即停止，因鑽頭已斷裂無切削刃口，不可再前進，否則有可能會加大鑽削力量，甚至傷到驅動鑽頭的馬達；但也不能後退,不然已斷裂的那一節鑽頭可能因持續旋轉而飛出,會有危險情形產生;若要鑽孔氣壓缸立即停止,就需使用 5/3 中位排氣型 (電磁) 閥件,再搭配兩個引導止回閥,就能有立即停止的效果;因緊急停止切斷控制訊號後,5/3 中位排氣型 (電磁) 閥件切回中位,而且將動力管線的氣源氣排放掉,使得兩個引導止回閥即可發揮立即鎖固的效果,如此就能使該缸立即停止,符合鑽孔缸實際需求,如圖圖 9-2、圖 9-3。

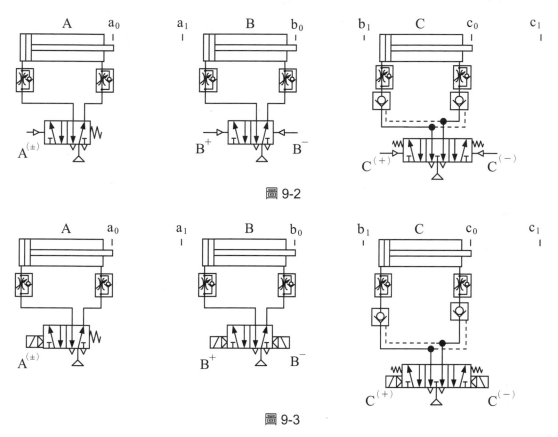

圖 9-2

圖 9-3

　　若 5/3 中位排氣型 (電磁) 閥件取得不方便時,也可以使用兩個 3/2 常閉型或 5/2 塞住 B 接口的 (電磁) 閥件來取代之,同樣可以獲得相同的立即鎖固效果,如圖 9-4、圖 9-5、圖 9-6、圖 9-7。

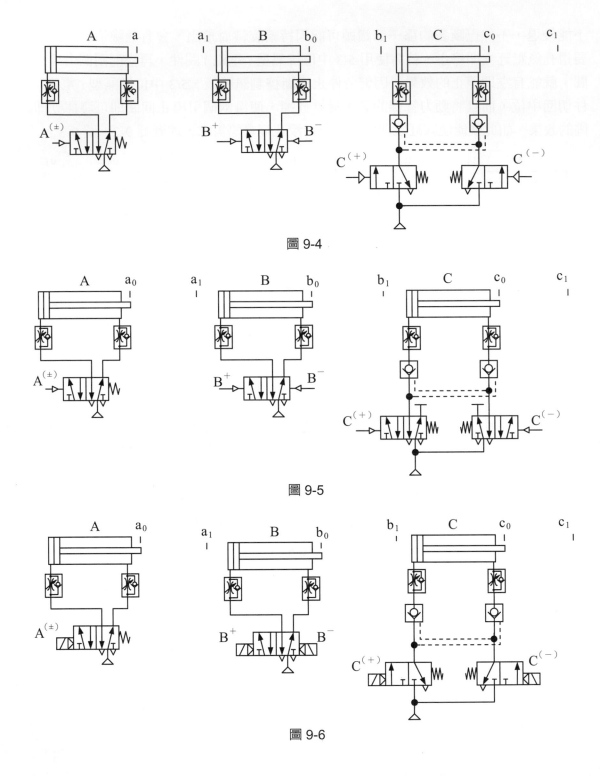

圖 9-4

圖 9-5

圖 9-6

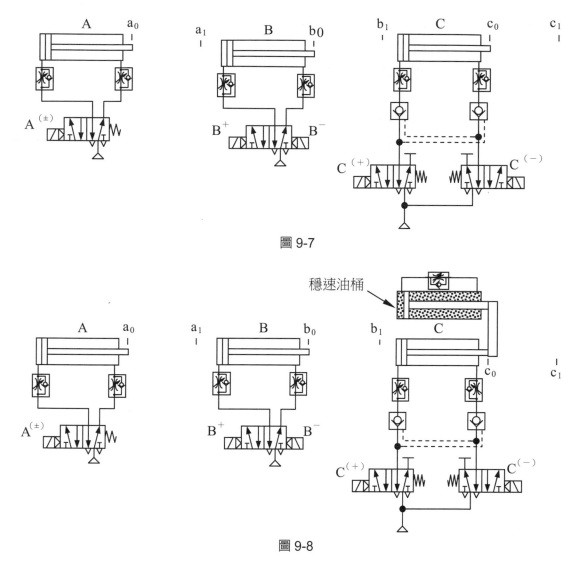

圖 9-7

圖 9-8

在圖 9-8 中，C 缸多並接了一支穩速油桶，主要目的是使 C 缸行走時，可以獲得很慢又很均勻的鑽孔速度，可以從上面油壓的單向流量控制閥調節，能控制油壓缸的伸出速度，而油壓缸又與氣壓缸並聯銜接住，所以就可以控制鑽孔的速度了；其最主要的原因是利用液壓油在低壓 ($6 \sim 8$ kgf/cm^2) 時，體積是不會被壓縮的是不改變；因此，在極慢速的情形下，也可以非常穩定又均勻的移動，慢到宛如時鐘裏面分針的行走速度，在這麼慢的情形下都還是很穩定的。

　　一般在執行緊急停止時，機械都是已經出了狀況，此時機械的操作人員都是很緊張的心情；因此，在執行緊急停止的動作時，是越簡單、越單純、越好的，幾乎都在按下緊急停止鈕後 (如：台電公司突然斷電也屬於緊急停止的一種)，操作人員就等待機械停止，以人工方式清除掉機台上待加工之料件，而機械上的氣壓缸，該復歸的就它復歸，該繼續用力保持的就持續保持住，而該就地停止的就立刻停止；前述三種狀況全部都要依賴動力管線上的主氣閥件或電磁閥，在切斷控制線的氣源或電源情形下去因應處理的，不會還要靠哪個主氣閥件或電磁閥作動 (若斷電時是沒有電源可激磁的)，而去執行某個動作，才能做到安全的情形；如有需要靠哪個主氣閥件或電磁閥作動，才能做到安全情形的話，成功機率是下降的，相對的危險性也就大幅提升了，這樣機械的安全就很堪慮，絕不能做為緊急停止的方式。所以，在機械緊急停止時，選用何種型態的主氣閥或電磁閥來控制氣壓缸，以閥件選擇正確的型態，直接使氣壓缸獲得最安全的情況，才是安全的首選。

10 自動化機械常見操作功能（一）

　　自動化機械從組立、裝配、安裝、試車、調整、生產，甚至於到意外狀況發生，都需要有不同的操作功能相因應，才能使機械的操作達到最安全、最便利的要求。

　　首先介紹各種不同操作功能的運轉模式、使用時機及注意事項，然後以一台自動化鑽孔機械的動作，再分別加入各種不同操作功能，來詳細說明其設計要領。

　　在自動化機械常見的操作功能可概分為：

一、循環運轉。

二、急停復歸。

三、步進寸進等三大類。

而每種類型又可細分為多種不同之操作細項。

一、　循環 (Cycle) 運轉功能：在自動化機械是應用於已調整好各機構之間的相關位置、設定好各操作條件或參數，機械可連續長時間自動運轉的功能。依需求可細分為 "單一循環" 及 "連續循環" 兩種。所謂 "單一循環" 功能係指自動化機械在每次按下啟動鈕後，即可從機械運轉的第一個動作連續執行至最後一個動作而自動停止，也有人稱之為 "半自動循環" (Semi-Auto Cycle)。適用於自動化機械剛用步進或寸進功能調整、校正完畢，尚未使用自動連續循環功能操作之前使用的。另一種 "連續循環" 功能，則是在按下啟動鈕後，機械即不停地連續運轉，自動執行先前介紹之 "半自動循環" 的每個步驟；需待停止鈕被按下，機械會在運轉完一個完整循環時停止，此種功能適用於自動化機械已經單一循環運轉過後，一切都已就緒，要開始大量生產之時機。

二、　緊急停止、復歸 (EMS & RST) 功能：當自動化機械在生產運轉，或調整校正機械中發生意外狀況時，機械需要有立即停止的 "緊急停止" 功能，才不會導致機械有更嚴重的損傷。在當緊急停止鈕被按下時，機械需視實際的不同情況採取最安全的緊急停止、復歸動作。例如：一部自動化鑽孔機在鑽孔時發生鑽頭折斷的意外，此時按下緊急停止鈕，鑽孔進給缸須立即就地停止，但夾緊工件用之夾料缸仍需持續夾住工件，防止工件飛出傷人，以確保工作上的安全。其他各種不同自動化機械也都有最適合、最安全的緊急停止及復歸動作。

三、　步進 (Step)、寸進 (Inching) 功能：當自動化機械剛組立安裝完成，並與控制盤面連結完畢，一開始要試車、調整時，為確保人員、機械安全，會採用此操作功能，在選擇鈕切至 "手動操作模式"，按一下啓動鈕，即執行一步的機械動作之步進功能來進行試車、調整；若萬一機械有某一部分沒有調整妥當，可立即修正、改善，不致安全上出重大問題。甚至有些比較重要的某幾個動作，還會採用安全性更高的操作方式，就是按著啓動鈕才會移動，放開啓動鈕即停止運轉的 "寸進操作功能"，最主要的目的在確保機械操作上的安全及人員的安全。本節 "步進、寸進" 等功能，就保留至下一章節 (下冊進階篇第 1 章) 再行詳細說明設計要領。

　　現在就列舉一個簡單動作的題目 $A^+B^+A^-C^+TC^-B^-$ 之自動化鑽孔機械為例子，分別加入不同操作功能，在本章節說明較為簡單的操作功能，待第十一章 (下冊進階篇第 1 章) 再詳細說明較為複雜之操作功能的設計要領。

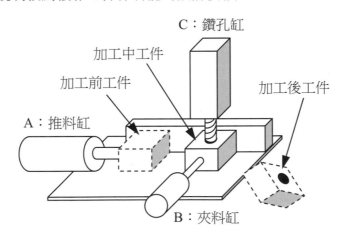

C：鑽孔缸

加工中工件

加工前工件

加工後工件

A：推料缸

B：夾料缸

例題 10-1

$A^+B^+A^-C^+TC^-B^-$自動化鑽孔機加入動作中不互相切換之 "單一／連續循環" 功能的迴路設計。

壹、機械－氣壓迴路設計

(一) 分析說明動作中不互相切換之單一／連續循環操作功能的設計要領

　　設計動作中不互相切換之單一／連續循環操作功能時，在氣壓方面需多增加一個 5/2 單邊氣導閥 (而在電氣方面就多加一個 R0 繼電器)，以作為單一／連續循環模式選擇之用，當 5/2 單邊氣導閥持續被作動 (或 R0 繼電器持續激磁) 時，機械的動作就以連續循環功能運轉之；若 5/2 單邊氣導閥 (或 R0 繼電器) 作動後立即復歸，機械就在完成一個循環後自動停止。一般單一／連續循環操作大都以一個 5/2 氣壓切換閥 (或 CS 電氣切換開關) 來選擇，機械於動作中不互相切換。在機械未啓動前以 5/2 切換閥 (或 CS 切換開關) 先選擇運轉功能，然後再按下啓動鈕，以啓動機械。如為單一循環功能運轉在完成一個循環時，機械即自動停止；若為連續循環功能，機械啓動後即不停地運轉，需待按下 off 氣壓停止閥 (或電氣停止開關)，才會在執行完一個完整的循環後停止。依據以上之分析，可以歸納繪製出單一/連續選擇的迴路，如圖 10-1 之氣壓迴路、圖 10-2 之電氣迴路。其控制式：$R0^{(\pm)} = (ST + CS \cdot R0) \cdot \overline{off}$，將控制式子畫成氣壓迴路如圖 10-1，畫成電氣迴路如圖 10-2。

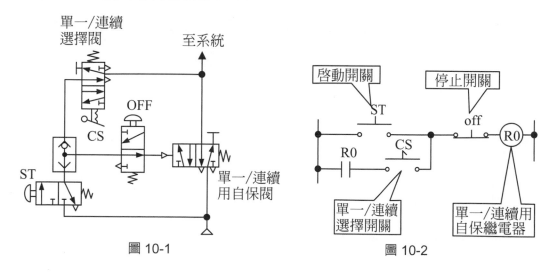

圖 10-1　　　　　　　　　　　　　　圖 10-2

1. 當氣壓選擇閥(或電氣選擇開關)未切換時,按下啓動閥(開關)會使啓動訊號通過梭動閥、停止閥(開關)到達自保元件引導口,啓動氣壓自保閥(或電氣繼電器)元件,這時系統就會有啓動訊號,再搭配機械原點訊號,即可使系統開始運轉;在放開啓動閥(開關)時,就無法保住氣壓自保閥(或電氣繼電器)元件,該元件隨即復歸回原位(內部有復歸彈簧),此即爲所謂的"單一循環運轉"。

2. 在氣壓選擇閥(或電氣開關)已切換時,按下啓動閥(開關)會使啓動訊號通過梭動閥、停止閥(開關)到達自保閥引導口作動氣壓自保閥(或電氣繼電器)元件,系統就會有啓動訊號,而且自保訊號可透過選擇閥(開關)將氣壓自保閥(或電氣繼電器)長時間保持住,當放開啓動閥(開關)時,氣壓自保閥(電氣繼電器)會因有自保訊號可長時間自保住,形成啓動訊號隨時存在,再搭配機械原點訊號,即可成爲"連續循環運轉"的功能。

(二) 繪製出全氣壓迴路並加入動作中不互相切換之單一 / 連續循環操作功能,如圖 10-3

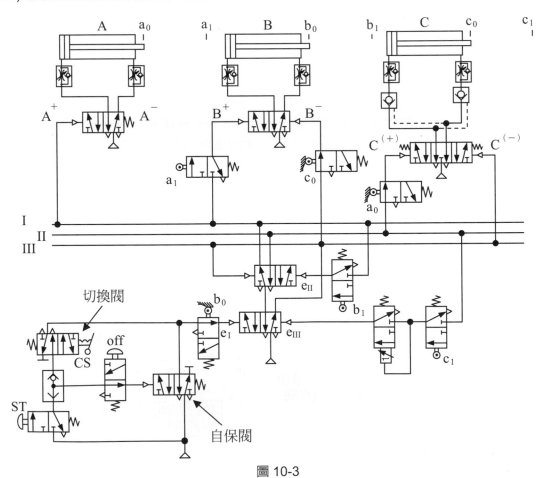

圖 10-3

在上圖 10-3 迴路中切換閥未切下時，按下啓動鈕 ST 會作動自保閥，搭配機械原點訊號 b_0，即可啓動機械執行自動鑽孔的動作；但，一放開啓動鈕 ST，啓動訊號隨即中斷，機械僅會執行"單一循環運轉"動作。

若在上圖 10-3 迴路中切換閥已切下時，按下啓動鈕 ST 會作動自保閥，搭配機械原點訊號 b_0，即可啓動機械執行自動鑽孔的動作，並且自保訊號會透過切換閥將自保閥保持於作動狀態，這樣啓動訊號就不會中斷，再搭配機械原點訊號 b_0，即可不停地啓動機械執行自動鑽孔的動作，即形成所謂的"連續循環運轉"動作，直到按下 off 停止閥，機械做完一個完整循環後停於機械原點。

(三) 繪出電氣－氣壓迴路圖並加入動作中不互相切換之單一 / 連續循環操作功能，如圖 10-4、10-5。

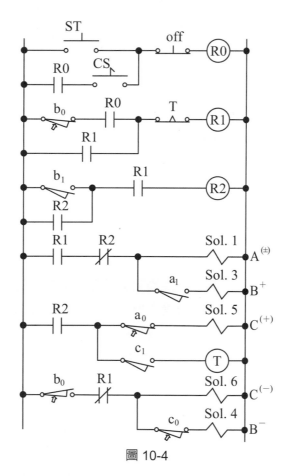

圖 10-4

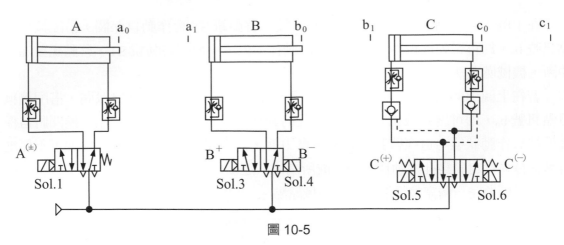

圖 10-5

在圖 10-4 及圖 10-5 是加上不互相切換之單一／連續運轉功能的迴路，所形成功能較為完整的電氣－氣壓迴路圖。兩個迴路圖互相搭配即可獲得不互相切換之單一／連續運轉的功能。

例題 10-2

$A^+B^+A^-C^+TC^-B^-$ 自動化鑽孔機加入 "單一／連續循環" 動作中切換無效之功能的迴路設計。

貳、機械－氣壓迴路設計

(一) 分析說明動作中切換無效之單一／連續循環操作功能的設計要領

　　自動化機械操作中會獲得最安全的操作模式，經常會把不同的操作模式 (單一循環／連續循環) 的選擇，設計成動作中互相切換無效的形式，也就是如果在連續循環模式下啟動機械，在機械仍在動作中，若將模式選擇閥 (或開關) 特地切換至單一循環模式，但仍然需要保持在連續循環的模式，直到按下機械停止閥 (或開關)off，機械於運轉完一個完整循環後才會停止，此時才能選擇不同操作模式，此種情形就是所謂的 "動作中切換無效"；反之單一循環切至連續循環，也是相同的情況，都是在機械停止運轉的情形下，才能切換不同運轉模式。

　　在設計動作中切換無效之單一／連續循環操作功能，需再多增加一個單邊氣導閥 (R0 繼電器)，以作為單一／連續循環選擇之用，在循環結束時按下 ST 啟動閥 (開關)，配合 CS 切換閥 (開關) 的 "未切下" 或 "已切下" 的狀態，分下述兩種情形來說明：

(一) 當 CS 切換閥 (開關) 未切下的狀態，在按下 ST 啟動閥 (開關) 時，啟動訊號直接送至系統，而啓動系統第 I 組氣源分組閥 (或第一個分組用 R1 繼電器)，此時並沒有啓動單一 / 連續用自保閥 (R0 繼電器)；在動作中若將 CS 切換閥 (開關) 切至連續循環，也沒有啓動訊號可啓動單一 / 連續用自保閥 (R0 繼電器)，系統仍保持於單一循環模式。(二) 當 CS 切換閥 (開關) 已切下的狀態，在按下 ST 啓動閥 (開關) 時，啓動訊號送至單一 / 連續用自保閥 (R0 繼電器) 並啓動該元件，單一 / 連續用自保閥 (R0 繼電器) 被啓動後，再送一個訊號至系統第 I 組氣源分組閥 (或第一個分組用 R1 繼電器)，啓動系統，並分送一個自保持訊號，繼續把單一 / 連續用自保閥 (R0 繼電器) 保持於作動狀態，直到按下停止閥 (開關)off 將自保訊號切斷，才能使單一 / 連續用自保閥 (R0 繼電器) 復歸，但機械則會在完成一個循環後停止運轉；若動作中將 CS 切換閥 (開關) 切回的單一模式狀態，也不影響自保閥 (R0 繼電器) 保持於作動狀態，即形成所謂的動作中切換無效。以上這種操作模式即爲 "單一 / 連續循環" 動作中切換無效之操作功能。依據以上之分析，可以繪製出如氣壓迴路，如圖 10-6、電氣 - 氣壓如圖 10-7 之迴路。

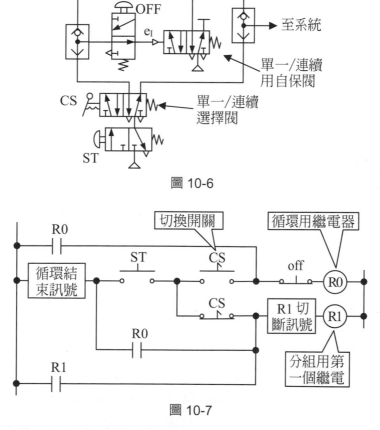

圖 10-6

圖 10-7

在圖 10-6、圖 10-7 中如爲單一循環功能，在按下 st 啓動閥 (開關)，自保閥 (R0 繼電器) 是不作動 (激磁) 的，只有在連續循環時才會長時間啓動住。

(二) 繪製出全氣壓迴路並加入 "單一 / 連續循環" 動作中切換無效操作功能，如圖 10-8。

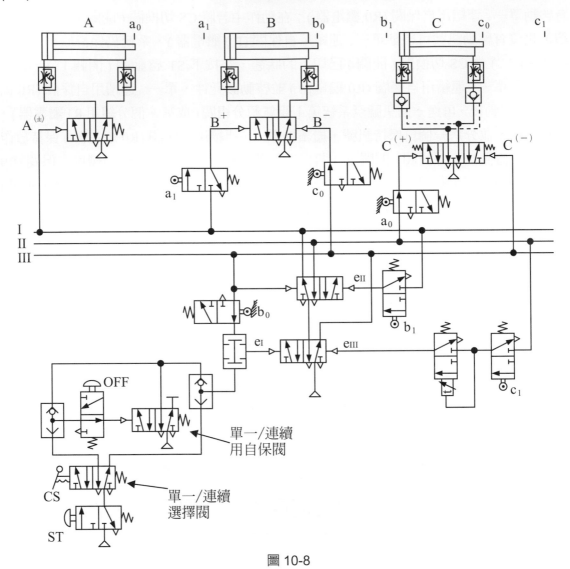

圖 10-8

　　在上圖 10-8 迴路中切換閥未切下時，按下啓動閥 ST 會啓動第 I 組氣源分組閥，系統即可運轉，但單一 / 連續用自保閥沒有啓動，機械僅會執行 "單一循環運轉" 動作。若在上圖 10-8 迴路中切換閥已切下時，按下啓動鈕 ST 會作動單一 / 連續用自保閥，並且自保訊號會透過切換閥將自保閥保持於作動狀態，這樣啓動訊號就不會中斷，再搭配機械原點訊號 b_0，即可不停地啓動機械執行自動鑽孔的動作，即形成所謂的 "連續循環運轉" 動作，直到按下 off 停止閥，機械做完一個完整循環後停於機械原點。

(三) 繪出電氣－氣壓迴路圖並加入 "單一 / 連續循環" 動作中切換無效操作功能，如圖
　　10-9、圖 10-10。

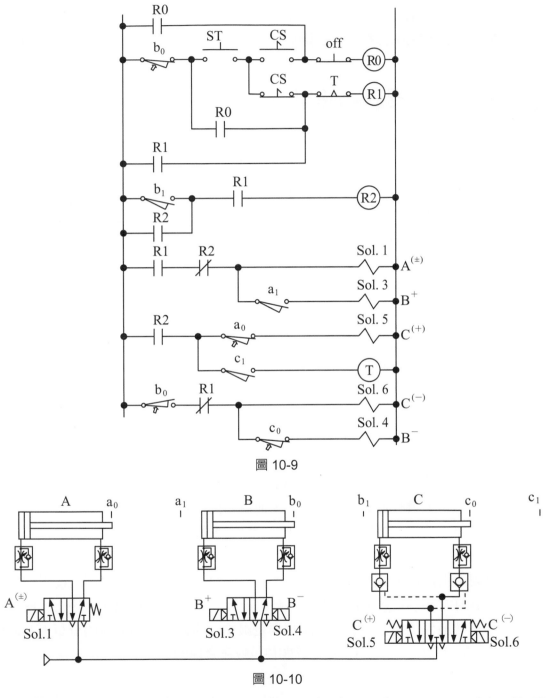

圖 10-9

圖 10-10

　　把圖 10-9 與圖 10-10 結合起來，即可執行 $A^+B^+A^-C^+TC^-B^-$ 三支氣壓缸單一
/ 連續循環且動作中切換無效之電氣－氣壓迴路的動作。

例題 10-3

$A^+B^+A^-C^+TC^-B^-$ 自動化鑽孔機加入 "緊急停止後氣壓缸按機械要求依序復歸，及動作中切換無效之單一／連續循環" 功能的氣壓及電氣－氣壓迴路設計。

參、機械－氣壓迴路設計

(一) 分析說明急停與復歸功能的設計要領

　　緊急停止是使用於機械發生意外狀況時，為了使人員或機械損傷降至最低情況而設計的，一般的設計原則是用 EMS 急停閥 (開關) 的平常導通管線 (b 接點) 將控制訊號的能源切斷，切斷後會產生下列各種情形：1. 如為單穩態閥件因切斷控制訊號時，會使該閥件因內附的復歸彈簧 (或氣壓引導方式) 而復歸，氣壓缸也會隨著閥件而成復歸的狀態。2. 若為雙穩態閥件會因切斷控制訊號時，使閥件繼續保持切斷能源前最後的位置，氣壓缸也就隨著閥件繼續保持最後的狀態。3. 當為三位置閥件因切斷控制訊號時，會使該閥件切換回中立位置，氣壓缸也就隨著氣壓動力管線的設計，有多種不同的行程中間停止效果。因此，氣壓缸在急停執行時，需立即復歸者，可使用單穩態閥件來控制最為方便；如氣壓缸在急停執行時，需保持切斷能源前最後的狀態者，應使用雙穩態閥件來控制最為恰當；若需當場就地停止者，則需使用三位置閥件或 2 個 3/2 閥件來控制之。

　　以 $A^+B^+A^-C^+TC^-B^-$ 的自動鑽孔機為例，A 缸為進料缸、B 缸為夾料缸、C 缸為鑽孔缸。一般自動鑽孔機最常發生意外狀況是在：(1) 進料過程中，未加工的工件因切屑進入進料導槽中而卡料於半途，(2) 鑽孔過程中，因切屑排除不順，或因鑽頭鑽孔將穿而未穿過時，鑽孔進給率突然加大，而將鑽頭折斷。以上兩種情況發生時，需立即執行緊急停止功能；當執行緊急停止功能時，A 缸之進料缸需立即反向縮回，使得進料件不會外力作用住，以方便排除卡住的料件；B 缸為夾料缸仍需保持夾料狀態，否則可能會發生工件飛出傷人的意外事件，必須等到 C 缸之鑽孔缸退回至後限的安全位置，才是 B 缸之夾料缸後退的時機；C 缸之鑽孔缸必須立即就地快速停止，使得以斷裂的鑽頭可就地停住不動，避免機械損傷更嚴重。因此，依據之前的分析，A 缸用單穩態、B 缸用雙穩態、C 缸用三位置等閥件是較為合理的。

(二) 繪出 "單一 / 連續互切無效" 之氣壓迴路，並加入 "緊急停止後氣壓缸按機械要求
依序復歸" 操作功能，如圖 10-11。

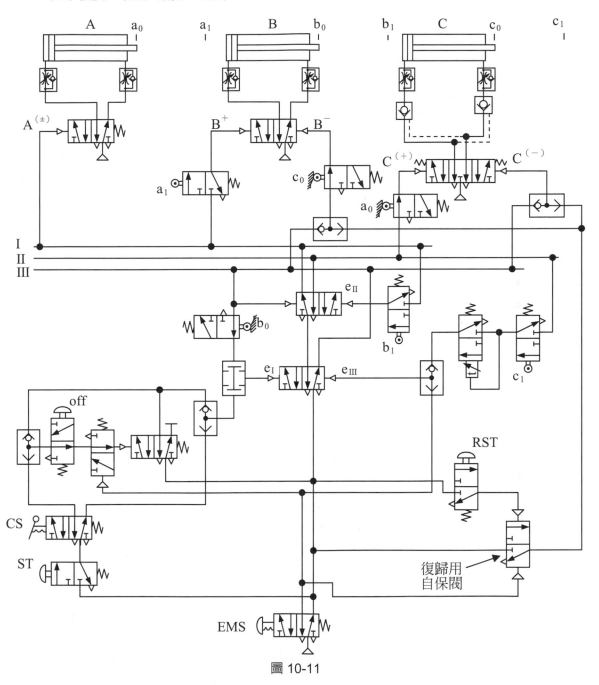

圖 10-11

上圖 10-11 中是把圖 10-8 加入緊急停止及依序復歸功能，因 C 缸為三位置閥件控
制，在執行復歸動作時，需有長時間的訊號作動住該閥件，而復歸閥是屬按鈕式復歸
閥件，所產生的訊號是個短訊號，無法達到 C 缸及 B 缸復歸的要求。因此，需使用復
歸用自保閥延長其訊號時間，以達到 C 缸及 B 缸確實復歸的要求。

（三）繪出"單一 / 連續互切無效"之電氣－氣壓迴路圖，再加入"緊急停止並解除緊急
　　　停止開關後，氣壓缸按機械要求依序復歸"操作功能，如圖 10-12、圖 10-13。

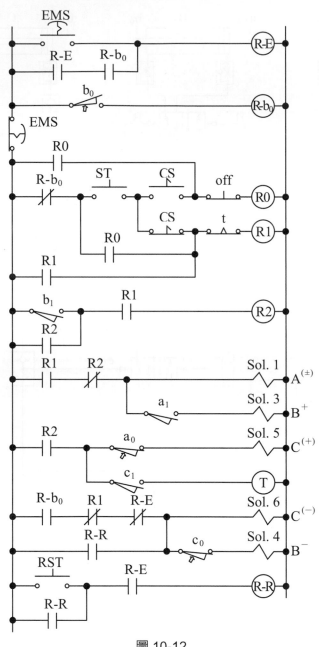

圖 10-12

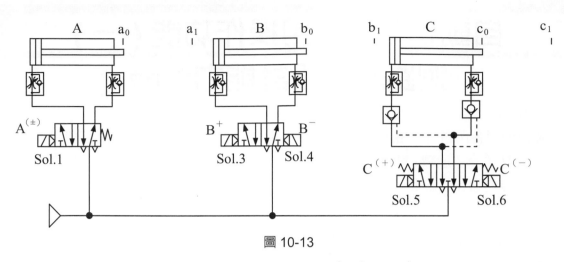

圖 10-13

　　把圖 10-12 與圖 10-13 結合起來，即可執行 $A^+B^+A^-C^+TC^-B^-$ 三支氣壓缸單一／連續循環且動作中切換無效，再加入 "緊急停止並解除緊急停止開關後，氣壓缸按機械要求依序復歸" 的功能。

自動化機械常用操作功能 (一)
迴路綜合設計能力測驗

練習 1 以前面各例題所介紹之方法，設計 $A^+B^+B^-TC^+C^-A^-$ 三支氣壓缸簡單動作，包括單一 / 連續 (動作中互不切換) 及緊急停止後氣壓缸按機械需求依序復歸等功能的機械 - 氣壓迴路。

練習 2 以前面各例題所介紹之方法，設計 $A^+B^+B^-TC^+C^-A^-$ 三支氣壓缸簡單動作，包括單一 / 連續 (動作中切換無效) 再加入 "緊急停止並解除緊急停止開關後，氣壓缸按機械要求依序復歸" 的電氣－氣壓迴路。

歡迎加入 全華會員

● 會員獨享

會員享購書折扣、紅利積點、生日禮金、不定期優惠活動……等。

● 如何加入會員

填妥讀者回函卡直接傳真(02) 2262-0900 或寄回，將由專人協助登入會員資料，待收到E-MAIL 通知後即可成為會員。

如何購書 全華書籍

1. 網路購書

全華網路書店「http://www.opentech.com.tw」，加入會員購書更便利，並享有紅利積點回饋等各式優惠。

2. 全華門市、全省書局

歡迎至全華門市(新北市土城區忠義路 21 號)或全省各大書局、連鎖書店選購。

3. 來電訂購

(1) 訂購專線：(02) 2262-5666 轉 321-324
(2) 傳真專線：(02) 6637-3696
(3) 郵局劃撥 (帳號：0100836-1　戶名：全華圖書股份有限公司)
※ 購書未滿一千元者，酌收運費 70 元。

OpenTech.com.tw
全華網路書店

全華網路書店 www.opentech.com.tw
E-mail: service@chwa.com.tw

※ 本會員制如有變更則以最新修訂制度為準，造成不便請見諒。

讀者回函卡

2011.03 修訂

填寫日期：＿＿＿＿ / ＿＿ / ＿＿

姓名：＿＿＿＿＿＿＿＿＿　生日：西元＿＿＿＿年＿＿月＿＿日　性別：□男 □女

電話：（ ）＿＿＿＿＿＿＿　傳真：（ ）＿＿＿＿＿＿＿　手機：＿＿＿＿＿＿＿

e-mail：（必填）＿＿＿＿＿＿＿＿＿＿＿＿＿＿＿

註：數字零，請用 Φ 表示，數字 1 與英文 L 請另註明並書寫端正，謝謝。

通訊處：□□□□□

學歷：□博士　□碩士　□大學　□專科　□高中 · 職

職業：□工程師　□教師　□學生　□軍 · 公　□其他

學校 / 公司：＿＿＿＿＿＿＿＿＿＿　科系 / 部門：＿＿＿＿＿＿＿＿＿＿

· 需求書類：

□ A. 電子　□ B. 電機　□ C. 計算機工程　□ D. 資訊　□ E. 機械　□ F. 汽車　□ I. 工管　□ J. 土木

□ K. 化工　□ L. 設計　□ M. 商管　□ N. 日文　□ O. 美容　□ P. 休閒　□ Q. 餐飲　□ B. 其他

· 本次購買圖書為：＿＿＿＿＿＿＿＿＿＿＿＿＿　書號：＿＿＿＿＿＿＿

· 您對本書的評價：

封面設計：□非常滿意　□滿意　□尚可　□需改善，請說明＿＿＿＿＿＿＿

內容表達：□非常滿意　□滿意　□尚可　□需改善，請說明＿＿＿＿＿＿＿

版面編排：□非常滿意　□滿意　□尚可　□需改善，請說明＿＿＿＿＿＿＿

印刷品質：□非常滿意　□滿意　□尚可　□需改善，請說明＿＿＿＿＿＿＿

書籍定價：□非常滿意　□滿意　□尚可　□需改善，請說明＿＿＿＿＿＿＿

整體評價：請說明＿＿＿＿＿＿＿＿＿＿＿＿＿＿＿

· 您在何處購買本書？

□書局　□網路書店　□書展　□團購　□其他

· 您購買本書的原因？（可複選）

□個人需要　□幫公司採購　□親友推薦　□老師指定之課本　□其他

· 您希望全華以何種方式提供出版訊息及特惠活動？

□電子報　□ DM　□廣告 （媒體名稱）＿＿＿＿＿＿＿

· 您是否上過全華網路書店？（www.opentech.com.tw）

□是　□否　您的建議＿＿＿＿＿＿＿

· 您希望全華出版那些書籍？

＿＿＿＿＿＿＿＿＿＿＿＿＿＿＿

· 您希望全華加強那些服務？

＿＿＿＿＿＿＿＿＿＿＿＿＿＿＿

~感謝您提供寶貴意見，全華將秉持服務的熱忱，出版更多好書，以饗讀者。

全華網路書店 http://www.opentech.com.tw　客服信箱 service@chwa.com.tw

親愛的讀者：

感謝您對全華圖書的支持與愛護，雖然我們很慎重的處理每一本書，但恐仍有疏漏之處，若您發現本書有任何錯誤，請填寫於勘誤表內寄回，我們將於再版時修正，您的批評與指教是我們進步的原動力，謝謝！

全華圖書 敬上

勘 誤 表

頁 數	行 數	書　名 錯誤或不當之詞句	作 者 建議修改之詞句

我有話要說：（其它之批評與建議，如封面、編排、內容、印刷品質等 · · · · · ·）